特困片区脱贫记

何兰生 等 著

中国农业出版社

北京

对一段大历史的温情凝眸
——我们为什么要写《特困片区脱贫记》

我们知道，我们在做一件有意义的事。但在难忘的庚子年，在这个世纪第三个10年不寻常的初端，我们可能尚未真正知晓它的深沉奥义。也许，15年后、30年后，当我们忆起现在正在做的事，遥想惠新桥下那一片灯火，回味那山山岭岭的一路征尘，我们可能才会感叹：那个鼠年，我们没有辜负历史。而现在，鼠去牛来，国运如虹，脱贫攻坚圆满收官，我们也收获了一部《特困片区脱贫记》。虽然我们对大历史的担承自觉还朦朦胧胧，但一个朴素的念头始终在心头萦绕：我们要为农民做点什么，我们要为历史留点什么。

———

我们都是农民，起码我们往上数都是农民，我们的精神都刻着农民的烙印。所以，我们见不得农民受贫，不忍视农民受困。

中国以农立国，漫漫封建时代，主流价值都把农民排在阶层排行榜的首页，把为农立命立言作为道德文章的头条。为什么？不是因为对农民有多爱，而是因为农民太重要、离不开。没有农民，太仓之粟谁来供？没有农民，率土之滨谁来守？没有农民，皇权天下终是空。农民理论上被抬到天上，但现实中却卑如尘土、贱似草芥，任人踩、任人割。荒年衰岁，是"老羸转乎沟壑，壮者散而之四方"的生死无常；世乱兵凶，则是"白骨露于野，千里无鸡鸣"的至暗至惨。农民是治世的刚需，是乱世的负担，常世是养育者，末世是掘墓人。所以，历朝历代需要农民，也嫌弃农民、害怕农民，从不会真正为农民着想、真正对农民负责。农民不论是被"嘴上"供着，还是被"脚下"踩着，其命运始终脱不了一个"贫"字，离不了一个"困"字。

什么时候农民能摆脱"贫"，离却"困"？这是中国数千年解不了的难题、走不出的死局。每一个朝代都在这难题中深陷，在这死局中挣扎，唯一的不同是程度的深浅。如果没有开天辟地之力，没有惊天动地之举，则数千年的治乱循环、因果相连，旧局依然是旧局，戏码到底还是戏码。而农民，则始终蜷缩在泥泞中，成为被践踏的对象。

二

开天辟地的时刻终于来了，中国历史上第一个为百姓而立的政党诞生了。电视剧《觉醒年代》戏剧化地再现了这一历史片段。面对满河堤的灾民，两位创党领袖相誓："为了让你们不再流离失所，为了让中国的老百姓过上富裕幸福的生活，为了让穷人不再受欺负，人人都能当家作主，为了人人都受教育，少有所教，老有所依，为了中华民富国强，为了民族再造复兴，我愿意奋斗终生。"这是一个政党对人民的誓言和约定，这是中国共产党人的纯粹初心。

这初心浸润在"站起来"的豪迈之中，这初心流淌在"富起来"的自豪之中，这初心充溢在"强起来"的自信之中。亘古以来，只有中国共产党人，念兹在兹地为着农民！历朝历代，谁要说救贫，说让普天下老百姓都摆脱贫困，在当时统治者的眼里，可能便是"清流误国"、好高骛远、吃力不讨好。因为对他们而言，"劳心者治人，劳力者治于人"，穷人就是穷人，出力流汗的永远是出力流汗的。青史昭昭，唯有共产党人坚守初心，以党之信，以国之名，公开向贫困下战书，庄重地向人民、向历史、向世界作出承诺，而且是可检验的、明确的承诺。

这份承诺，关乎人民感度，涉及历史定位，见于国际观瞻，关乎一个国家的信用和自信，押上了一个民族的气运和精神，这是一个只能赢不能输的弈局，平局不行，小赢也不行，必须是坚决地、毫无争议地赢！这是历史大赛的局点和赛点，拿下这一局，才会有下一步。有了脱贫才有小康，有了小康才谈得上15年后的基本现代化、30年后的现代化强国，才有乡村的全面振兴，才有民族的伟大复兴。

这是古今中国人一脉相承的梦想和逻辑，也只有在这个时代，农民才得以真正地摆脱贫困。这才是脱贫攻坚的特殊意义和特殊所在。

三

历史终将记下脱贫攻坚这8年。在21世纪异常复杂的第二个10年，世界百年未有之变局与中国复兴之全局历史性地碰头。一方面，我们要妥善应对变局下的挑战、积极寻取变局下的机会，努力创造变局下的新局；另一方面，还要心无旁骛地聚焦自己的事、做好自己的事、把自己的事变成自己的势。而脱贫攻坚，就是"两个大局"背景下的先手棋。

历史往往只有回头来看，才能领悟其深刻。而真正的历史性抉择，并不一定一开始就石破天惊，甚至当巨变开始的时候，平常人还只道是寻常。而脱贫攻坚，就是这样一个看似寻常却奇崛的历史性布局，其深刻意义，只有在"两个大局"背景下，才能真正体会。时至今日，在脱贫攻坚完胜之后，在双循环战略开启之际，在"第二个百年"开局之年，我们可以想象，如果没有完成脱贫攻坚，我们双循环的基础何在、本钱何在、信心何在？我们又怎么能在变局之下顺利开展"第二个百年"，怎么全面推进乡村振兴，怎么在后疫情时代办好自己的事，怎么在复杂的国际斗争中立于不败？这是难得的8年，这是抓住机遇的8年，这是历史性的8年，有了这8年，我们自信的底气更足了，我们应对的能力更强了，我们创造的动力更劲了。脱贫攻坚的意义，怎么估量都不过分！

脱贫攻坚这8年，是全党全国动员的8年。脱贫攻坚成为最高领导人心中最挂念的事，习近平总书记每到一地必看农村，跋山涉水必进农户，走到哪儿都念着农民，在14个集中连片特困地区，都留下了总书记的足迹，传诵着总书记的声音，践行着总书记的指示。正是在总书记的率先垂范下，五级书记、千千万万扶贫干部横下一条心，不破贫困誓不休。正是由于这种巨大的合力，我们才能在这短短的8年，实现了近一亿人口的脱贫，创造了人类反贫困史上的奇迹。

如今，数千年解决不了的历史难题解开了，历朝历代走不出的死局打破了，一个新时代的新局豁然开朗了。

四

面对这一历史性时刻，面对亘古未见的巨大创举，面对上下一心的空前凝聚，面对"政府过紧日子、也要紧着贫困农民"的决心气度，面对1 800多位同志永远定格在脱贫攻坚战场的牺牲，我们，作为一个服务"三农"的主流媒体，我们该怎么做，我们又做了什么，这不仅是一份政治担当、历史自觉，也是我们每个人心里绕不过去的一个情结、始终放不下的一份情怀。

感谢时代，感谢历史。《农民日报》因农而生，缘农而兴，我们发展的曲线始终与农民的命运脉络相契合。脱贫攻坚这8年，也是我们践行使命、奋力进取的8年，我们在投身脱贫攻坚战中实现了自己的价值提升、完成了自己的品牌优选。我们在《七论三农中国梦》《七论乡村振兴》《九论农业农村优先发展》中，解读"三农"的国之大者、莘莘大端；在《五大理念新实践》《新时代三农启示录》中，欢呼"三农"的历史性成就；在《小康之年，三农怎么干》《新征程，三农怎么干》中，明晰"三农"的发展路径；我们还在《梦开始的地方》《中国农民礼赞》《千万工程赋》中，描绘"三农"的过去、现在和未来；我们更在《总书记到过的村庄》《牢记总书记的嘱托》中，感受"三农"的历史性机遇和历史性变革。我们不负时代，不负韶华。

但我们还是觉得缺少了点什么。我们不缺脱贫攻坚的历史经纬，我们不缺脱贫攻坚的宏观视野，我们也不缺对脱贫攻坚的微观烛照，但我们缺了对一段大历史的温情凝眸，缺了对大历史本身的深情记录。一句话，我们缺少对伟大历史的情感书写，我们得为未来史稿留下一份接地气、有烟火气的第一手材料。

这就是我策划《特困片区脱贫记》的思想与情感的逻辑起点。为此，我们组建了14个采访小分队，集合30余名记者，深入14个集中连片特困地区，意图把视野投向各个片区的前世今生，以普通农民生活变迁为主线，以片区历史、地理、文化为背景，努力聚焦片区脱贫攻坚的奋进征程、拼搏过程和情感历程，力图折射整个脱贫攻坚的奋斗史、心灵史和精神史。这是我们的新闻理想，也是我们的职业使命。是否实现了策划初衷，请读者评说。摆在我们面前的《特困片区脱贫记》，就是我们对历史的一份交代。

岁月水波相逐，历史川流不息；一朵浪花就是一条河流，一粒沙子就是大千世界。当30年后，我们实现了乡村全面振兴、民族伟大复兴，请不要忘记30年前的脱贫攻坚，请铭记那个时代的伟大贡献！也许在那个时候的某一天，当你徜徉在美丽宜人、业兴人和的乡村时，突然想了解脱贫攻坚的那段历史，你可以来看看《特困片区脱贫记》。

农民日报社党委书记、社长、总编辑　何兰生

2021年5月2日于凉水河畔

中国时刻！中国震撼！

——致敬伟大的脱贫攻坚

仲农平

这里是中国。

从青藏高原到东海之滨，从北国林海到横断山脉，从针叶林带到阔叶林带，一个庄严的声音，在这个幅员辽阔、历史悠久的国度回响——

"2020年，全面建成小康社会取得伟大历史性成就，决战脱贫攻坚取得决定性胜利。"

这是习近平总书记在2021年新年贺词中发出的郑重宣告。

一个注定要载入人类发展史册的时刻到来了。

这一刻，中国扛住了全球疫情与自然灾害的双重考验，在逆风逆水中如期取得脱贫攻坚战场上的全面胜利，为千百年来困扰中华民族的绝对贫困问题画上了历史性的句号——

这是人类减贫事业的伟大壮举。短短8年时间，一个发展中的大国让9 899万农村贫困人口彻底摆脱绝对贫困，相当于将一个中等规模的国家从贫困泥潭中拉出。其中，仅易地搬迁的人口就近千万，几乎相当于"搬空"了2个新加坡。

这是人类发展史上的壮丽篇章。中国改革开放以来，累计近8亿人口脱贫，占同期全球减贫人口总数的70%以上。在人类构建命运共同体的今天，占全世界1/5的人口提前10年彻底摆脱绝对贫困，为联合国千年发展目标的实现夯筑了最可靠的根基。

这是中华民族千百年来上下求索的夙愿得偿。民亦劳止，汔可小康。历经数千年梦想、上百年变革、70年奋斗、8年冲刺，"小康之梦"在"两个一百年"奋斗目标的伟大交汇点得以实现。

这是中国共产党践行以人民为中心的发展思想的生动实践，是中国集中力量办大事制度优势的有力诠释。它再一次夯实了中国信心，确认了中国道路，以彻底消除绝对贫困和区域性整体贫困的伟力，兑现着共产党对人民和历史的庄严承诺。

一诺千金，使命必达。

70多年来，"奇迹"和"震撼"，早已成为世人观察和评价中国的关键词。但这一次的"中国震撼"，却有着以往的评价难以比拟的深远意义。

2020年11月10日，在贵州省从江县西山镇滚郎村，村民在油茶地里将收获的茶籽倒进口袋

它不仅引领中国进入一段新的发展历程，更为整个人类社会的进步史树起一座震古烁今的丰碑。

> **只有把这场史无前例的反贫困之战放在历史时空的坐标系中，才能体会到，新时代的中国人完成了一项怎样伟大的人类事业。**

1996年1月18日，联合国总部。

公共大厅内树起了一座监测全球消除贫困进程的"贫困钟"。钟面上显示世界贫困人口的红色数字随秒跳动，昼夜不歇。

这是一座旨在停摆的时钟。

启动仪式上，时任联合国开发计划署署长的斯佩思先生向全体成员国发出疾呼："敲响拯救世界的时钟，不要让贫困钟再嘀嘀嗒嗒地走下去。"

天下苦贫久矣！

人类从进入文明时代的第一天起，便为摆脱贫困苦苦追寻。这其中，或许没有哪个民族比中华民族对这个目标的追求更为急迫和执着。

翻开厚重的历史巨册，春秋孔子有大同小康之梦，唐朝杜甫有庇天下寒士之呼。明末之际，"开城门迎闯王，闯王来了不纳粮"的呼声，道尽了劳苦大众揭竿而起只为求一顿饱饭的辛酸。

行至近代，林则徐虎门销烟，康有为戊戌变法，孙中山推翻帝制，四万万同胞奋起抗日……每一次变革，每一次抗争，抛洒热血，奉献生命，无不是为了摆脱压迫，唤醒尊严。

新的时间，从1949年10月1日开始。

这是中国的新生，更是中国人的新命。

"誓把山河重安排"，将双脚踏在自己土地上的中国人，终于向千百年来盘旋在自己头顶上，压得自己抬不起头、喘不过气的贫魔开战了。

"三岁一饥，六岁一衰，十二岁一荒"，这个在饥荒灾害中反复挣扎的大国，吃饱三餐饭、穿暖一身衣的梦想，是从一只铁锹、一把锄头、一辆手推架子车开始的。

"三西扶贫"首开人类历史上有计划、有组织、大规模的"开发式扶贫"之先河；"八七扶贫攻坚"从根本上解决了8 000万农民兄弟的温饱问题；党的十八大以来，以习近平同志为核心的党中央以超凡的政治视野和勇毅的使命担当，开启了绝对贫困歼灭战，以每年超过1 200万人的速度实现贫困人口的逐年递减。在世界范围内首次实现了经济较快增长与大规模减贫同步、综合国力增长与人民生活水平提高同步，破解了世界经济发展史上公平与效率兼顾的难题。

煌煌伟业，速度无与伦比、规模无与伦比、成就无与伦比，最重要的是，决心无与伦比。

联合国贸易和发展会议2019年发表的一份研究报告指出，"如果不把中国计算在内，全球贫困人口不但没有减少，反而在增加。"

"毫无疑问，这是消除贫困历史上最大的飞跃。"世界银行前行长佐利克这样惊叹。

也许，赞叹背后，更多的是疑惑与探求。为什么偏偏是中国，这个贫

2020年9月1日，仙居县埠头镇仙居江腾大白鹅专业合作社，养殖户正在饲养大白鹅

困包袱最重的国家，率先完成了不可思议之伟业？为什么恰恰是中国共产党，这个曾经被西方国家认为"填不饱人民肚子"的政党，为世界的贫困问题提供了解决方案？

唯有走进中国，走进那些曾经春风不度、面目狰狞的贫困地区，才有可能找到这些问题的答案，揭示中国减贫丰碑下隐藏的"奇迹密码"。

■ **伟大的事业，必要有坚定的信念作为灯塔，方能领航漫漫征程。**

伟大的政党，必要有坚定的初心，方能带领一个国家穿过历史的迷雾，跨越必经的陷阱，在云谲波诡的复杂国际局势中始终坚定前行。

在这场与贫困的历史性大决战中，也曾有这样的"疑问"：

人均国内生产总值（GDP）过万美元，从积贫积弱跃升为世界第二大经济体，这一切与"财富"和"实力"有关的成就，难道不足以为"中国全面建成小康社会"背书？

大量人力、物力集中投向贫困地区，如此不计成本是否违背了经济规律，拉了现代化战略"第三步"的后腿？

连最发达的老牌资本主义国家都尚未彻底消除"贫困的毒瘤"。一个有沉重历史包袱的发展中国家，在"三期叠加"的关键时期，主动去啃历史留下的"硬骨头"，如此"雄心勃勃"，是否超出实际能力？

答案很复杂，可以从经济发展规律、社会治理效能等角度构建一系列模型，演算无数个公式。答案也很简单，一言以蔽之，"不忘初心"。

这初心，不汲汲于方寸，远超越得失，印证着中国共产党人的世界观和价值观，是其"体之所以存、事之所以兴"的根本缘由。

"绝非一衣一食之自为计，而在四万万同胞之均有衣食也。亦非自安自乐以自足，而在四万万同胞之均能享安乐也。"1922年6月，海外求学的聂荣臻隔着半个星球给父母写下家书。两个月后，他加入了旅欧中国少年共产党，誓将一生奉献给"四万万同胞之安乐"。

"只要还有一家一户乃至一个人没有解决基本生活问题，我们就不能安之若素；只要群众对幸福生活的憧憬还没有变成现实，我们就要毫不懈怠团结带领群众一起奋斗。"习近平总书记在艰苦卓绝的战"贫"路上，重申着共产党人不变的抉择。

"为中国人民谋幸福，为中华民族谋复兴"。从新民主主义革命到社会主义建设，从高度集中的计划经济体制到充满活力的市场经济体制，从"解决温饱"到"总体小康"，中国共产党的建党史、奋斗史、执政史，就是一部党带领亿万人民摆脱贫困的斗争史。任凭历史风云变幻，中华民族的战略走向，在中国共产党出现之后，就牢牢地和人民群众的命运相连。

当民族复兴的航船行至第一个百年奋斗目标的历史关口，以农村贫困人口全部实现脱贫，贫困县全部脱贫摘帽作为全面建成小康社会的底线任务和标志性指标，这关乎亿万贫困群众根本利益的战略决断，无须犹豫，更不容"盘算"，它自然而然地凝聚起当代中国的价值公约数，推动着久久为功的反贫困实践走向历史性大决战。

2020年7月23日，贵州省从江县洛香镇百伍村村民在采收茄子

■ **伟大的事业，需要一诺千金的政治担当，更需背水一战的战略定力。**

河北省阜平县骆驼湾村的唐荣斌老人记得清楚，那年的雪来得早且大，大雪没到脚脖子的时候，家里来了客人。盘腿上炕，就着炭火盆上的几块烤土豆，客人的问题件件细微：种了几亩地、养了几头猪、电视能收几个台、电话能不能打长途？

当时的唐荣斌老人一定不会明了，就在那个大雪天，就在这座太行山深处的小山村，就在自家的炕头上，在民生关切的一问一答之间，一盘涉及亿万农村贫困人口福祉的攻坚棋局，正在缓缓铺开。

这位特殊的客人，就是刚刚担任中共中央总书记的习近平。时间，2012年12月29日。

2012年的中国，人均GDP已超过6 000美元，正"路过"现代化发展中的"中等收入陷阱"。二战以来的全球发展史屡屡警示我们，国民经济发展到一定程度，贫困就会成为新旧动能转换的巨大障碍，无法得到足够滋养的贫困群体将会限制国内消费市场换挡和人力资源更新，决策稍有失当，一个即将飞跃的国家就会被紧紧卡在发展瓶颈处。

与此同时，随着国际国内贫困标准接轨，中国贫困人口数量在统计学上的意义被大幅度上调。国际经验表明，当一国贫困人口数占总人口的10%左右时，减贫就进入"最艰难阶段"，而中国的贫困发生率恰恰就处在这个节骨眼上。

彻底解决绝对贫困问题，恰逢其时，也刻不容缓，这是中国共产党作出的庄严承诺，更是中华民族在现代化过程中必然要经历的一次飞跃。

党的十八届五中全会上，"十三五"规划第一次将沿用多年的"扶贫攻坚战"改为"脱贫攻坚战"。从"扶着走就好"到"只能脱才休"，一字之差，体现了中国政府不留退路、背水一战的决心。

习近平总书记亲自挂帅。他走遍全国14个集中连片特困区，先后召开7个专题座谈会，涉及革命老区、深度贫困、"精准扶贫"、"东西部协作"、"两不愁三保障"等方面；他每年临近春节看真贫，新年贺词讲扶贫，全国两会同代表委员商脱贫。进谷仓、摸床铺、入灶房，一位大国领袖，把最弱势群体的民生事以"钉钉子的精神"誓抓到底。

就是要凝心聚力地干。22个省份党政一把手向中央签署《脱贫攻坚责任书》，省、市、县、乡镇层层立下"军令状"；"五级书记抓扶贫"，一把手抓，抓一把手，党的执政体系上的各层"链条"全马力转动，拉满月之弓，发弦上之箭。

就是要真金白银地投。面对经济下行的压力和GDP增速趋缓的新常态，8年间，中央财政专项扶贫资金以年均超过20%的势头只增不减。与此同时，党政机关经费连年压缩，各级党委、政府刀刃向内，让利于民，带头过紧日子，让老百姓过好日子。

就是要举全国之力。300多万名县级以上党政机关、国有企事业单位干部离家离岗驻村帮扶，25.5万个驻村工作队冲在一线，很多地市"机关食堂空了大半"。东部9个省份14个城市帮扶中西部14个省、区、市；307家中央单位定点帮扶592个贫困县；全军部队就近就地帮扶4 100个贫困村。守望相助的中华美德凝聚为坚不可摧的国家意志，诠释着"先富带动后富，最终实现共同富裕"的社会主义本质内涵。

如此宏大的战略部署，落地生根殊为不易。

即便是国力最为强盛的美国，今天尚存在相当规模的贫困人口。"救济贫穷会增加政府对经济社会不必要的干涉""扶助贫困会助长懒惰""贫困是可耻的"等观点，使得"消除贫困"这件我们看来不可推卸的国家责任，在物质极大丰富的西方发达国家却成为一个纠缠不清的议题。

人类与贫困长期斗争的经验证明，消除贫困绝不是一个自然而然的经济发展过程，它需要整个社会和国家做出最坚定的取舍抉择——中国共产党领导下的人民政府做到了这一点。

长期驻法国的《文汇报》记者郑永麟老先生历过30多年的对比观察，得出这样的结论："遍观发展中国家和发达国家，没有一个国家像我们这样，消除贫困的意愿是如此强烈。"

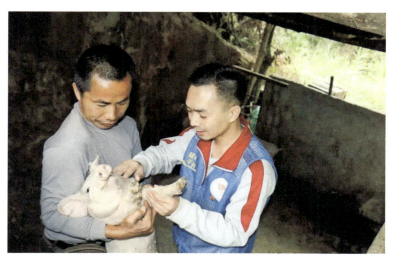

黎国庆指导建档立卡户刘北章生猪养殖

伟大的事业，需要伟大的方略作支撑。它来自持续改革的探索，也必然激发与时俱进的理论创新、制度创新与实践创新。

2020年，收官之年。元旦刚过，江苏省发布的一则消息点击量迅速成为"10万＋"——江苏省脱贫率超99.99%，还剩6户、17人未脱贫。

敏锐的媒体"质疑"：6户、17人未脱贫的数据是如何确定的，为何如此精确？

江苏省扶贫办迅速作出回应——数据每天都在变化，截止到2019年12月31日，通过国家和省级数据库对比，得出还剩6户、17人未脱贫。未来的日子里，这个动态的数字，还将在精准的监测下实时调整。

知己知彼、百战不殆的底气，来源于精准方略的实施。

打开厚厚的中国扶贫年鉴，2010—2014年，可以看到两条走势相反的曲线——一条，每年扶贫资金越来越多；一条，减贫速度逐渐降低。

这两条曲线，体现了新时代扶贫工作的艰巨复杂。

一些老乡有这样的抱怨：扶贫工作年年搞，可不少老百姓还是年年穷，钱都到哪里去了？问题反映到决策层，"算账式"脱贫、"指标式"脱贫、"游走式"脱贫，屡禁不绝的根源又来自何处？

就问题找原因，贫困人口是根据统计部门的抽样调查基础推算出来的，没有落到具体人数上，就有了"指标式"脱贫、"算账式"脱贫；扶贫过程中不患寡而患不均，扶贫资金"撒芝麻盐"，就像烧水只烧到五六十摄氏度，今年还没烧开，明年又放凉了；贫困县的帽子不好看，但很多地方舍不得摘，担心摘帽后真金白银就没了。表面上看，粗放扶贫是工作方法的问题，究其根本，是扶贫制度设计跟不上现实工作需要，区域开发的扶贫方式边际效应开始递减，群众的"获得感""幸福感"就打了折扣。

再把问题放在更大的历史时空下看，这个有着悠久文明的国度，先民们胼手胝足，充分开发了每一寸国土。没有哪一个国家像我们一样，在条件极其严酷的大石山区、荒漠地区、高寒地区，在每一个看似"生命禁区"的边边角角繁衍生息着那么多人口。历史和地理两个维度上形成的发展不均衡、不充分问题，像一个个堤坝里的坑洼，莫说依靠经济总体发展的"涓滴效应"，即便是大水漫灌，水也会绕道而走。

新情况呼唤高瞻远瞩的新判断，新矛盾需要审时度势的新决策。

2013年11月3日，习近平总书记在湖南省湘西州十八洞村考察过程中首提"精准扶贫"方略，真正回答了"扶持谁、谁来扶、怎么扶、如何退"等一系列问题，一把破解新时期贫困难题的"钥匙"出现了。

一系列影响深远的新论述新理念接连提出，一连串具有里程碑、转折点意义的新政策新举措顺势出台。8年间，中办、国办出台10多个配套文件，中央和国家机关连续出台近300个政策文件和实施方案，从如何把握精准要义到聚焦深度贫困，从建立健全贫困退出机制到抓好"两不愁三保障"脱贫标准，从针对有劳动力贫困人口的产业扶贫到针对无劳动力贫困人口的兜底保障，这项体量宏大的战略工程，以绣花般的针脚，在高山河谷之间细密铺展。

"扶持谁"，不再是收入统计后一刀切出来的"数字群体"。他们有了一张张清晰的面孔。12万个工作队、40多万名驻村干部，用近一年时间在全国调查摸底，12.8万个贫困村3 000万个贫困家庭的近9 000万贫困人口，逐一建档立卡、录入信息，共和国的扶贫档案第一次将"贫困家底"摸清至一村一户一人。

"谁来扶"，不再是逢年过节下乡干部与老乡的握手寒暄。他们是住在村里的"主心骨"，是和贫困群众在一个灶台上吃饭的"自家人"。习近平总书记踏雪原、进林海，贫困群众是他万千工作中"最牵挂的人"；各省市委书记以脱贫攻坚统揽经济社会发展全局，严格执行脱贫攻坚一把手负责制；832个贫困县党政正职是前线指挥，"不脱贫不调整、不摘帽不调离"；19.5万名"第一书记"驻守一线，打通了反贫困战场上的"最后一公里"。

"怎么扶"，不再是简单地把钞票、大米和"扶贫羊"送到群众手里。种什么、养什么、农产品怎么卖、钱从哪里来，"五个一批"的扶贫路径在千家万户落实成千百种不同的方案。致贫原因有多复杂，帮扶方式就有多精准，来自国家、省、市、县的扶贫资金以最高效的方式注入一个个贫困的村庄和家庭，针对"穷根"开药方，有限的扶贫资金激发出无限的内生动力。

"如何退"，脱贫的标准不再是单纯的收入。被称为"史上最严"的第三方评估制度严卡"两不愁三保障"多维脱贫标准,不仅关心老乡的收入是否跨过了贫困线,更关心他们是否吃饱穿暖、喝上安全的水,有没有安全的住房,能否享受到公平的医疗和教育。我们越来越了解"摆脱贫困"的真实目的——收入只是实现生活的手段,改善生活状态才是人类发展的真正目的。

南非人类科学研究委员会研究员亚兹妮·艾波尔感慨:"精准扶贫是一门'艺术',中国精通这门'艺术'。"

7 017万、5 575万、4 335万、3 046万、1 660万、551万,从2015年开始,每年全国两会期间的记者招待会上,国务院扶贫办都要报出截至上年年底绝对贫困人口的数量。

与以往不同,这是一条斜率持续向下的曲线。

中国,终于找到了有效消除贫困的"方法论"。这种以"精准"为要义的"方法论",下足了"笨功夫",大智若愚、大巧若拙。在这一场旷日持久的艰苦战役里,中国扶贫探索打开了社会主义治理贫困制度创

2020年11月29日,参赛侗歌队在贵州省从江县周末非遗扶贫集市上参加比赛

新的阀门，制度创新撬动了精准脱贫实践创新的杠杆，最终，是艰苦卓绝的实践创新，浇灌出一张张彻底摆脱贫困的笑脸、一个与贫困苦厄作别的崭新中国。

> 伟大的事业，必然有强大的力量作为根本保障，它来源于我们白手起家、筚路蓝缕积累起的物质基础，更来源于我们握指成拳、聚沙成塔、协同整合的制度优势。

List of Highest International Bridges（国际最高桥梁表），一个桥梁建筑的专业网站。浏览网页，细心的读者会发出惊叹：明明是展示具有标志性的世界桥梁，为什么活脱脱成了中国桥梁大汇总？世界最高的10座桥梁，有8座在中国，大多分布于山大沟深的中西部地区；世界最高的100座桥梁，有45座分布在中国绝对贫困人口最多的贵州省，还有几十座，分布于另一个西部贫困省份，云南。

在广袤的中国大地，遍布着这样"不合常理"的"奇观"，越是贫穷的地方，越是建设着难度大、造价昂贵的"超级工程"。这些"超级工程"，绝不是某个机关机构，更不是什么形象景观，而是与民生紧密相连的隧洞、桥梁和道路。

"奇观"背后，是社会主义中国构筑的"大扶贫格局"。集中力量办大事，长期集中力量矢志不渝办大事，共产党领导下的社会主义制度释放出强大的领导能力、应对能力、组织动员能力、贯彻执行能力，给这一场"力拔穷根"的反贫困斗争以坚不可摧的力量保障。

它在"贫困洼地"实现了这样的资源和要素聚集——

闻名世界的中国高铁在高山峡谷间"遁地""飞天"，穿过无数条像秦岭深处胡麻岭那样让德国专家认定"不可打通"的隧道，越过无数座可以作为世界桥梁教科书的高空索桥，从"四纵四横"到"八纵八横"，一个个落后地区被包裹进世界最顶端的铁路交通网。

南北纵横的京九高铁甚至特意"绕了个弯",贯穿施工难度大、地形地貌复杂的贫困小县——江西兴国县。历史不会忘记,革命岁月里,只有23万人口的兴国县,超过5.6万人参加红军,"万里长征路,里里兴国魂"。

农村公路超过了400万公里,足以绕地球赤道100多圈。每一个具备条件的乡镇和建制村100%通上了硬化路,"抬猪出山"成为历史。

全球600多万座4G基站,中国占了400多万座。"村村通"工程实现了95%以上的偏远山区必须有电信信号,且资费不得高于城镇地区。

山间、地上、空中,曾经的"车马慢"变身今日的"路网通",信息、物资、人才、科技各类要素奔涌而入。曾经,甘肃宕昌县的农民把对火车的憧憬画在窑洞的土壁上,如今,无论你身处多么偏远的农村,只要懂需求、会表达、能沟通,就可以利用国家为你建设的基础设施,把茄子、辣椒西红柿,好风景、好心情、好手艺卖出"花儿"来,实现就地崛起。

它在任务最艰巨的地方,实现了这样的排兵布阵——

政府和国有企业冲在前面,率先建设基础设施;打通了要素通道后,"万企帮万村"的民营企业迅速跟进,因地制宜发展农业项目、建设仓储物流、构建产销对接、激发乡村潜能。基层干部和贫困群众紧抓机遇,将沉睡多年的土地资源、劳动力资源、特色自然禀赋迅速盘活,实现持续增收。

在80%以上区域位于青藏高原的"三区三州",仅仅为了实现消灭"无电村"的通电目标,电力铁塔从山脚到山顶,以60°的锐角暴力上拉。其中,甘孜州的电力建设投入如果算经济账,100年也收不回成本。"但甘孜要发展,老百姓要过上好日子,交通基础设施和重组电力必不可少,我们不能只算局部账、经济账。"这样的观点,国家电网甘孜州电力公司从领导到职工,高度共识,上下同心。

它在长期的反贫困斗争中持续释放着制度沉潜的力量——

1996年，按照邓小平"先富带动后富"的战略构想，东西对口帮扶战略开启。

彼时，确立东西部对口帮扶原则时，国务院的文件里是12个字——"优势互补，互惠互利，共同发展"。时任福建省委副书记的习近平担任福建省对口帮扶宁夏回族自治区领导小组组长，主动在对口帮扶协议书上增加了4个字"长期协作"——这远见卓识的4个字成为未来24年里东西部协作的真实写照。闽南的暖风吹绿了西海固的戈壁滩，浙江安吉的白茶苗在四川青川县绽开新叶，贵州黔南的蔬菜纳入了粤港澳大湾区"菜篮子"工程基地。中国的贫困版图，在东西部交融互动中打破了千百年来的"胡焕庸线"，书写出一部新时代的"山海经"传奇。

定点扶贫的举措历时更为长久，从1986年的春天开始，一批批来自中央和国家机关、民主党派和社会团体的干部职工就背起行囊，奔赴大别山、井冈山、乌蒙山等贫困地区。农业部帮扶武陵山区、外交部支援云南金平、文化部牵手山西静乐……岁月荏苒，历经数轮机构改革的国家部委很多已经更换了名称，调整了职能，可倾情帮扶贫困地区的责任从未有一日中断。岁月荏苒，无数"处庙堂之高"的机关干部"入江湖之远"，贫

2020年9月4日，农民正在河南省濮阳县文留镇左枣林村凸地农业种植生态农场里采摘辣椒

困地区不仅仅是各中央机关、国家部委牵挂的远方家乡，更成了锻炼干部、培养干部的熔炉战场。

是怎样牢固的共同体，才能形成这样靶心不散又静水深流的绵长合力？

脱贫攻坚的战场上，五湖四海的人才资源、技术资源、智力资源交汇于此；体制创新、机制创新、科技创新、观念创新的激流碰撞于此。巨大的制度力量，强烈的民族情感汇聚成一条奔放的河流，却又有条不紊地精准灌溉。这场战役已经成为"中国力量"的一种象征，井然有序，无坚不摧。

一个伟大的民族，总有一种昂扬奋发的精神支撑；一项伟大的事业，也必然会催生和激发与之相应的伟大精神。

梁启超言：国有与立，中华民族数千年生生不已，自有其壮阔善美的国魂即民族精神在。

在漫长的岁月中，这种精神让地底的石油喷薄而出、让东方红的音乐响彻太空，它护佑共和国走过艰难险阻，渡过道道难关，让一个新的汶川在山河破碎中再度崛起，让今天的中国在危机中育新机、于变局中开新局，成为全球新冠肺炎疫情暴发后第一个恢复增长的主要经济体。

如今，这种精神落脚于不屈于命运、不甘于贫困的脱贫攻坚之战，它不仅建设了一个更加物阜民丰的物质家园，更拓展了一个意义深远的精神故乡，标注着民族精神的新高度。

这里，有"宁愿苦战不愿苦熬"的奋斗精神。

每一个贫困群众都有一个属于自己的战场。四川凉山州悬崖村的孩子爬下千米上下垂直的藤梯，学校里的读书声从未中断；贵州黔东南阿妈剁辣椒的手刺得通红，村里开设的网店平台上架的"阿妈辣酱"好评连连；云南勐腊县河边村里，生活于热带雨林的村民用背篓一筐筐背进建材，将人畜混住的木栏房改成风情古朴设施现代的"瑶家妈妈客房",又在每一栋新房前竖起一杆国旗;人均降水量不到全国1/3的定西,老乡们一锄一锨挖出30万口水窖。每逢大雪,村民要用脸盆、水缸、罐子,在屋旁的山坡和自家的院子里,收集积雪倒进水窖。靠着这水窖,定西人种不成小麦种土豆,种成了全国土豆三大主产区之一;种不了庄稼种药材,成就了全国中药材种植、加工和交易的重要基地。

这里,有"越是艰难越向前"的责任担当。

每一个共产党员都是一面猎猎作响的旗帜。在对抗贫困的最前沿,哪里有艰险,哪里就有他们的身影;在发展生产建设家园的阵地上,哪里有困难,哪里就有他们的奉献。

他们中,有一生任一职,把所有的青春和最后的生命都献给扶贫事业的四川省广安市马家村党支部书记张秀代;有从北京知名高校学成,放弃出国留学机会,最终在广西百色的山洪中定格自己永久青春的"第一书记"黄文秀;有在"5·12"大地震灾后重建和脱贫攻坚战中连轴转,不得不把女儿送到千里之外山东老家的北川干部黄亚龙,"人不能只想着自己,总得追求点什么,我们都是为了脱贫奔小康这个中华儿女共同的中国梦而努力奋斗,也是为了你以后能生活在一个更加繁荣、和谐、幸福的社会。"黄亚龙写下《给女儿一封致歉信》,道尽了扶贫干部的心声。

这里,有"万众一心,众志成城"的守望相助。

每一颗为脱贫攻坚助力的心,都是一簇带来希望的星星之火。他们中,有把湖羊引进南疆,把骨灰永远留在南疆大地的黄超群;有在中缅边境的小村庄和"直过民族"群众一起生活了整整4年的中国农业大学教授李小云;有带着毕生积蓄,从河北省会城市石家庄跑到武陵山区湖南常德薛家村,两代人接力扶贫的父亲王新法和女儿王婷……

从五千年王朝之"天下",到亿万人民之"国家",延续千年的"守望

相助",有了更加深刻丰富的时代内涵。

一切美好与高尚从来不会只是单向流动。

"长乐无所有,聊赠一枝春。"2020年,新冠肺炎疫情突袭大江南北。85吨腊肉、菜油、萝卜、土豆打包成的物资,从湖北省宜昌市五峰县长乐坪镇送达当时正处于风暴中心的武汉。

地里的青菜、萝卜拔光了,就把家里存的腊肉、猪腿和麻糖打包。住在山上的张老汉从家里到村委会,单程4公里,他前后三趟用背架把自家吃的土豆扛下山:"武昌从2012年就开始帮扶我们长乐了,建医院、建学校,我们这点儿又算啥。"

更遥远的地方,云贵边陲的93户农户骑着摩托车,带着自家种的香蕉从云贵高原上盘旋而下支援武汉,其中,有47户建档立卡贫困户,香蕉,几乎是他们收入来源的全部。

定西的马铃薯、南疆的皮牙子、贵州的叶菜、海南的豇豆……在那场来势凶猛的疫情里,有上亿吨物资从全国各地源源不断地奔向湖北、

2020年7月24日,骤雨初歇,俯瞰通江县诺江镇新华村,绿树成荫,景色宜人

涌向武汉。

英国《经济学人》赞叹："中国是世界减贫事业的英雄。"我们说，每一个奋战在这场没有硝烟的战场上的人，都是我们的英雄。

自强不息、百折不挠；不怕牺牲，敢于胜利；举国携手，风雨同舟。无数次经历历史考验的中华民族和中华儿女，能打赢也必将打赢的，又何止是脱贫攻坚一场硬仗。

> 这场发生在中国大地上的减贫事业，不仅激励着中国人民在一场场"具有许多新的历史特点的伟大斗争"中，持续从胜利走向胜利，从辉煌走向辉煌，更激励着世界上每一处为消除贫困上下求索的人们，去寻找属于自己民族、国家的减贫之路。

蓝色星球上空，贫困钟的滴答声依旧作响，不曾停歇。

钟面上的数据显示，就在刚刚过去的一天，有9万多人摆脱了贫困的泥沼，几乎与此同时，又有超过两万人重新陷入其中——即便是在人类空前强大的今天，贫困还是如同挥之不去的梦魇，与文明繁荣分秒必争地抢夺着这个星球的每一寸领土。

镌刻着人类反贫困密码的丰碑傲然矗立，世界的目光投向古老而崭新的东方。越来越多的外国专家、学者、官员、媒体走进中国，走进西海固的黄土戈壁，走进湘西的大山连绵，走进怒江的峡谷深幽……这些曾经被他们定义为"不适合人类生存"的地方，如今换了天地，生机盎然。

一路以"世界级"的体量，攻克着"世界级"难题的中国，在新的胜利面前，再一次坚定了走"中国道路"的信心。

这信心，源于我们拥有一个"绝无私利可图"的党的坚强领导。"我将无我，不负人民"，山河作证，因为有了党的坚强领导，确保了中国的反贫困之路一直具有稳定的框架；因为党的坚强领导，中国得以在平衡公平与效率、"不忘初心"和"实事求是"两条坐标轴之间,寻找每一个当下最符合绝大多数人民群众利益的发展路径。每一个参与这场大决战的战士,每一位受惠于这场大决战的群众,都会同意这样的结论:"中国共产党的领导,是中华民族最终摆脱绝对贫困的根本原因。"

这信心,源于我们持续不断推进着马克思主义中国化时代化的进程。100多年前,马克思最早从制度层面抽丝剥茧出贫困久治不愈的"秘密"——当生产过程中物的因素与人的因素分离,我们将看到,"产生财富的那些关系中也产生贫困"。共产党用一个百年的奋斗所推进的,其本质就是在生产过程中,物的因素与人的因素无限相统一的过程。解放和发展生产力,解放和发展贫困地区的生产力,习近平总书记扶贫重要论述丰富和发展着马克思主义反贫困理论,让新时代的脱贫攻坚战成为

2020年8月3日,浙江省台州市仙居县朱溪镇杨丰山盘山公路,宛如"玉带"绕山间,方便山里货走向市场,助力农民增收

一场科学之战、智慧之战、必胜之战，回答着中国共产党为什么"能"、马克思主义为什么"行"、中国特色社会主义为什么"好"的时代命题。

这信心，源于我们凝聚力、战斗力无出其右的制度优势。《世界是平的》一书的作者托马斯·弗里德曼有个"愿望"："要是美国能做一天中国有多好！""做一天中国"，是希望"在这一天里，我们可以制定所有正确的法律规章"，克服难以迅速作出重大决策的制度弱点。无论是推进改革，还是消除贫困，无论是制度调整，还是利益重组，中国政府体现出的强大组织动员能力，高超驾驭全局能力，卓越资源整合和利益协调能力，使得这个十几亿人口的大国在万尺浪头稳舵，于龙门高处一跃。

独特的理论、道路、制度、探索共同构筑成中国"脱贫奇迹"乃至"中国故事"的历史逻辑与现实答案，不仅让中国人的精神家园为之一振，更为世界上依旧在抗击贫困中鏖战的发展中国家提供了解决问题的全新视角——每一个国家，每一个发展中国家，都应当有"走属于自己的道路"的权利。倾听自己人民的心声、尊重自己人民的意愿、维护自己人民的权利，将是一切改革发展和反贫困路径选择的根本准则。

在这条充满信心"走自己的路"的征程上，56个民族守望相助的深情凝聚于此，一个国家举国携手、风雨同舟的力量倾注于此，一个政党以人为本、科学发展的理念展示于此，一种制度协同整合、握指成拳的优势印证于此。

从深重的苦难与磨砺来，向着民族复兴的光明处去。

百年目标，已成为奋斗的节点，牢牢地书写进共和国的历史。那些在荒芜的雪原、高深的峡谷、贫瘠的土地上生长起来的繁荣幸福，终将成为中华民族下一段漫漫征程的滋养，成为支持整个人类共同发展的财富。

乡亲们脱贫只是迈向幸福生活的第一步，是新生活、新奋斗的起点。

经历了"普遍性贫困""区域性贫困"和"个别性贫困",正在走向"乡村振兴时代"的中国,必然面临更高层次的矛盾和挑战。

"全面推进乡村振兴"是"三农"工作历史性转移的重心,农村贫困群众从摆脱贫困到实现高质量发展,其要义在于做好巩固脱贫成果与乡村振兴的有效衔接。

"绝对贫困"已经走入历史,解决"相对贫困"将永远在路上。

于农村而言,跨过贫困线的父老乡亲对发展空间、公共服务、精神生活必然有着更高的要求,擘画"振兴中的乡村",将是一幅浓墨重彩的丰收图,更是一幅风轻云淡的水墨画;于城市而言,随着农村人口向城市的逐步迁移,相对贫困的空间性也将发生转移。持续深化和推进改革,将低收入人口纳入相对贫困治理的视野,将是下一步社会治理体系的应有之义,也是进一步促进城乡协同发展的切入口。

一言以蔽之,我们将依靠不断地发展来解决"发展中的问题",依靠深化改革来解决"改革中的问题"。"十四五"规划中,对"扎实推动共同富裕"的强调道出了亿万群众的心声,社会主义的中国,即将翻开第二个百年奋斗目标的崭新一页。

诚如习近平总书记所言,再没有什么困难,能够阻挡英勇无畏的中国人民!

更扬风帆立潮头,再踏层峰辟新天。驶过了历史关隘的中华民族,14亿儿女共同迈入全面小康的中华民族,创造了一个独一无二的过去,也必将拥有一个独一无二的未来。

巨轮已出港,向着中华民族伟大复兴的航向,进发!

目录

序

前言

001	吕梁山区篇：跨过一道道梁 ⋯⋯⋯⋯⋯⋯⋯⋯⋯	郭少雅　邓保群
022	燕山—太行山区篇：桑干河畔一眼井 ⋯⋯⋯⋯	李海涛　侯馨远
040	六盘山区篇：山海逐梦记 ⋯⋯⋯⋯⋯ 施　维　陈艺娇　卢　静
057	大兴安岭南麓山区篇：四季的守护 ⋯⋯⋯⋯	曹　茸　梁冰清
078	四省涉藏州县篇：康巴儿女新长征 ⋯⋯⋯⋯	冯　克　孟德才
097	大别山区篇：再跃大别山 ⋯⋯⋯⋯⋯⋯⋯⋯	白锋哲　巩淑云
117	罗霄山区篇：翻越罗霄山脉 ⋯⋯ 房　宁　黄　慧　王小川　吴砾星
135	武陵山区篇：摆手越千年 ⋯⋯⋯⋯⋯⋯⋯⋯⋯	高　杨　孙　莹
152	滇桂黔石漠化区篇：开在石头上的花 ⋯⋯⋯⋯	李　飞　李　鹏

174 | 新疆南疆篇：播在戈壁上的梦

············· 冯建伟　刘一明　韩　超　刘硕颖　杨　惠

194 | 乌蒙山区篇：决战乌蒙山··············· 李丽颖　孙　眉

214 | 西藏篇：让世界聆听西藏········ 李　炜　李竞涵　王　田　李　鹏

232 | 滇西边境山区篇：怒江！怒江！·············· 李朝民　刘　杰

255 | 秦巴山区篇：风起秦巴·············· 买　天　吕珂昕

音频目录

吕梁山区篇:
跨过一道道梁⋯⋯⋯⋯⋯⋯⋯⋯⋯⋯⋯⋯⋯⋯⋯⋯⋯⋯⋯⋯⋯ 001

燕山—太行山区篇:
桑干河畔一眼井⋯⋯⋯⋯⋯⋯⋯⋯⋯⋯⋯⋯⋯⋯⋯⋯⋯⋯⋯⋯ 022

六盘山区篇:
山海逐梦记⋯⋯⋯⋯⋯⋯⋯⋯⋯⋯⋯⋯⋯⋯⋯⋯⋯⋯⋯⋯⋯⋯ 040

大兴安岭南麓山区篇:
四季的守护⋯⋯⋯⋯⋯⋯⋯⋯⋯⋯⋯⋯⋯⋯⋯⋯⋯⋯⋯⋯⋯⋯ 057

四省涉藏州县篇:
康巴儿女新长征⋯⋯⋯⋯⋯⋯⋯⋯⋯⋯⋯⋯⋯⋯⋯⋯⋯⋯⋯⋯ 078

大别山区篇:
再跃大别山⋯⋯⋯⋯⋯⋯⋯⋯⋯⋯⋯⋯⋯⋯⋯⋯⋯⋯⋯⋯⋯⋯ 097

特困片区脱贫记

罗霄山区篇：
翻越罗霄山脉 …………………………………………………… 117

武陵山区篇：
摆手越千年 ……………………………………………………… 135

滇桂黔石漠化区篇：
开在石头上的花 ………………………………………………… 152

新疆南疆篇：
播在戈壁上的梦 ………………………………………………… 174

乌蒙山区篇：
决战乌蒙山 ……………………………………………………… 194

西藏篇：
让世界聆听西藏 ………………………………………………… 214

滇西边境山区篇：
怒江！怒江！ …………………………………………………… 232

秦巴山区篇：
风起秦巴 ………………………………………………………… 255

吕梁山区篇：
跨过一道道梁

文 郭少雅　邓保群

吕梁山和太行山就像包饺子一样，将山西西部和陕北东部山地上的20个县卷了起来。

这条狭长区域的最北端，是"渺然塞北雁归来"的陕北榆林。才到11月，早晚的气温就降到了零度以下，榆林市区100多公里之外的毛乌素沙漠，早已天寒夜长，风气萧索。

我们的车子一会儿在山脊上缓慢攀爬，一会儿迅速下到谷底。在人头攒动的地方，掀起齐腰高的飞尘；在羊群踏过的地方，为旁边的平房上增一层灰土；在车轮碾轧的地方，发出一溜黏滞的响声，并留下一片混沌的黄云，这些尘土要很久之后才会重新落回地面。

大自然对这片土地似乎格外吝啬：它让这里的降水少而集中，仅有的雨水冲走了土质疏松的黄土里的养分，只剩下千疮百孔的贫瘠；它扬起来自西北塞外的风沙，遮蔽好不容易钻出土地的庄稼；它驱逐雨露，长降白霜，让此地十年九旱。

重峦叠嶂，沟壑纵横。

沿着吕梁山脉，是吕梁山区集中连片特困地区，覆盖北至陕西榆林南至山西临汾4个城市的20个县（区），400多万人口生活于此。我们听说，朴素而智慧的他们，一辈子和土地打交道，懂得山，懂得地，懂得泥土，不会听从任何人的瞎指挥，因为他们相信，只有了解和热爱这片土地的人，才有权利对这片土地作出安排。我们还听说，在漫长的与大自然的冷酷斗争中，他们把沙变成土，在土里巧种粮，然后又花大力气，用树把土一层层地固在这片大地上。他们也不是从未离开过，可每一次离开都是为了更好地回来，用命挣得钱，回乡建设这片土地。

他们被称为"土老西儿""土老帽儿"，其实，他们是最爱土、最惜土、最懂土的一群人，这种对"土"深沉而执着的热爱，如果不挨得近一点，根本不能理解。

山风清冽，不停地钻进车里，裹挟着淡淡的、焦香的草木气味，似乎整个大地都有起伏的呼吸声，宽广而又充沛。车窗外，疾速闪过一排排榆林地区特有的"砍头柳"，它们重新生长出来，四散的"蓬头"像极了一朵朵花，盛开在这块古老的土地上。而我们乘坐的汽车，则像一颗渺小的流星，在永恒的时间和空间维度上匆匆划过。

自北向南，我们的吕梁行，开始了。

■ 捏沙成土

一队年轻的女民兵在沙丘上行进。

陕北女子特有的"毛毛眼"眯成了一条缝，迎着漫天的风沙。纤弱的腰背弓成了90°，背上是成捆的树苗，树苗根部，裹着姑娘们的衣衫。仅有的运输工具——排子车陷进了沙坑里，她们便像黄河上的纤夫一般，前拽后推，头几乎抵进沙地里，守护着排子车上微弱又强劲的绿意。

这是一组凝固在榆林市补浪河乡女子民兵治沙连博物馆门前的雕像。

"挖出一锹，树坑立马被沙填平；大风一起，刚栽的树苗就盖在沙底下；中午一两点钟的太阳真毒啊，地表温度能达到45℃，踩着滚烫的沙子担水浇苗，一瓢下去，水冒着泡马上就干掉了。"

1974年，在毛乌素沙漠腹地，补浪河乡黑风口，54名平均年龄只有18岁的女民兵与眼前这片荒沙铆上了——

没有苗，她们翻沙越梁，到20多里外的王家峁去背树苗，人拉肩扛，每人负重七八十斤；没有土，她们推着木轱辘小车，连续60天从其他地方挖来5 000立方米黑土，垫出80亩育苗地。

坡上起风，前一天辛辛苦苦栽下的幼苗被黄沙掩埋，她们用手一把一把刨开黄沙；土筐不够用，她们用自己的衣服，装上沙子往外背。

白天，姑娘们揣着高粱馍馍和盐巴干活，到了吃饭的点儿，大家面对面围成一个圈，用衣服裹住脑袋和饭碗，扒拉进嘴里的，是半碗饭夹着半碗沙。夜里，一望无际的荒沙滩上，孤零零的几栋柳笆庵子亮起烛光，姑娘们就着光给百十公里外的父母兄弟做冬衣、纳鞋垫。女子民兵治沙连第一代治沙队员席永翠已年近古稀，跟随着她的讲述，一群年岁未及桃李的姑娘，从那个战天斗地的年代，从漫漫黄沙中向我们走来……

46年来，治沙女民兵连换了14任连长，始终保持着54位"铁姑娘"的建制。她们推平沙丘800多座，营造防风固沙林带35条，修引水渠35公里，种植畜草、花棒、彩叶林、樟子松等4 920亩，栽植柳树和杨树35万株，治理荒漠1.44万亩。

站在补浪河林区的瞭望台往下望，朔风吹过林海，满目绿色，很难想象这里的人，曾经是如何赌上青春搏上命，一茬接一茬地扑在沙地上。席永翠依旧保持着"铁姑娘"的快人快语："不治沙，家都得被沙'吃'了。"

彼时，榆林的黄沙到底有多肆虐？

"地拥黄沙草不生"。榆林地处毛乌素沙漠和黄土高原过渡地带，早在明朝，沙患就已成规模。沙夺良田，沙进人退，人与沙的拉锯战中，流沙吞噬了一个又一个村庄，怒涛似的大举南下。挡得住匈奴铁骑的长城却挡不住风沙，新中国成立前的近百年间，黄沙一度越过长城南侵50多公里，吞掉了半座城，榆林城被迫3次南迁。

20世纪70年代的女子民兵治沙连治沙场景

我们走村入户，各处探访，牵扯起乡亲们关于那段岁月刻骨铭心的记忆——

一到春季和冬季，西北风就强劲起来，刮起的沙子拍在脸上，生疼，一天到晚看不到太阳。每次劳作回来，都变成了"出土文物"——眼睛里有沙，耳朵里有沙，全身都是沙！头天晚上睡觉，门关上了，沙子就像是从地下钻出来似的，趁着天不亮在门口堆了半米深，把人堵在家里。出去放羊，羊羔竟被沙子压住，站不起来。

沙子还会"吃人"！风沙来了，放羊的大人一时顾了羊，没顾住娃，娃娃就这样被埋了。

挨着这样的荒漠，让人怎么活呀？

很多榆林人选择走西口。

但更多的人留了下来——与风沙抗争到底。

治沙，就是治苦、治穷。改造荒沙滩，就是改造榆林人自己的命！

1959年，大规模的植树造林、生态治理在这里展开，数十万榆林人扛起镐头、挥动铁锹、推起架子车、背上树苗，挺进毛乌素沙漠。

1978年，榆林在全国首创飞播技术。

大宁县曲峨镇榆村村民在种松树

20世纪80年代，榆林推行承包治沙造林，榆林治沙成为中国治沙的一面旗帜。

进入21世纪，榆林采用"樟子松六位一体造林"技术，让毛乌素沙漠披上了130万亩"樟子松"绿。之后，长柄扁桃、沙棘等百万亩基地建成，油用牡丹、樱桃等经济林新品种积极推广。2018年，榆林全市林业总产值71.2亿元，榆林人彻底把沙变成了土，又开始把土变成金。

截至2020年，榆林的沙区植被覆盖度提高到60%，经济林面积400多万亩，860万亩流沙变为绿洲。陕西的绿色版图，向北推进了400公里。

曾经风沙肆虐的不毛之地现已被改建为国家森林城市。

榆林人把流沙"拴"住了。

2020年年初，《我和我的家乡》电影摄制组在榆林已经找不到一块"理想的"沙地，只能跑去内蒙古取景。不过，电影的主人公"乔树林"就实打实地生活在这片土地上。

他就是在沙地上种出苹果来的张炳贵。

在寻找张炳贵和他的沙地苹果的路上，时而闪过一排排"砍头柳"——粗短的身躯，头顶着蓬乱的枝条。这枝条砍下来可以做树苗、做农具，编织成笼、筐，生火做饭……三五年之后，扦插的新枝又成材了。

这个地方，连树都有奉献精神。

一个多小时后，我们来到了横山区赵石畔镇赵石畔村。

20年前，干了几十年小流域治理的张炳贵从横山水保局工程师岗位上退休，偶然间在电视上看到原云南保山地委书记杨善洲在大亮山义务植树的事迹，"人家地委书记都受得了这个苦，我老汉就也能把这荒沙梁种绿！"

他与赵石畔国营林场签订了承包300亩荒沙低产林场的合同。

说是荒沙低产林场，其实就是望不到边的沙梁。作为水利工程师，张炳贵太了解沙梁的脾气了。雨天，水来多少就走多少，不仅水要走，还要带着黄沙和仅有的一点点薄土，在沙梁间的低坝地冲出一条泥沙流来；晴天，这沙梁横在没有遮挡的日头底下，干绷绷地存不住半颗水珠。

"老张是胡搞哩，这地方能干成啥，他是要把人民币撒在沙梁上！"乡亲们看着搬上山住的张炳贵，直咂嘴。

不幸言中。搭葡萄架、种枣树、栽杏树，折腾了五六年，任凭老张和他的树们怎么努力，就是没办法在流沙上扎住根。稀稀拉拉的树林成了羊和野兔的天堂，树皮被啃了，树叶被嚼完了，乡亲们打趣他："老张啊老张，还收啥果子，直接搂草打兔子吧。"

沙梁上不通水不通电，老张和媳妇用摩托车驮着水桶上山，用煤油灯、手电筒照明。

种不成树，就先种草、种蒿。流沙固定住了，再用整车的农家肥铺进沙里，深翻入地，硬生生把沙"喂"成了"土"。几年下来，老张的沙梁上，高养分土壤厚度有十几厘米，种下去的苗子，眼看着扎住了根，攒足了劲儿，开始往高蹿、往粗长了。

"多活一天就多干一天，不能把事情撂着不干。"张炳贵的人生哲学很简单。

2009年，张炳贵将目标瞄准了苹果树。这次，他押对了宝。

通过嫁接山定子苗的方式，张炳贵培育出了一种新型苹果树：它不仅耐寒耐旱，还能适应榆林本地气候，在沙地上长，成活率高，而且苹果颜色好、香味浓、脆甜爽口、富含维生素C和矿物质。沙地苹果一亮相，就结了满堂彩！

2018年6月，张炳贵在国家知识产权局注册登记了"芦河沙地苹果"，

2009年，张炳贵在沙地上种植苹果树

这是全国第一个获得注册的沙地苹果商标。

张炳贵说，这些年摆弄果园，累计投入在300万元以上，期间，榆林各级政府也积极协助他解决资金和技术难题，所以他现在无条件地与乡亲们分享果树种植与果苗管理技术，齐心将沙地苹果的种植潜力发挥出来。如今，榆林市沙地苹果种植面积已达15万亩。

张炳贵的芦河沙地苹果

张炳贵从树上拧下两个苹果给我们尝。这果子个头不大，可结结实实，吃起来甜、香、脆，像极了其貌不扬又扎实肯干的榆林人。

"您终于完成心愿了。"我们向张炳贵祝贺。

他蹲下身，用手扒开表层的黄土，深层的黄沙露了出来。捏起一把，沙子从指间流出来，"我这个老汉啥时候能把这几百年吹来的沙黏成土，心愿才算了。"

榆林人不仅要把沙变成土，还要将"沙壤壤"变成高产田。

我们见到赵石畔镇镇长刘胜利的时候，他正站在北临风沙草滩，南接丘陵沟壑的无定河畔上"指点江山"。

北边的风沙草滩上，有女子治沙连和"张炳贵"们变沙为土。南边"珍贵"的丘陵沟壑区上，靠着那层大自然给榆林人留下的薄土，大量人口聚集于此，土里刨食。

"靠雨养""望天收"，水土流失严重，庄户人越来越勤劳，地却越来越养不起庄户人的肚子。不赖庄户人涸泽而"耕"，实在是坡地多、土质松，在跑土、跑水、跑肥的"三跑"田里耗功夫，能有啥好日子过！

办法总比困难多。经过系统地调研论证，"宽幅梯田"项目上马：将荒山变成耕地，把分散的耕地连成整体，通过田、水、路、林、村综合整治，将低效利用和未利用土地平整拓宽，增加有效耕地面积，让"三跑"田变成保土、保水、保肥的"三保"田。与广西、云南等地的梯田不同，"宽幅梯田"每层田块面积较大、生产道路宽阔，适宜机械田间作业。

说到兴起，刘胜利五指并拢并稍微朝上窝起，将茶水往手里倒去，"看，这就是'宽幅梯田'的'三保'效用，如果是坡地，啥都兜不住啊。"说着，他把手掌一倾，五根手指也跟着张开来，茶水洒在地上。

道理浅显易懂，实施起来难度却不小。水务局、农机局、畜牧局、农技推广站、蚕桑园艺站等部门联合作战，将滴灌配套、农机化、养殖项目、技术推广、产业规划等统一纳入"宽幅梯田"工程。

地平了，土肥了，机械用上了，既省力又丰产。"根据调查，宽幅梯田上的施肥效率是坡地上的6倍，机械翻地效率是畜力的22倍。"横山区产业办主任王久国说。

在宽幅梯田上种植人工牧草，可以实现羊草一体化发展，白绒山羊养殖现已成为横山区增收致富的主导产业；种植中药材，能解决药材人工采挖成本高、难以规模发展的问题；发展设施农业，具有通风好、不遮光的优点。

2020年年底，横山区建成高标准宽幅梯田30万亩，发展名优杂粮10万亩，山地苹果6万亩，中药材3万亩，马铃薯、玉米、饲草等10万亩，大棚1万亩。产业覆盖380个村组20万人。

当我们即将结束榆林的采访时，外面飘起了细雨，空气中明明白白地增加了许多水分，夹杂着泥土的芬芳，无数花草树木的勃勃生机热烈地拥抱我们。

"连基本的生存条件都不具备。"80多年前，美国记者埃德加·斯诺在他那本《红星照耀中国》的书里，记述了西方人第一次看见陕北浩瀚无边的黄色海洋和连绵起伏的丘陵沟壑时所做的论断。一直到20世纪80年代中期，当联合国世界粮食计划署的官员到陕北考察时，他们还是发出了同样的叹息。

2018年6月14日，第二十四个世界防治荒漠化与干旱日纪念大会选在榆林举行。

凭什么？凭的是将这座"沙漠之城"变成"绿色之城"的壮举，凭的是把荒沟废壑变成沃野良田的成效。

无数西方人盛赞：这真是人类治沙史上的奇迹！

这里的人们就是这样一边被环境规定着，一边又改变着环境。他们不会因为居住在大山荒漠中而凄凄艾艾，他们在困厄的境遇中认识自己，锤炼自己，升华自己。在他们仰望或远眺的目光下，无论设定什么目标，永远都不会成为终点。他们还将以无与伦比的执着，一次次推翻认知和实践的极限。

▮ 掘土生金

一定是造物主一不留神，把调色板上的黄色颜料全都倾洒在了初冬的忻州。

沿路延绵的山地，丘陵层层叠叠，直伸天际。我们的车穿行在这黄色的冰海冻浪中，仿佛漂荡在大海上。到处都是簌簌落叶，落叶也是黄色的。就连正午的阳光，也被这样的色调稀释掉几分暖气。

这也难怪，这里属温带半干旱大陆性季风气候，地处黄土高原腹地，山地、丘陵占了全市面积的89.4%，一入冬，遍地黄土的底色展露无遗。

这黄土堆积成的一道道峁、一道道梁，地势起伏大，高低悬殊，无霜期短，让这里形成了以杂粮为主的旱作农业区。

中国杂粮看山西，山西杂粮看忻州。这里种植了15大类600余种杂粮，种植面积保持在350万亩以上，总产量超过60万吨，堪称"小杂粮王国"。辖域内的神池县是"中国亚麻油籽之乡"，五寨县是"中国甜糯玉米之乡"，静乐县是"中国藜麦之乡"，岢岚县是"中华红芸豆之乡"……

一路向东北，我们抵达岢岚。作为忻州的版图大县，这里人均耕地面积高达11.2亩，但县城很小，只有几条街，人也少，全县仅有8万多人。

山多地广人稀，人们的思想、眼界似乎被"压住了"，他们生产生活的对照系是黄河对岸的陕北，自己觉得自己了不得：就算跨过黄河，其他人还不是和咱一个样？都是土里刨食的人！他们坚信，人就应该踏踏实实在土地上干活，天底下最不亏人的就是土地。

接受新鲜事物，对他们来说格外地难。年平均气温6.2℃，平均无霜期只有120天的天地里，除了种植所需极少、生命力极强的小杂粮，似乎也没有更多的选择。

他们种谷子，因为这种作物需要的肥料少。但谷子喜高温，长在岢岚这地方，收成就打了折扣；他们种马铃薯，但为了省钱就不买新种，品种越来越退化，品质越来越低；他们也种玉米，但这里积温不足，产量没有优势；这里适宜种莜麦，但成熟后最怕起大风，一场风起，又小又轻的莜麦穗飘走大半，侥幸留在秆子上的，只剩次品；20世纪末，岢岚县还推广过种葵花，种了六七万亩，但恰遭秋雨滂沱，菌核病大面积传播，葵花籽全烂了，这个产业也被迫退出。

最令人头疼的还是雪季来得太早，只需一个晚上，雪就压了半米深，来不及收的玉米只能撂在地里。雪化后人还能落下多少口粮，全看老天爷的心情！要是种的是土豆，那更是苦，需要把20厘米的冻土砸开。最担心的还是开春时节骤冷，苗被冻一下，全死，一年颗粒无收。

70多岁的老汉刘拉生说，他是一个道地的庄稼人，以前谁家地撂荒了，不种了，他就借过来种，年底给人家几袋土豆当作"租金"即可，没人会计较。

广种薄收，岢岚的土地就是这么不值钱。

60岁的农民刘保旦回忆，在20世纪80年代跟对象逛街，姑娘提出去逛庙会，可刘保旦口袋里连10元钱都没有，"扣了路费饭费，连给姑娘买件衣服的钱都没有。"刘保旦耍了"滑头"，谎称拉肚子，硬是按下了姑娘进城的念头。

庙会糊弄过去，刘保旦回家东拼西凑，欠了一屁股"饥荒"，凑齐了400元的彩礼成了家。到了壮年，他和老婆拉上一头骡子一头驴种50亩地，起早贪黑，地多得种不过来，可口袋里总是空的，掏不出几个油盐钱。

"岢岚是养穷人的地方。"岚漪镇北道坡村党支部书记王云告诉我们，岢岚的农民都是时间管理大师，自有一套"土地上的智慧"——5月，冻土刚刚有一点松软的意思，农民们便急慌慌地下了地，点豆种、种荞麦、播胡麻。3个月下来，割倒豆子、荞麦和胡麻，来不及收拾，先垛在地里，忙不迭地种秋玉米。玉米种下了，趁着玉米拔节抽穗的工夫，打莜面、碾豆子、榨胡麻，忙完这一茬，老天就该下雪了，如果能趁着大地上冻前把玉米抢回家，这一年老人、孩子们的肚子就是圆的。

从5月到11月，老天只给了岢岚半年适宜生长的光热，岢岚人与时间赛跑，把这点光热用到了极致，也把人的血肉之躯压榨到了极致。

劳作啊劳作，这片贫瘠苦寒的土地，终究养住了这片土地上的人。"多少年，甭管大灾小难，岢岚几乎不出乞丐，土里刨个坑坑，总能吃个窝窝。"王云提起这茬，挺了挺腰杆。

也许是大自然看岢岚人太辛苦了，给他们送来了红芸豆。

1992年，一个偶然的机会，只出现在欧洲国家食谱上的红芸豆被引进岢岚。仿佛是大自然的馈赠，岢岚人的眼睛亮了。5月播种，9月钱就能装进口袋。孩子的学费有了着落，买农资时赊的账也能及时还清，还留出了种玉米和土豆的空当。2002年开始，越来越多的农民开始自发种植红芸豆。

但料理红芸豆的困难也突出：种植精细，采摘费工费时。首先是出苗难，雨后，太阳一晒，土结成皮，这时候就需要抠开泥土，让苗一棵棵地露出来，再覆盖地膜；成熟期一到，先拔植株，干燥一些后，把植株运出来堆积好，彻底干了后，拿棍子轻轻敲打出豆子颗粒，有的则需要一颗颗剥出来，在没有机械化的年代里，全靠人手。

岢岚县红芸豆加工车间

吕梁山区篇：跨过一道道梁

山西粮油农产品进出口公司董事长刘江是个"芸豆通"，在黑龙江和新疆也种红芸豆，但是那边光照不够，着色不够红，而且长得太饱满，豆子把自己涨破了，不适宜做罐头。岢岚的红芸豆品质比美国的还好，90%可以进入高端市场，是全世界最佳的罐装红芸豆的原料生产地。"可以说，是红芸豆选择了咱们岢岚。"刘江说。

肯干又执拗的岢岚人，看到了红芸豆的好，就一直种，一直种，在2010年种成了"中华红芸豆第一县"和全国最大的红芸豆出口基地。

从此，头上顶着漂亮的光环，眼前的日子也逐渐发生改观。红芸豆，让岢岚人懂得了，一定要找出一条让土地值钱、让庄稼人的辛劳值钱的突围之路，不然，这里永远只能是"养穷人的地方"。

小富即安的心态被冲破，前进的脚步就不再停歇。岢岚人又往前迈了一大步——他们开始想法子种蔬菜了。

种蔬菜有什么了不起？

如果你愿意把马铃薯叫作"菜"，那么这种作物曾经是岢岚人乃至吕梁山区的人桌子上的唯一的"菜"。多少年来，岢岚人的饭桌上没有菜，地里更不种菜。在日子已经天翻地覆的今天，你走进岢岚，他们对你最大的招待，是炒洋芋、蒸洋芋、炸洋芋，是荞麦面皮裹上马铃薯馅的蒸饺，是马铃薯做皮，和上荞麦面丝做馅的炸丸子……

2018年的仲夏，全国大部分地区正热得"下火"，处于叶菜生长的"夏淡"时节。一个山东寿光人到岢岚租种了几亩地试种菠菜。此时的岢岚，早晚已经需要穿长袖，菠菜有了"乘凉"的环境，一茬接一茬长得猛。寿光人找来王云合作，王云负责在村里协调流转土地和用工事宜，寿光人负责把菜卖到深圳去，深圳那里的蔬菜经销公司每亩每年付给村里4 000元，包圆儿。

岢岚的土地，从来都没有这么值钱过。

和所有老实巴交的岢岚农民一样，王云觉得自己"占了大便宜"。这"便宜"为什么这么大，他决定自己去看看。背上行囊，出吕梁山，出省，下到"十万八千里远"的深圳，王云看到，各种蔬菜被冷链物流车一车车地从全国各地发过来，再被包装成一包包精致的净菜摆上超市的柜台。他搞明白了，自己村头种下的菠菜是要供港的，不仅各项安全指标符合要求，而且口感鲜甜，在深圳蔬菜交易市场上，好多公司抢着要。

"不包圆儿了。俺们负责品控和物流，你负责市场，不管赔了赚了，咱们六四分成。"王云回到村，成立了蔬菜专业合作社，购进了一台冷链车。菠菜从地里收上来，马上整箱包装进车，当天就发。到了深圳出港的时候，一棵棵菠菜支棱着叶子，仿佛还带着吕梁山里清晨凝下的露珠。

2020年，北道坡村的蔬菜基地扩展了200多亩菠菜，每亩产值上万，除去各项成本，每亩净赚6 000多元。

增强商品意识，升级物流方式，拒绝"旱涝保收"，愿意在承担风险的前提下去市场里搏杀、锤炼，终年面朝黄土的岢岚人终于抬起头来，看到了土地连接着的广阔市场，那是"土老西儿"们的新天地，等着他们去大干一番。

作家韩少功有一段话说得很精彩：什么是生命呢？什么是人呢？人不能吃钢铁和水泥，更不能吃钞票，而只能通过植物和动物构成的食品，只能通过土地上的种植与养殖，与大自然进行能量的交流和置换。这就是最基本的生存，就是农业的意义，是人们在任何时候都只能以土地为母的原因。

我们仔细咀嚼这些话，回想在岢岚一周的所见所闻，生出这样一种认知来——

人没有花、草、树木那样深的根，对土地深处的东西恐怕未必了然吧。人主动或者被动地把自己掩埋在眼前的事务里，有时候应付得暗无天日、疲于奔命。可是，人一旦把一件件事情干完、干好，也就慢慢熬出了头。

▋ 黄土地上的出走

哥哥你走西口，

小妹妹我实在难留，

手拉着哥哥的手，

送哥送到大门口。

……

哥哥你走西口，

小妹妹我苦在心头，

这一走要去多少时候，

盼你也要白了头。

……

"走西口"是明清以来晋、陕等地贫民和商人越过长城到口外地区谋生的移民活动。"口"是指在明长城沿线开设的"互市"关口。从清代前期开始，尤其是遭遇灾歉和战乱之年，山西人奔赴口外谋生的队伍就越大，其中农民约占八成。于是，这首今天我们耳熟能详的《走西口》就会在一两百年前的许多村口、路边响起。

"走西口"的农民绝大多数是为了生存，"地赖""土瘦"，祖辈们为了活命，才去口外讨生路。农人安土守家，他们就像长在土地上似的，除非万不得已，绝不会轻易奔走他乡觅生活。"三十亩地一头牛，老婆孩子热炕头"是他们的一贯理想。而且，即使移居他处，也是暂时打算，大抵并不准备永远离开故土。

人们把"走西口"过程中那些春去冬回季节性迁移的男性劳动力形象地称为"雁行客"，留守在家的女性称为"守家婆姨"。男人在家时，女人到田地里帮把手，其余时间做饭、生孩子、奶孩子。当"雁行客"背井离乡出去讨生活时，"守家婆姨"就承担起家庭的全能型角色，照看上下老小、家里地里，甚至村里死了人抬棺材、打墓坑、埋死人都要靠她们顶上去。

对于男人来说，"走西口"是寻找机遇，也是直面考验，在挣到钱之前，谁都说不上自己究竟是不是好汉。对于留在家里的女人来说，一切都是煎熬，在地里忙乎一年，生不出几个钱，回娘家想带点礼物，扯些好看的布做件新衣裳给母亲，或是买点烟草给父亲，得从已经空落落的牙缝里搜，从已经咕咕作响的肠胃里刮。

这里的人生于土，固守土，却又一直没有停止过走出土的抗争。当男人怀着希冀或迷惘的心情走向关外辽阔天地，试图以强劲筋骨撑开另外一片新天地的时候，他们的女人看着驼队远行，在土墙上刻下横竖线计算着丈夫的归期。到了20世纪八九十年代，当男人涌入农民工大潮，在全国各地奔忙时，妻子也只能从电话、电视里来了解自己的男人和那个外面的世界。

不难想象，这些往事可以没完没了地讲下去，但听男人们说起以往的苦辣酸辛，总是短短的三言两语，像他们喝的闷酒，千般滋味都付于半醉半醒、半明半暗的陈封中，又像一泓小小的泉水，无风、无浪、无声、无息。

行至位于吕梁山区中段的吕梁市，我们听到的故事突然就转了调性。

那泓泉水活泼起来，跳脱起来。从这片土地上出走的大军中，有了女人的身影，不是一个两个，而是一群两群，成千上万。她们"叽叽喳喳"，她们"不安本分"，她们给这支千百年来只会沉默行走的大军注入了鲜活的色彩。她们不再只站在村口、路边唱起送别的歌，她们把歌唱在了走出大山，走出黄土地的征途上。

"2016年，村里突然来了工作队，鼓动妇女参加市里的护工培训，不仅不收钱，还发米发面。"坐在对面的许艳平激动地拍了一下桌子，"那段时间，我们每天听到的都是新鲜名词，家政、康养、学区房、护照……"

许艳平有了出去做"月嫂"的想法，家里顿时乱了。婆婆觉得自己家的孩子都顾不过来呢，还跑外面给别人家带孩子；丈夫怒气冲冲，说老婆出去当保姆让他没面子；儿子以沉默表示不支持，女儿则直接对她说："妈妈你觉得赚钱重要还是我重要？"

这种家庭阻力颇具普遍性。护理工作经常被人视为"低人一等""伺候人的活儿"。工作队到村里宣讲培训政策，媳妇们三五成群地结伴去听，男人们趴在窗户边偷偷地看，他们也不惮表露心思：好不容易娶了个媳妇，让她们出去看了大千世界，跑了怎么办！还有些更难听的闲言碎语：说的是当保姆，谁知道干啥呢！

许艳平来自吕梁市临县小高家塔村，为了一双儿女读书，在吕梁市郊租了一处房子。丈夫在建筑工地上卖力气，许艳平在学校门口摆过水果摊，当过保洁员，用她的话说："啥苦都能吃，啥罪都愿意受。"

可一个女人家，能有多大能耐呢？吕梁人对农家妇女有个形象的称呼，叫"三转婆姨"——围着锅台转、围着老公转、围着孩子转。2015年的除夕，许艳平正围着锅台转，发现家里的盐用完了，她摸遍自己和老公身上的口袋，交齐了郊区小平房的房租、孝敬完老人、还清了孩子上学一年欠下的"饥荒"，两口子的口袋里，加起来仅剩1元钱——不够在超市里买袋盐。

"当家的，你说啥叫面子？咱顶着一张脸，洗得再干净，谁给咱一桶油一袋面？家里没盐下锅，这才是没面子哩。"安顿好一家老小，许艳平钻进被窝，细声细气地跟丈夫说体己话，"咱还想让孩子吃几顿少滋没味的年夜饭？"郊区的平房里暖气不足，丈夫紧了紧身上的被子，没同意，可也没再反对。

许艳平坐进了临县职工学校的护工培训课堂。

小学都没读完的许艳平使出了"吃奶的劲儿"。上课跟不上，追着老师的课件逐页拍照；晚上把课堂上的内容抄成一张张小卡片，那些不认识的字，看不懂的词，对着字典一个一个地翻到深夜；早晨6点，她围着操场一圈圈地转，等8点上课铃响，昨天的一厚叠小卡片背得烂熟。

"艳平这是要考大学哩。"同乡的婆姨笑她。

40天后，许艳平顺利通过考试，持证上岗了。

"不愿意再借钱，1元钱也不愿意再借了。"一起参加培训的7个同乡"婆姨"都转身回了乡，只有许艳平憋着一口气来到了太原的家政公司。

那时候的她无论如何也想不到，未来3年时间里，她下过深圳，上过北京，从普通月嫂干到金牌月嫂，工资一级一级从几千元涨到上万元。她更想不到，凭着过硬的业务本领和良好的口碑，她拿下了吕梁市护工技能大赛的第一名，被评为"感动吕梁"年度人物，当选为山西省第十三届人大代表。

2019年9月，胸前飘扬着"吕梁山护工"的胸牌，许艳平和她的另外12名护工姐妹出现在全国第二届青年运动会吕梁赛区的跑道上。这一次，她手持熊熊燃烧的火炬，将吕梁山女人的荣光，高高地举过头顶。

吕梁护工培训现场（刘亮亮　摄）

吕梁山的女人，一直勤劳而美好，却从没有如此扬眉吐气过。

如果说许艳平的故事让我们听着爽利畅快。那柳林县宋爱玲的故事，前半程就充满了凄婉心酸，但如今已满是温暖和希望。

"山西的娃娃离不开家，政府和老师是像娃娃一样把我们一路护着出来的。"联系上45岁的宋爱玲时，她已经是北京东方家政公司的一名工作人员，前不久她崴了脚，在公司里休息了两个月，吃住免费，还有保健医上门给她治疗："好像世界一下子多了很多亲人。"

25年前，和所有吕梁姑娘一样，刚满20岁的宋爱玲嫁人了。嫁人是女人的"第二次投胎"，宋爱玲显然投错了。结婚后的丈夫对她非打即骂，要么便是十天半个月地不回家，家用也一分不给。

才22岁，宋爱玲就离婚了。可刚刚办完手续，却发现自己有了身孕："说来不怕你笑话，生下儿子不是因为勇敢，是实在不敢去医院，不敢做手术。俺们村里一共就60个人，大多数人一辈子也没进过医院。"

嫁出去的姑娘泼出去的水，宋爱玲在娘家已经没有一分地，没有一间破窑洞，连块土坷垃都不是自己的。她带着孩子在城边租了间破屋，拼命地打零工。

在宋爱玲的记忆中，十几年的时间里，她和儿子的小出租屋从来没有响起过敲门声，这个世界似乎只剩母子二人，如一叶孤舟，就算哪一天倾覆入海，也不会有人知晓。更让宋爱玲着急的是，在贫困和闭塞中长大的孩子虽然孝顺懂事却也极其胆小，"20岁了，出门做事常被人欺负，丢了工作不敢说，在外面一躲一天，全天就拿一袋泡面当饭吃。"

日子的转机，是从护工培训开始的。宋爱玲害怕出远门，可一人900元的培训补助吸引了她，她去上课了。本来想着混几天就回来，可班主任像教育孩子一样教她，不仅拽着她上课，还把她的儿子拉来去学幼儿护理。"我去北京上岗的时候，班主任也替我儿子找了一份在幼儿园做护工的工作，正适合他又谨慎又有爱心的性子。我们娘俩一起进了京！"

因为宋爱玲要在雇主家上工，我们的采访几乎全靠微信完成。不需我们提问，她一段段地发着语音，大段大段地敲着文字，满心的欢喜和感激之情像是喷泉一样往外涌："过去我和儿子身在闹市无人问，如今走在他乡有远亲。""我长这么大，第一次感觉到党和国家的政策这么温暖，我要把人家对我的好一件件都记着，一辈子不能忘。"

"收倒秋，就进城；干啥去，当护工；为了啥，要脱贫；行不行？"

"行！"

每年，新的一批吕梁护工即将扬帆出征时，吕梁市委书记李正印都要去为护工大军送行："农家妇女走出大山，看起来是一小步，实际上是一大步。"李正印给"三转婆姨"们打气："市委、市政府就是你们的'娘家人'，我们把后勤服务做好，你们放心大胆地走出去，稳稳干，好好赚。"

毫不夸张地说，时代给了吕梁女人一个走出大山的机会，吕梁女人走出了"十万护工出吕梁"的大气磅礴，走出了一部新时代的"吕梁英雄传"。

如今，她们有的已经回乡创业，开办护工培训公司，给更多的吕梁姐妹铺路搭桥，成了那个为大家"蒸馒头"的人；有的学英语、学日语、学礼仪，精湛的业务水平通过了加拿大、日本等国家家政行业的认可，准备带着吕梁护工的金招牌漂洋过海了！

曾经，"走西口"的吕梁男人扬鞭千里，顶着风险，驮载着英武气，捎带着口内口外的风土人情，缔造出一个南来北往的经济血脉。今天，"吕梁山护工"打破了传统观念的束缚，改写了"守家婆姨"的人生轨迹，迈进了城市的门槛，与男人们齐头并进。

这既是鲜明比照的两组人间风景，又是几辈子的社会理想在吕梁大地的充分展开：从祖祖辈辈赖以安身立命的黄土地上走出去，实现人生的安稳与跃升，又拖牵着建设家乡的情愫，以异乡人的生活节奏编织起自己的生活愿景。

■ 土地上的创新

车子继续向南。随行的一位干部在车上和我们闲谈。

他说，因为水土宝贵，种树在吕梁山区已经从一种传统上升为一种情结，连几岁的小孩子都屁颠屁颠地跟着大人去种树。这地方种树可不易，人把绳子绑在腰上，吊在半山腰，像壁虎一样攀缘着崖壁，用镐头刨出一个个浅坑，撒下柠条种子。后来，为了降低危险系数，他们又采取"抛种"的办法：把柠条种子裹在泥巴里，往崖壁上扔，让泥团粘在山崖上。抛投植树法安全了很多，不过，成活率很低。

种树也成了吕梁人的一项"营生"，包下工程，就能挣钱。虽然不少地方"年年种树不见林"，但是"活一棵算一棵吧，种总比不种强"。近几年倒是好多了，成活率大大提高，不少人靠种树脱了贫。

"为啥效果变得那么好？"我们好奇。

"我带你们到临汾大宁看看去。"

沿着盘山路一路上坡，满布苗木的鱼鳞坑排列有序，漫山遍野，新栽植的松柏迎风摆动。站在山峁高处，林风浩荡扑面，谙熟林业改革发展历程的大宁县林业局林权服务中心主任桑建平给我们介绍："20世纪70年代，大宁造林时栽树技术低、操作不规范，效益很低；到了80年代中期，县里组织造林专业队，提高了技术水平，可效益并未明显提升。总结经验时发现，这些专业队里的成员来自不同地方，集中一段时间栽树后就解散了，树要成活，三分栽七分管，管护不力，一片林子会死一半；后来县里采取公司造林的方式，也就是通过招投标，让公司来承接造林项目，希望以利益来驱动管护效果，干了几年后，又发现了弊端，这些公司造林时层层转包，真正用于栽树的钱，所剩无几，往往偷工减料，糊弄了事。"

桑建平点起香烟猛嘬几口："2016年，在林区干了几十年的王金龙调任大宁县委书记，推广合作社购买式造林。造林进度、质量几乎是飙升状，老百姓的参与热情也高涨。"

为了弄清楚合作社购买式造林的工作机制，我们来到王金龙的办公室。

王金龙几句话就把重点拎了出来：购买式造林，就是根据政府规划设计，以建档立卡贫困户为主体的脱贫攻坚造林专业合作社竞价、议标，与乡镇政府签订购买合同，合作社带头人自主投资投劳造林，当年验收合格后支付30%左右工程款，第三年成活率验收合格，支付余款。

我们听明白了，大宁的造林核心原则有二。一是种下树不算完，树成活才算；二是政府出造林的钱，但是这钱得让贫困群众挣大头。前者增绿，后者增收，两全其美。

大宁的造林还有很多"新花样"——

设立"脱贫攻坚生态效益补偿专项基金"。县财政每年拿出150万元，补贴全县未纳入生态效益补偿范围的生态林和达产达效前的经济林。

建立森林市场。依托县不动产交易中心，确立林价体系，让拥有林地的老百姓可以盘活林权，通过市场交易实现价值。

探索林业碳汇扶贫。开发和销售生态扶贫林业碳汇CCER（国家认证自愿减排量），依据林木固碳释氧量给林农以经济补偿，盘活碳汇功能，增加群众收入。

推进林业资产性收益扶贫。采取"企业＋合作社＋农户"的模式，鼓励县域龙头企业成立专业合作组织，群众以个人拥有的林地经营权、林木所有权以及财政补助资金折股量化，以股权的形式入股合作社，实现"资源变资产、资金变股金、农民变股东、收益有分红"。

"把优质林地变成老百姓最佳的理财产品。而且，它能实现在一个战场打赢生态治理和脱贫攻坚两场战役的目标。"王金龙说。

"你们一会儿去合作社看看具体情况，和当地一些贫困户好好聊聊，能更直观地了解我所说的。"

"以前造林，相当一部分人出工不出力，反正是给'公家'干活。况且，这只是图温饱的活计，干事劲头小。"68岁的冯还堂种了大半辈子树，参与了造林的各个阶段。他认为直到购买式造林政策出现，山坡的面貌才大变。他所在的白村有14户贫困户加入了造林专业合作社，共承接了3 500亩林地，在2019年经国家林草局专业队伍验收，保存率达到96%，大大高出国家标准（80%）。而且，户均拥有250亩林子，按不变价格、重置成本计算，户均拥有20万元且以复利增长的林木资产，并将长期获得生态效益补偿或者经济林收益。

经济收益带来的喜悦，新的造林机制使得人们更有成就感。"苦干实干60天，工资挣下八九千。自己地里自己干，长远眼前都合算。不仅挣得多，林木资产还是自己的。"冯还堂说。

仿佛是那只亚马逊的蝴蝶扇动了一下翅膀，购买式造林构建的制度体系，获得了显著的乘数效应。2016年以来，全县完成造林21.67万亩，带动5 290户贫困户15 883人实现脱贫，森林覆盖率增加到36.66%，全县购买式造林、深化农村改革和资产性收益累计增加村集体、群众经济收入1.21亿元。

制度适用范围不断扩大。大宁县农村简易道路养护、农田水利工程、小流域综合治理等工作，纷纷开始采取议标的方式，择优选择。购买式造林的制度创新，开始演变成一场席卷大宁乡村建设领域的"变革风暴"。

蝴蝶翅膀扇动所引起的风暴没有止步于大宁。事实上，早在2018年，大宁县的扶贫造林合作社的模式就在吕梁山区，在山西全省推广。随后，国家林业和草原局办公室、国家发展改革委办公厅、国务院扶贫办综合司三部门联合印发《关于推广扶贫造林（种草）专业合作社脱贫模式的通知》。2018—2020年，3年的时间里，大宁的探索在全国1.2万个合作社中得以实践，这种模式吸纳了10万以上贫困人口就业，带动了30万以上贫困人口增收脱贫。

"三川十垣沟四千，周围大山包一圈"。夹在山塬与黄河之间的小城大宁，是我们此次吕梁之行的最后一站。这些一直被我们认为落后、保守、喜欢故步自封的"土老西儿"们，不仅在这片地上持续不断地耕耘，甚至已经开始对自身的生产经营方式进行大刀阔斧地改革。他们引领的这场席卷全国山川林地的制度创新，让我们再度对这片土地上源源不竭的生命力肃然起敬。

千百年的风雨就像一把锋利的刀子，把脚下这块土地切割得支离破碎。然而，短短十几年间，人们在那一道道峁梁，一道道川上，宜林则林，宜草则草，宜粮则粮，他们是如此巧妙地适应了自然，改造了自然，构筑起多姿多彩的生命家园，即便是我们这些异乡人，在短暂的走走停停中，也能直观地意识到他们与这片乡土血肉相连。

所以，连日的所见所闻带给我们的，并不只是冬季黄土地特有的原始而朴素的苍凉感，更多的印记似六月麦田里即将开镰的金黄，排场而不热烈，灿烂却不张扬。

他们有的人从未离开过这片土地，却将这片土地变得不再是曾经的模样。他们有的人迈着沉静的步伐走出这片大山，越走越远，一路奔忙一路推进，一路收获一路经营，将这片土地赋予他们的力量带到更多更远的地方。

山花烂漫无穷尽，黄河东去三千里。我们把时间和空间一起浓缩，将一道道风景，一个个故事存入记忆，放弃概括，保留感性，零零散散，星星点点，却烘托出一个共同的主题：这是我们的人民，这是我们的土地。他们怀着真诚的希冀与憧憬，耕耘着，播种着，收获着，昂首阔步地走向远方。

再见，吕梁。

再会，吕梁。

燕山—太行山区篇：
桑干河畔一眼井

文 李海涛　侯馨远

曾几何时，一进村子，满目的黄。

眼前是黄泥房，脚下是黄土路，村南不远处的襄山裸露着黄色。冷风吹过桑干河边稀疏的荒草地，卷起薄薄一层风沙，一时间空气里也弥漫着淡淡的黄。

惊蛰已过，但仍嗅不到一丝雨水的气息，阳光虽不灼人，却蒸发着一切，单调地洒在墙头，晒在墙边扎堆聊天的老人们皱黄的脸上。

▼ 夕阳映照下的桑干河（侯馨远　摄）

"北上太行山，艰哉何巍巍！"800里太行自北而南贯穿中国大地的腹心，上接燕山，下衔秦岭，左擎黄土高原，右牵华北平原，自古被称为"天下之脊"。由于自然条件差、土地贫瘠、生态环境脆弱，"天下之脊"周边经济基础薄弱，社会事业落后，早年间行走在燕山—太行山集中连片特困区，像这样满目苍黄的村子比比皆是。

自2013年始，国家大力推动燕山—太行山片区区域发展，冀（河北）、晋（山西）、蒙（内蒙古）三省份不断加大片区内的扶贫攻坚力度，党政机关和企、事业单位等定点帮扶到乡、工作到村，使贫困村庄的面貌得到极大改善。

然而，还有一些在发展"死胡同"里打转的村子，成为了难中之难、坚中之坚，也成为最后必须要啃下来的"硬骨头"……

▌ 出征

"一进村子，满目的黄。"初见时的模样像是刻在了严春晓心上。

2018年3月8日，严春晓再次踏上了张家口的土地——两年前，他刚刚结束在万全区的挂职扶贫，这回再度"出征"，一头扎到阳原县曲长城村任第一书记。

村子背水面山，看上去兼具山水之利，然而彼时，这个位于河北省西北部，坐落在黄土高原向华北平原过渡地带的村庄，却是河北燕山—太行山集中连片特困区域里贫困人口最多的村庄，也是河北省最大的深度贫困村。村子水差地贫、房破貌乱、业弱人散、干群关系紧张，村民们经常成群结队地上访。全村1 139户3 003人中，有42%被列入建档立卡贫困户，未脱贫人口占全村人口的24%。

虽然来之前，严春晓已对村里情况做足了功课，但真正走在村里，还是让他压力骤增。

"只要有信心，黄土变成金。"一路上，严春晓反复用这句话给自己鼓劲儿。这是2012年，习近平总书记到地处太行山深处的河北省阜平县骆驼湾村和顾家台村看望困难群众时说出的"金句"——只要有信心，黄土变成金；没有农村的小康，特别是没有贫困地区的小康，就没有全面建成小康社会。

村里平时都是低头不见抬头见的熟人，严春晓这一行"生面孔"格外显眼。路边扎堆的老人默不作声地打量着他们。来之前，严春晓特意把泛白的头发染黑，一头乌发配上一张娃娃脸，再加上笑起来脸颊上显出的深深酒窝，让他看起来比实际年龄年轻很多。村民们的低声议论传进严春晓耳朵里："来了仨毛孩子，带队的还是个娃娃脸，能干啥？"

追根溯源，导致这个村逐渐衰败的，是水。近30年来，村域水质不断恶化，大约从2014年开始，曲长城的水别说喝了，用来洗衣服都让人心里膈应：水的颜色发黄发绿，味道苦咸，熬菜都不用放盐。当然，没有人敢用这水熬菜——用它浇地庄稼不长，村里几乎没人种地了。近几年受市场影响，就连碎皮加工这个在家就能做的传统产业也渐渐难以为继。于是，80%的年轻人被迫离家打工，留下许多老人守着空屋。最难的时候，曲长城的"千人大军"推着三轮车、赶着牲口、挑着扁担、提着水桶，浩浩荡荡地去5里地外的独山村驮水。一去一回，少说也要一个多钟头。

可在2018年4月村里的党员会上，当严春晓提议要打井时，竟没一个人作声。

原来，打井的提议已是老生常谈。这些年，找水的努力从未停止过，可到头来都是一场空。政府前后两次给过几十万元经费让打井，结果都是没吃几年，水就又不能用了。之前，还尝试过从10公里外的化家岭村和6公里外的落凤洼村引水，可村民还是感觉水质不理想。众人心头的希望早就被一次次失望消磨殆尽，几乎没有人相信，曲长城还能有好水。

燕山—太行山集中连片特困地区包括冀、晋、蒙三省份的33个县，其中22个县位于河北省。彼时，河北全省贫困村脱贫出列的时间点就卡在2019年9月，留给严春晓的时间只有一年半。别的村子一般至多有几十个贫困户，可曲长城底子太薄，贫困户有几百家。且不说真刀真枪地解决民生问题，谋划致富产业，光是挨家挨户填一遍统计数据，就要比别的村多花十几倍时间。

苦闷的时候，严春晓会在桑干河畔静静地待一会儿。200万年前，这里曾是烟波浩渺的泥河湾古湖。由于地壳运动，数万年前古湖消失，遗留的湖水汇成了如今的桑干河，农人先祖们就在这片古老的河畔生息繁衍，世代躬耕。而今，历史已沉寂于地下，如何尽快让这方千百年来被桑干河滋养浸润的土地重新焕发活力，成为压在严春晓心头的千钧重事。

坏水井

曲长城并非"命里就穷"。往回数30年，这里在全省都是"好水好田好风景"的先进村。

放眼整个阳原，南北被恒山与阴山余脉夹持，桑干河由西向东穿境而过，形成了"两山夹一川"的狭长盆地。和燕山—太行山连片贫困带上的许多县一样，这里地处中国农牧交错地带，干旱高寒，地瘠民贫，县域仅有16%的河滩地适宜稼穑农耕。而幸运的是，仰赖流经村北的桑干河，曲长城村的大片土地，正是适宜耕种的河滩地。

村里老人说，30多年前曲长城的粮食是出了名的高产，不少地还是制种田。村里多年前还种过果树，果子虽然结得不大，但就是特别好吃。

毁掉这一切的，是一眼坏水井。

"这坏水井是我带班打的。"曾当过40多年村干部的苏全仁说，"1991年县里决定支持打井。没想到凿到147米，钻穿了坏水层，把头层水顶得整个儿污染了。"

可当时并没人觉察到问题，众人一看出水了，就把水抽出来浇地，结果庄稼不长了，没多久全死了。苏全仁一看不对劲，赶紧带着水去张家口市化验，果真，盐、碱、矾、氟全有，这水不能用。

"怎么办？把泵抽上来，就不管那井了，没人想到要把井封了。"严春晓说，"结果这个水一直漫延漫延，漫延了30年。"

屋漏偏逢连夜雨，这眼坏井恰恰打在了全村的上水头。没几年，村里的井一眼接着一眼，都不能喝了，到最后，全村连一眼能浇地的井都找不出了，整个村子迅速衰败下来。

缺水的村子不只是曲长城。从2000年左右开始，曲长城周围的村庄虽然运气不差，没有打出坏水井，但也都为吃水的事犯愁。

在桑干河对岸与曲长城邻近的牛蹄庄村，本地人田建光的老院里，就有一口红井，一口黑井。

"红井里压上来的水是红的，最多洗洗衣服；黑井里水是乌黑乌黑的，以前吃水就靠这井。"田建光讲道，"水里边有黑沙子，还有污泥。打上来一桶后，放在那儿差不多几个小时，慢慢水就清亮了，然后把上边水倒瓮里，下边剩一层泥沙。"

那时在村里，打井就是碰运气。哪片空地看着方便，就在哪施工；钻头打下去，出来的水能喝就喝，不能喝就堵上，换另一块地接着打。

燕山—太行山集中连片特困地区水土流失频发，土地退化严重，水资源更是匮乏，十年九旱是其典型气候特征。这也成为片区返贫人口居高不下，稳定脱贫十分困难的重要原因。以张家口市为例，其人均水资源量为399立方米，不足全国平均值的1/5，属于严重缺水地区。即使是邻近桑干河的村子，缺水仍是制约其发展的关键问题。

"之前可不是这样，村里都种向日葵，瓜子挺卖钱的，现在慢慢也都不种了，浇地没水。"田建光讲到这里，似有不解，"以前虽说旱，可哪里缺水！"

在他的儿时记忆里，大概20世纪70年代末，牛蹄庄的水特别清，也很好喝，挑井水的时候，拿个小棍儿弄个桶，就能打上水来。村里挖地窖放山药，都不敢挖深，1米多点就能出水。

那会儿，桑干河特别好看，两岸有很多树、很多草，还有很多鸟。河水也不是现在的1条，而是3条，当地人叫一道沟、二道沟、三道沟。

大概从20世纪90年代开始，桑干河的水慢慢枯竭，原来的"三道沟"渐渐变成了两道、一道，最后只剩下中间最深的那道还有水。

水少了，河边树也不多了，而村里的日子依旧如常。一到冬天，河边的矮树枝条干了，人们还是会把树枝掰断、捆好，拿回家当柴烧，可烧着烧着，树都没了。

不知从什么时候开始，上游山西册田水库开闸的频率越来越少，后来几乎不怎么放水了。为保障下游北京官厅水库供水，桑干河沿岸村庄的水库不能再截流河水。到了2000年左右，桑干河几乎快要断流，只有在册田水库向官厅水库放水时，河流才涨得又宽又深，湍急地流过几天。等册田水库把水一掐，桑干河就又"瘦"回了原样。

田建光说，有几年整个阳原都是灰色的。漫天风沙中，偶尔看到几棵歪脖的枯树，只觉得瘆人。

生态的恶化在整个燕山—太行山片区并非个例。20世纪80年代以来，片区气候趋于干旱，再加上地表水资源超强度开发，域内河段几乎全部干枯断流，流域整体缺水。片区城乡居民生活和工农业生产大量依赖地下水，导致地下水严重超采，水位不断下降。于是桑干河边的村子，水井越打越深，直到有一天，曲长城的钻头"不走运地"打穿了百米之下的坏水层，整个村庄的命运就此改写。

看似只是运气不佳的偶然，其实也有必然。

■ 两难

曲长城村域的水被污染得几乎不能用的那几年，刚好赶上国家提出了退耕还林政策，村里人也就不种地了，壮劳力纷纷离乡到外地打工。当地人介绍，以前县里有不少企业，打工都不用去外地。大概从20世纪90年代中后期开始，受环保政策影响，造纸厂、陶瓷厂、各类机械厂等众多效益可观但耗水严重、排污标准低的企业纷纷关闭，其中不乏张家口市宣化造纸厂这样拥有4 000多名职工的大企业。

作为北京官厅水库、密云水库"两盆水"的上游，为了改善水质，张家口市不仅关停了几百家企业，还严格限制耗水量大的种植方式，对每亩耕地的灌溉水量作了严格限定。同时，受京（北京）、津（天津）两地"虹吸效应"影响，燕山—太行山片区内大量优秀人才和企业向外转移，各方面资源集中流入京、津两地。2005年，亚洲开发银行调查报告中提出的"环首都贫困带"，与燕山—太行山连片特困区所包含的区域基本吻合——在离首都不到100公里的范围内，25个贫困县坐落在燕山—太行山两侧。

2012年，一直处于京、津、冀发展洼地的燕山—太行山片区有了新的历史定位，迎来了命运转折。这年10月，由国务院扶贫办和国家发改委牵头组织编制的《燕山—太行山片区区域发展与扶贫攻坚规划（2011—2020年）》（简称《规划》）获国务院正式批复，将片区定位为京津地区重要生态安全屏障和水源保护区、文化旅游胜地与京津地区休闲度假目的地、国家战略运输通道与重要物流基地、绿色农副产品生产加工基地、京津地区产业转移重要承接地。《规划》同时要求，加大中央和国家机关、国有企事业单位、军队系统等单位对片区的定点扶贫支持力度。作为河北省农业农村厅产业扶贫办公室主任，带队帮扶全省最大的深度贫困村，严春晓与曲长城的相遇，意味深长。

严春晓做事干练、思路清晰，对各种政策要求早已烂熟于心。《规划》

指出，在改善农村生活条件方面，应实施"六到农家"工程，具体涵盖水、电、路、气、房、环境改善6项内容。显然，水是曲长城发展绕不开，也是村民们最迫切需要解决的生活问题。

时间紧迫，严春晓马上通过各种渠道打听，哪里能请来找水的专家。终于，通过省委党校中青班同学，他找到了省煤田地质局水文地质队队长、正高级地质工程师齐俊启。

给井选点那天，齐俊启空着手在山上溜达了一会儿，就告诉严春晓"看好了"。

"这啥仪器也没测，就行了？"严春晓试探着问。

"没事儿，肯定有水。"齐俊启也不多说。

严春晓没再多问，心里却实在没底儿。随后几天，他一直催着勘测团队带上设备，再来村里确认一下。很快，专家们带着勘测设备上山了。

当勘测完得到"每小时出水不低于30立方米"的保证后，严春晓虽然还是不敢相信，但他脑子里迅速算起了账："一个人一天生活用水大概100多升，3 000人1天300多立方米，一眼井1天出10个小时水，就够全村用了，而且还有人不在家呢。"

打井的地点，最后选在了村南襄山半山腰，海拔1 020米，比村子高出140米。消息一出，村微信群里"炸锅"了。

"水往低处走，半山腰打井纯粹瞎胡闹！""30年了啥法子没想过，都没找到好水，他一个娃娃脸懂个啥！"……

众人不知道的是，由于村庄范围内水质已经全部变差，要找好水只能另辟蹊径，从山腰缝隙中的"天然水库"取水。严春晓反复求证、再三权衡，还是决定把"宝"押在专家身上："为了全村3 000人的命，没得选择，干！"

几番波折中，两个月过去了，天气逐渐转暖，转眼已是5月。桑干河旁的荒草滩绿意愈浓，黄土的黄与青草的绿斑驳地拼接着，偶尔有不知名的野花夹杂其间，酝酿了一个春天的热力蓄势待发，盛夏近在眼前。

严春晓心里也憋着一股劲儿，眼瞅着准备工作一一就绪，工期越来越近了。

然而到了5月中旬，打井的事进行不下去了：为治理长期以来的地下水超采问题，打井取水的审批权很快将由县级上调至省级，期间一切新的打并审批暂停。

一面是河北省地下水位止降回升任务紧迫，需要拿出实际成效；一面是脱贫任务完成期限越来越近，曲长城的百姓近30年盼好水而不得。眼瞅着开工只差临门一脚，却卡在这个节骨眼，严春晓陷入了两难。

▉ 流言

一边协调打井取水的事，另一边严春晓还操心着村民成群结队上访的事。

驻村没几天，阳原县委书记孙海东到曲长城调研，跟严春晓说了一句话："我两次接访都有你曲长城！"之后没几天，严春晓又被一群从县里上访回来的村民堵在了村委会。

那天，他和村民们聊了许久。在搞清楚来龙去脉，初步议定解决方案后，严春晓最终作出了一个承诺："每周二上午我都公开接访，欢迎大家随时来村委会反映情况。"

"有话就要讲出来，不然村民心里有疙瘩解不开，有问题解决不了，又不给他提供渠道，他可不就到处上访告状嘛！"严春晓说。

公开接访这招很见效。最初几周，村民们纷纷到工作队驻地反映问题，严春晓和工作队员也有针对性地入户走访、了解情况、宣讲政策、查证核实。

为了让更多村民全面了解国家精准扶贫政策，支持村里重点工作，减少信息不对称带来的被动，严春晓不失时机地与村委会商量，对村民微信群进行规范："要以党报党刊的标准来要求，用正能量去挤压负能量。"

很快，严春晓首先在群里亮明态度："入群必须实名！禁止发与村民无密切关系的小广告，禁止转发小游戏（小程序）、未经核实的信息、封建迷信信息、负能量信息和无聊小视频等。对屡次不改者，一律踢出！"

"只要是为了全村发展，为了全体村民利益，都可以畅所欲言！脱贫攻坚、乡村振兴，我们有很多正事要做！村干部都很辛苦，都在不计得失、负重前行！请大家多弘扬正能量，多换位思考问题！"

哪知这话一发，引来的是调侃和质疑。有人担心他就是做做样子，根本不能解决啥实际问题。

看到村里一些老人无人照应，严春晓在群里提醒："孝敬老人是儿女应尽的义务，希望子女们多关心一下老人的生活。一点儿不打算管吗？"

立马，就有人跳出来了："领导你这样说就不对啦。你是城市人不了解农村人，儿子想给老人钱，可媳妇要为这闹离婚你说咋弄？""我们回不去，你去看看我妈的房子漏雨了没。"……

过了没几天，还真有几个村民敲开了老人们的家门，一进门就忙着扫地、擦玻璃、给院子拔草，临走时还特意问老人，有没有什么东西需要帮着代买。这样的事，之前在曲长城从未有过。

主动上门帮老人做事的，是严春晓提议组建的爱心志愿者团队。招募志愿者的消息在微信群里一发，就有13位村民报名，其中唯一一名男士冯兵被大家推举为队长。

冯兵50岁上下，身材高大，浓眉大眼，已在村里开了28年理发店。有时村里老人到他店里，颤巍巍地掏出两三块钱，问能不能给理个发，就剩这点了。按说平时价钱是10元，但看着老人手里皱皱巴巴的钱，冯兵总会心头一酸，招呼老人进店坐下："行，这次免费给您理。"

之后，每月初一、十一、二十一，志愿者们都约定到各自住处附近独居老人家中帮忙做事。

曲长城爱心志愿队队长冯兵（右）看望村中老人（侯馨远　摄）

可风言风语从志愿者活动一开始就在村子里传开了。志愿者队里大多是妇女，还有一些人信佛，个别村民抓着这些点，开始说三道四："五保户好多男的，三天两头去一群妇女，洗洗涮涮，不知道害臊！""共产党员和佛家合作！"……

做好事反而引来一通嘲笑，村里人有这样的反应，冯兵一点儿也不意外："从当志愿者的那一天起，我就有心理准备，不在乎这些。志愿者里有人很委屈，我就劝她们别在乎，因为我们做的是正能量的事，个别人想说就说去吧！"

严春晓也出来公开力挺爱心志愿者团队。在微信群里、村路上，他常常给村民这样讲："思想决定行动，行动决定光景。我就给一个判断标准，你们自己决定听谁的——如果说话的这个人自己过的日子是你想要的，那他说的话得听。如果说话的人本身日子过得一塌糊涂，那说明这个人思想就不行，他说的话就该反着听！"

2018年下半年，曲长城村两委换届，跟村民相处融洽、为人热情、受大家信任的武晓敏被推选为新一任村党支部书记兼村委会主任。

1979年出生的武晓敏是留在村里为数不多的青壮年，身材魁梧、面庞稍黑，说起话来从不拐弯抹角，是个直脾气。他当过兵，又在部队入了党，复员后一直在外打工，后因父亲重病回村，从2017年开始就在村委会帮忙。

后来，武晓敏告诉我们："自从当了这书记，我自己悟出来了，其实老百姓特简单，有些东西他是真不懂，但就信俩字儿——公平。贫困低保什么的，我们全公开，大家随便来问。"

■ 甘泉

时间不会为谁驻足分秒。夏去秋来，9月到了，工作队已在曲长城驻村半年。

这正是桑干河两岸最美的季节，天空格外清朗，蓝得像是用甘泉洗过，最出色的调色师怕是也难调出这样沁人心脾的蓝。大朵大朵的白云被阳光勾勒出明明暗暗的光影，与草地和远山相衬。无论镜头对着哪儿按下快门，都美得像张明信片。就连空气也惹人上瘾，让人忍不住深吸一口，再深吸一口。

严春晓的心情也很美丽。上访的村民和微信群里的尖刻质疑越来越少。

更令他高兴的是，经过4个月的取水政策调整，曲长城终于迎来了第一拨打井施工队。看着重重叠叠的山峦，工人们信心满满："大设备怕软不怕硬，这地势没问题，一礼拜一眼井！"

然而地势复杂，怕啥来啥，钻头没钻几米，就被软土层卡住了，只能把钻头拉上来接着打，又卡住、拉出、再打……来来回回折腾4次，直钻到36米深，钻头再也拔不出了，连钻头带井，整个儿废在了半山腰。

施工队拖着设备走了，村民们心中的希望就像肥皂泡一样，刚鼓起一点，就"啪"的一声破掉了。微信群里，又有人出来讲风凉话："看看，之前说啥来着？在山上找水，一看就不靠谱！"

一向耐心回应村民疑问的严春晓，这次选择了屏蔽所有的质疑与杂音，甚至屏蔽了自己的情绪。来不及委屈、懊恼、焦虑，他又像陀螺一样转了起来，脑海中只有一个念头：再难也得坚持！在内心深处，他一直乐观地期待着，相信这一切波折，就如西天取经路上的九九八十一难，该经历的难一件也绕不过，但这水终究会取到。

好说歹劝下，第二波施工队硬着头皮来了，前前后后现场勘查好几回，犹犹豫豫半个月后，硬是没敢答应。在一次次希望与失望的循环中，天气越来越冷，曲长城迎来了又一个寒冬。

北风呼号中，第三波施工队拉着传统设备进场了。冬季的襄山干冷难耐，温度接近零下30摄氏度，头一天干活，从天还没亮一直干到天黑，12个小时只打了半米深。工人们受不了刺骨的寒冷，陆续下山离开，只留下老板王素文一人在山上发愣，进退两难。

"接你这活真是倒大霉！设备拉上山就花好几千，工程根本看不到头，一分钱没挣，还要倒贴！"王素文跟严春晓抱怨。

"兄弟你受苦了，这眼井是曲长城的命，咱们这是在为3 000人造福，一定要坚持！"

"叫我怎么坚持啊？工人都走了，设备不能停，一停就容易出故障，不停就得有人看着。我吃个饭，来回上下山就要1小时多，根本不现实！"

"这都不是问题，你只管安心打井，一日三餐我给你送！还有什么困难，你只管说，我们都给想办法解决！等水出来了，我请你到县城喝酒！"

没过多久，严春晓和工作队员又上山了，牛奶、面包、火腿肠、方便面、鸭蛋、啤酒……大包小包各种食品给王素文拎了一堆："这是零食和早餐。中午晚上两顿饭，我们给你做好了，按时按点儿送上来！"

山上打井的进展，一直牵动着全村人的心。一天中午，村干部武亭拦住了严春晓的车。

"严书记，干啥去？"

"送饭去呀。"

"我跟你一起吧。"

说着话，武亭上了严春晓的车。上山的路，是为了打井临时拿铲车铲的，颠得特别厉害，行进中时不时会听到石子剐蹭汽车底盘的声音。看着严春晓开着自己的私家车，一会儿转弯，一会儿倒车，武亭捏了一把汗："这路这么难走，要是一个人开车上来，饭菜都要颠出来啊！"

"不会，一手握方向盘，一手提饭盒，小心点就是了。"严春晓轻描淡写地说。

武亭没再搭话，右手握紧车窗上边的把手，左手把饭盒拎得更稳了些。在弯弯绕绕的黄土路上颠簸了20分钟，终于到了王素文打井的地方。一下车，穿着厚棉袄的武亭还是打了个冷战：半山腰的空地上，北风毫无遮拦地呼呼吹着，机器轰轰地响着，说个话都要扯着嗓子。王素文搭的简易帐篷单薄地立在风中，仿佛随时都会被吹散。

"怎么样，顺利不，打多深了？"严春晓冲王素文喊，"饭来了，趁热先吃吧！"

王素文闻声走上前，身上从头到脚都溅着水和黄泥，示意严春晓和武亭到帐篷里坐。武亭掀开门帘走进帐篷，里面插着电炉，可温度比外面高不了多少。寒风透过帐篷的缝隙，一个劲儿地往里钻，吹得地上装零食的塑料袋哗啦作响。看着眼前的一切，武亭暗暗感叹："这环境，能留住这么个技术人才，真是太不容易了。"

打井那段时间，正是村里工作千头万绪，严春晓最为忙乱的时候，但他还是每天往返两趟，14公里，雷打不动。有时忙完工作已是半夜，严春晓还是会去看看王素文，陪他聊会儿天，"不然心里不踏实，睡不着觉。"

22天后，传统设备完成了使命，大设备再度进场。30、50、80、100立方米……密切关注着施工进展的严春晓，在出水量上不断"加码"——此时没有人比他更明白，水对曲长城的未来意味着什么。

2019年1月2日，在冯兵理发室里等着理发的几个村民，突然拔腿就往门外跑：村南襄山打出水的消息，已经在3个村民微信群里刷屏了，视频、语音、文字、表情消息一茬接着一茬，村民们纷纷往群里发着"大拇指"。曲长城的第四个微信群"关注支持老家发展群"也沸腾了，在外地打工的村民一次又一次地确认着消息："真的吗？真的出水了？"

半山腰的水井早就被村民围得水泄不通，水泵抽水的机器轰鸣声、山泉水的哗哗声、人们兴奋的欢笑声混成一片，大家拎着各式各样的水壶、水桶挨个儿接水，提回家用锅一烧，一点儿白碱也没有！

随后的检测报告显示，水质各项指标全部优秀，其中锶含量0.29毫克/升，达到矿泉水标准。曲长城的水质一下子从全县最差变成了最好。

过了腊月，春节接踵而至。这一年，曲长城的春节格外热闹，正月里从初四到初六，从十四到十六，前后举办了6场联欢会。元宵晚会那天飘起了雪，但雪花丝毫没有融掉观众们的热情：十里八村的舞蹈队纷纷汇集到曲长城，村民们自编自导自演，锣鼓喧天，舞狮腾挪，大家都说时光像是倒流了，多年没有的热闹又回来了。

"不行，我还要再说一次！赞两位好书记！"74岁的贫困户张守义已经连说了三四场自编快板儿，主持人劝他别再说了，可倔脾气的大爷还是坚持要上台。严春晓笑着感慨："老百姓是最可爱的人，你真心对他们好，他们就真心对你好。"

■ 加速度

早在找水打井的时候，严春晓就琢磨着发展产业的事。

在一般人看来，要发展产业，曲长城真没什么长处：除了灌溉水源的问题外，土壤盐碱化，无霜期短，发展什么产业都先天不足。

可严春晓并不这样认为："任何地方都有它的资源禀赋和比较优势，今天的劣势，就是明天的优势啊！你看，北纬40°、千米海拔、桑干河畔，光照充足、气候冷凉、昼夜温差大、土质微碱、天然生态，是种植的黄金地带啊！又被北京、雄安、张家口、大同、石家庄等地包围，中高端农产品市场需求空间非常大。"

找到了突破点，自称"啥也不会"的严春晓又开始找外援了："厅里给了许多支持，先后邀请了20多位专家实地考察。河北省菊花首席专家马占元、枣树专家褚发朝、抗寒苹果专家张宇明、草莓专家李伟斌等人，我们都请来了。"

在各类专业意见的碰撞交汇中，一个"冷凉地区特色精品产业示范园区"的创意规划应运而生。打井成功两个多月后，2019年的春分一过，严春晓就通过县农机站先后请来3名拖拉机手。

"这地作业起来毁刀片，咱实在干不来！"看着夹杂着碎石的荒草地，农机手们的话如出一辙。

农时不等人，严春晓没有犹豫的时间，马上给武晓敏转去5万元钱："去县里买拖拉机，他们不干，咱自己干！"

拖拉机很快买来，轰鸣着犁开了曲长城沉寂已久的板结土地。村民们陆续循声赶来，帮着捡石头瓦块、平整土地，大家说笑着，睽违多年，忙春耕的感觉又回来了。

时隔一年半，严春晓带着我们到皇菊田里参观。一朵朵菊花含苞待放，一位老大爷正拿着喷枪施肥。

"这是我们的首席土专家帅振明，20年前搞过果园，当年也是村里的万元户！"严春晓介绍道，"这是在喷施生物有机硒，我们的菊花全部按有机

严春晓（左）和村民一起采摘菊花（资料图）

标准生产。"

富硒菊花茶是曲长城最新的升级版产品，矿物质含量更丰富，品质更好。在曲长城菊花茶生产车间的产品展示架上，原先的塑料罐散装升级成了更加精致的铁盒单朵包装，清新的浅蓝底色包装袋上，印着一个富于诗意的名字——"39度菊"。

"北纬39.99°，世界黄金纬度菊花茶，就在曲长城。"严春晓指着包装上的说明解释，顺手抠开了铁盒盖子，"我们每一盒是26朵，这样两盒就是52朵，加上一个浅蓝的包装袋，正好是'520'，最好的菊花给最爱的人。"

在严春晓的朋友圈里，曲长城种出的菊花和草莓被他衬着黑色的背景，摆出了各种数字、字母和图案造型，有让人联想到"39度菊"的"520"、心型"Love"，有五角星、正方形等几何图案，还有"出镜"最为频繁的"NO.1"。金黄的菊花为主色，鲜红的草莓做点缀，配上玻璃杯中泡好的皇菊，还有田地里衬着蓝天含苞欲绽的菊花，不需要任何文字，满满当当的9张图就是曲长城冷凉地区特色产业的亮丽名片。

一年时间，曲长城400亩荒芜的土地被开垦出来，皇菊、玫瑰、观赏花海，加上苹果、草莓、福枣，组成了村里产业的"三花三果"；原先一家一户自由耕作的1 600亩土地在村两委的号召下，统一种上了优质张杂谷，形

村民们在加工制作菊花茶（资料图）

成高附加值产业和传统优势作物相映生辉的业态。在河北省农业农村厅的支持下，曲长城还建起了菊花烘干坊、果品保鲜库、谷物加工厂，实现了"育苗＋种植＋采摘＋加工＋包装＋营销"的全产业链生产，从头到尾都是曲长城人唱着主角。

这两年多，村集体合作社也得以规范运营，产业园区用工优先安排本村贫困户。在2020年通过集体资产出租、专业合作社分成、资产收益二次分配等途径，全村人均纯收入达10 317元，比2015年增长2.72倍，带动建档立卡贫困户521户1 147人增收。

在村子中心，村民们做梦都不敢想的12栋6层电梯楼房正一天天接近完工。看工地的大爷告诉我们，村里每天都有不少人来工地上转转看看。村民庞德红说，几间土坯房换一套电梯楼房，从3 000元升值到20万元，价值翻了几十倍。

大多数人家不用花钱就能住上楼房，有的还可以倒赚一些钱，为啥有这好事？严春晓解释："利用土地增减挂钩政策，把闲置宅基地恢复成耕地，一亩地交易指标30万元，完全可以满足盖楼所需资金，新增的土地将来还可以用来扩大生产。楼房就在村中央，村民不用离开家，土地没变，乡愁没丢，就地就业的机会增多，房屋破旧、环境脏乱、烧煤污染、洗澡如厕、基建欠账等难题可以一揽子解决。"

从工地出来，我们来到83岁建档立卡贫困户陈桂花老人家。老人热情地招呼我们在炕头坐下，伸出两根手指："严书记救了我们两条命。"

同行的冯兵介绍，老人的一个儿子患有精神分裂症。之前村里危房改造，要给母子俩搬新家，可儿子死活不肯。放心不下儿子，已经搬到新居住了一周的陈桂花，又带着锅碗瓢盆、褥子被子，回到了摇摇欲坠的老屋。

"严书记和武书记商量，又在这老院里给我们盖了两间房。"陈桂花老人说，"你看，这炕上的褥子上都是洞，儿子抽烟烧的，1天5包烟。是严书记给我们县里引来了精神病院，儿子已经送到医院了。"

说话间，冯兵拿出手机，找出一段陈桂花去医院看儿子的视频："你看，以前从来都不知道关心他母亲，没有感情。现在知道关心了，说我走以后，妈病了没有，下台阶时候慢一点，以后不抽烟了，省下些钱，给妈割点肉吃。"

严春晓说，自己现在终于轻松一点了。村里精神病人看病有了着落；

肢残患者都给联系做了鉴定，落实了待遇；通往县城的断头路打通了，村民去县城不用再多绕10公里路，时间省下一半；穿村而过的公路彻底整修了，村口的泄洪桥也架了起来。"我的心病基本都了了，原先一下雨，村中央这条路那个大坑就没法过，真是戳心窝子！"

■ 头班车

两年多时间，曲长城的难题逐一破解，发展越来越顺。严春晓每天都要去产业园区、加工厂区和楼房工地转悠几圈，看看大家干得怎么样，盯盯进度、质量，提点新要求。菊花包装工马艳香悄悄地说："我一见严书记就怕，他对质量要求很严，我们总怕干不好。"

庚子年的中国农民丰收节前夕，曲长城也迎来了自己的丰收。菊花田里，300亩皇菊竞相开放，绽出满地金黄；加工车间里，妇女们聚拢在桌子旁，手上的动作麻利熟练。现在，曲长城的"39度菊"1朵能卖好几元钱，草莓采摘1斤30～50元，香脆酸甜的小苹果和高海拔种植的"千米粟"小米成了市场新宠。

2019年年底，曲长城村高质量脱贫出列。如今，整个阳原县也彻底"摘帽"，农村贫困人口全部脱贫，贫困村全部出列。

可严春晓并不满足，他思考的东西更多了。在曲长城楼房工地边上，立着村子宜居小区项目的规划鸟瞰图。展板下方，一行字十分醒目：追赶乡村振兴头班车。

这是严春晓特意加上的一句话。他说，虽说我们的职责是帮曲长城脱贫，但脱贫之后还有乡村振兴。着眼于乡村振兴抓脱贫攻坚，才能在脱贫出列后，顺势跨上乡村振兴头班车，让曲长城行稳致远。

3年驻村，已经进入倒计时。我们问严春晓，你们这工作队一走，村里会不会慢慢回到原来的状态？他往门外一指："我现在什么时候来，什么时候走，只有门口看门老汉知道，我跟村书记都不说。为啥？现在每个村干部都可以独当一面了，村庄发展到一定阶段，我越'无为'，从长远上讲对村里越有利。"

2020年小雪前后，张家口市境内的桑干河迎来了册田水库的首次生态补水。随着水闸开启，黄河水沿着桑干河顺流而下，途经山西省阳高县以及河北省阳原、宣化、涿鹿、怀来等县（区），最终到达怀来湿地。据悉，这是张家口市通过"引黄生态补水"，落实"引用地表水置换地下水"的重要举措，意在通过统筹调配地表水资源，节约地下水资源，解决地下水超采问题，改善桑干河流域沿线地区水生态环境。

当地人告诉我们，如果是春天补水，桑干河周围还会引来成群的野生鸟类，在水面、河岸与半空中翻跹，其中多是从南方归来的候鸟。随着近年来桑干河流域生态环境不断好转，越来越多的水栖候鸟选择在阳原境内歇脚、越冬，包括国家一级重点保护野生动物黑鹳、国家二级重点保护野生动物小天鹅等。

据阳原县自然资源和规划局统计，2016年以来，阳原全县营造生态防护林35.9万亩，其中人工造林15.2万亩，精准提升7.2万亩，封山育林13.5万亩。造林绿化的努力和成效在田建光口中得到了印证："这几年在高速公路上开车，'一路灰'已经被'一路绿'取代，刮的风也清爽干净了很多，再不是前些年'啪啪打脸'的'黄风'。"

近几年，为了保护地下水，阳原的许多村庄都通了自来水，每家每户的井基本上都闲置了。曾经毁了曲长城的那眼坏井，也在克服重重施工技术难题后，被成功封堵，纠缠了村子近30年的悲苦终于告一段落。严春晓告诉我们："地下水是流动的，经过一两年雨水冲刷渗透，坏水层会被稀释，水质还会变好……"

▼牧人赶着羊群（侯馨远　摄）

六盘山区篇：
山海逐梦记

文 施 维 陈艺娇 卢 静

"多少同伴死了/而它活着/它知道同伴死于饥渴/这是宁夏的西海固/一个嗓子嘶哑的村庄/我的母亲就生活在这里"。

"西海固"，一个没有"海"的地方，位于中国西部腹地的六盘山区。

六盘山脉形似长龙，狭长逶迤，曾是护卫中原的屏障，又是前出西域的关口。

地理赋予它骨骼，历史赋予它血肉，农耕文明和游牧文化在这里碰撞融合，历史烟尘与沸腾生活在这里交相辉映。而千百年来生活在这里的人们，又赋予它灵魂和变化。

人与这片古老的山脉长期相处、共存，日出而作、日落而息，循环往复，接受这片土地的赐予；又凭着智慧和战天斗地的精神，从艰苦的环境中汲取生活的灵感，最终反哺这片土地。

毫无疑问，这个地方是独特的、厚重的。

8月的黄土高原，暑去微凉，晨光如画。记者一行穿梭在高原山峁间，聆听金戈铁马从历史深处传来的回响，观察千百年来的农耕活动在这里留下的痕迹，记录下人类与自然的抗争，人与土地、人与水的故事。

■ 圆梦

"来了！来了！"

随着汩汩清泉从管道奔涌而出，流入等待已久的两万方蓄水池，早早等在河坝两岸的人群沸腾了。他们点燃了备好的挂鞭，兴奋地敲着手里的锣鼓和脸盆。

不远的地方，一个瘦削的中年女人平静地看着欢乐的人潮。山风吹动往事，也吹起了鬓边几丝白发。少时，她抹了抹脸上的泪水，轻轻走开。

这个中年女人名叫尉采珍，原通渭县水务局三级调研员。对于在这片土地上与干旱打了22年交道的她来说，眼前的景象只在心里偷偷想象过。

2015年1月10日，这是一个对于很多定西人来说都终生难忘的日子。那天，地处六盘山区的甘肃省通渭县大山羊场迎来了引洮工程一期通水。

我们的采访，就由这一口水讲起。

六盘山区山高地陡，十年九旱，年降水量不过400毫米，而蒸发量却高达1 400毫米，曾被联合国官员断言是"不宜人类生存"之地。

因这贫瘠，六盘山区老百姓百年来久久挣扎在生存线以下，发展经济更是天方夜谭。以定西为例，1978年，定西全市的绝对贫困率高达76%，农村土地责任承包前，定西农民的分配金额，正常年景人均在50元以下，现金只有5元。

尽管贫瘠，但礼俗未废。六盘山区一直以来有这么个习俗：上了年纪的老人，要喝"罐罐茶"。每天早上，晚辈要用"罐罐"烧水沏茶，亲手端给家中最年长的老人喝，以此表达孝顺恭敬。

家住甘肃安定区鲁家沟镇将台新村74岁的村民陈贵，家里祖祖辈辈延续这个传统，至今已经几十年。儿时，父母为长辈沏；成年娶妻后，自己为父母沏；等他自己也喝上了这杯茶时，除了茶本身的味道，记载这个家族的大部分事物早已变了样：土房变新房、土窖变泥窖。最重要的是，孩子们沏"罐罐茶"，再也不用像当年一样出门挑水了。

陈贵的新家是一座干净利落的小院，在这里，我们看到了两张泛黄的老照片：一张显示的是曾经的老房子，山脊上矗立着一道矮墙，墙上黄泥覆盖，越过墙体是一座简易的牛棚；另一张显示的是一口水窖，窖口边荒草丛生，黑漆漆的窖口看不到底。

"吃着救济粮，喝的黄汤汤。小鸟跟着水车走，牲畜追着水车跑。20世纪90年代前，家家的日子都是一样的苦。"彭名海在将台村当了20多年书记，陈贵照片里的水窖，他最熟悉不过，"家家户户都要挖上4～5个，一到下雨天，山洪卷着泥浆、草叶都冲到水窖里，打上来一看，还有羊粪在水上漂着嘞！"那个时候，人们为了尽快沉淀杂质，会在水里放一些豆面、杏仁面，进行简单的过滤净化。

一方面要接雨水；另一方面还要想办法储存挑来的水。"虽然雨水浑，但至少还有水。碰上几个月都不下一滴雨的日子，每天还得到很远的地方挑水吃。"

村子附近的祖厉河是附近3个村的共有水源。那时，每天凌晨3—4时，河道旁就挤满了取水的人。为了挑水，住得远的村民半夜1—2时就要起床出发，徒步往返20公里。

"那时的人们家里不管多困难，都得生个男娃娃。没有男人外出挑水，一家人连水都喝不上。"彭名海说。

将台村的往事是20世纪90年代前六盘山区大部分村庄的写照。在当时整体极度缺水的境况下，山里的人们用尽了一切可以想到的办法取水找水：钻泉、打井、融雪……最常见的是用水窖收集雨水。

1995年，甘肃省中东部地区遭受了60年一遇的大旱，粮食大面积减产绝收。"本来说是开春种，谁知道'六一'以后才下了第一场雨。"对于那一年，彭明海记忆犹新，"过了'六一'，雨水还是太少，村里就提倡大家'夏粮不种种秋粮，秋粮种不上种小秋'，结果拖到了最后，只种了一点小白菜。"

彼时，面对严峻的旱情，甘肃省委、省政府在全省干旱半干旱地区作出一项战略决策：将原有的"水窖"升级为"121"雨水集流工程，即户均建设1个集流场、打2眼水窖、发展灌溉1处庭院经济。作为一项"救急"政策，"121"集流工程在一年多时间就解决了131.07万人、118.7万头牲畜的饮水问题。

"当时，农民对水窖的看重，就像现在男孩家娶媳妇要准备房子一样。"定西市政策研究室副主任陈树权告诉我们，"121"工程实施以后，大部分村民家里原先的红土窖被改造成了水泥窖，水量在一定程度上有了保障，但水质远未达到全国统一标准。

2004年，通渭县水务局的一项摸底调查显示：全县42.8万人中，只有8.49万人饮水"基本安全"，高氟水、苦咸水等"饮水不安全"人数占比高达80%，更有一部分人连基本的生活用水都未能得到保障。

直到20世纪后开始实施引洮工程，当地才把自来水通到了大山深处，引到了村民家里，真正解决了千百年来的用水、吃水难题。

这才有了本章开头的一幕。

2006年11月22日，甘肃省九甸峡水利枢纽，礼炮轰鸣、峡谷震撼，引洮供水一期工程正式开工。

引洮工程是解决甘肃中部的定西、白银、兰州、天水、平凉5个市、11个县、154个乡镇共425万人的生产生活用水的跨流域调水工程。其一期工程解决了定西、白银、兰州3个市、6个县（区）、64个乡镇共156万人的生产生活用水，发展灌溉面积19万亩，年调水量2.19亿立方米。

在定西市通渭县每一户农村居民手上，都有一本县水务局制作的《农村供水工程供水手册》和一张《农村饮水安全用水户明白卡》。

卡片上有这样一段话："若您家供水不正常、水质浑浊、有异色异味或需咨询、维修等，请及时与管理人员联系为您解决。"卡片上一并附上了县、乡、镇村各级管理人员的服务电话以及省、市、县三级水务部门的监督电话。

而处理村民上报的水管问题，便是尉采珍带领的县水务局系统人员每日都要绷紧神经解决的工作。

通渭县属于水源性缺水，仅在东北部有少量水源，水质较差。为此，从2004年开始，县水务局启动了"农村人饮供水工程"，规划以牛谷河为界，北部分期分批引洮河水；南部地区将引来的水注入锦屏水库，解决了一部分农村人口的引水安全问题。

2011年，引洮工程启动管网入户项目。在马营镇西南的马河水厂建设大山调蓄水池，入户管道铺设同步进行。由于山谷众多、地势复杂，调蓄池建在主线山脊上，村落与住户之间的最大落差高达40米。

压力小了水上不来，压力过大就会爆管。尉采珍带领的工程队伍就在山脊上建设了不同高度的调蓄池和减压阀，用以调节水压，解决技术难题。

没有任何历史经验可供借鉴。在山脊上建蓄水池，不仅需要反复测量、精密计算，还要一遍遍地实地勘测检验，以确保通水后每一个村民家里的水管都能正常工作。巨大的压力落到了尉采珍的肩上。

工作的间隙，她常常在想，这事儿真的能干成吗？把洮河水自下而上引到大山里，这是几辈人想都不敢想的事，真的可以在自己手里实现吗？

在当时，不仅是水务人员心里打鼓，村民们更是不相信。参与过工程建设的安定区水务局副局长水兴元给我们讲了这样一个故事：

某年冬天，他带着队伍下乡测量，遇上一个老人在桥下凿冰取水。老人看见这队人马觉着稀奇，就过来问："你们是干什么的？"水兴元说："给你们引洮河水的。"

老人听后根本不信，还气得发誓赌咒："你们要能把洮河水引过来，我就死在这儿！"

结果，到了第二年通水的时候，两人又在人群里碰见了。老人一眼就认出他来，激动的同时又有些不好意思，对着水务局的工作人员连连称赞："没想到你们真的能行！"

水兴元和尉采珍一样，1992年参加工作，已有近30年的水务工作经历，对他而言，最有成就感的事就是"把水给农民通上了"。

"当时工期短、任务重，光是设计规划就搞了半年。从调研到初试，两年时间就完成了。"水兴元说。

保证人畜饮用、保障水量水质、保障灌溉用水，几十年间，六盘山区的人们，一步步实现了从喝上水到用好水的质变飞跃。

在一份当地农户对于脱贫后生活改善情况的反馈调查中，通自来水是被赋予最大期待的工程，也是带给农民幸福感最深的改变。"很多农户反应，家里的驴都喝上了自来水，再也不喝窖水了。当时我们听了，心里是真舒坦！"

因水而困，因水而活，由水而兴。从20世纪80年代起，一代又一代六盘山区人民，从"石头缝里刮水吃"，与贫瘠、与苦难展开了艰苦卓绝的斗争。20世纪末，定西告别了绝对贫困，实现了整体基本解决温饱。

水的故事，就此告一段落。

■ 传承

"山地的摊子，锅盔的边子。"一句俗语，道出了六盘山区发展农业的"先天不足"：山地边缘平整、易于播种，但就像锅盔外沿那一圈美味的"边边"，珍贵而稀少。

恶劣的生存环境，总会激发人类抗争自然的智慧。如果说灌溉通水拯救了这里看天吃饭的"先天顽疾"，那么跨越半个多世纪的"改土造田"，便是人们对抗干旱的最佳选择。

20世纪60—70年代，六盘山人开始了轰轰烈烈的"修梯田"运动。

在那个没有机械助力的时代，村民用架子车拉、用铁锹铲、用肩挑手提。省委书记带领各级领导干部投身农田下地干；地委书记手持瓦刀深入农户家推广节柴灶；党员突击队、青年突击队、铁姑娘队奋战在风雪交加的梯田工地上，人背肩扛，负土上山，这才有了"领导苦抓、社会苦帮、群众苦干"的"三苦精神"。

这其中的代表便是甘肃青岚乡大坪村。

经历过20世纪60年代的甘肃人几乎都知道：大坪村有个劳模冉桂英，因为修梯田过度劳累，她的双手再也伸不直；背土留下的伤疤，再难愈合。

她曾说过："把人苦死了。只要后辈人有好日子过，这一切都值得。"

提起修梯田的苦，75岁高龄的大坪村村民李福记忆犹新："白天修完，晚上打着马灯接着修，两口子前后半夜轮流修。冬天还要抢时间抓紧修，土冻住就挖不起来了。"

因为长时间户外劳作，村民们手上长冻疮是常事，回到家用车油抹一下，第二天抢起铁锹接着挖。"不修不行啊，陡坡地一下雨就冲泥浆，粮食再种也不够吃。"

修梯田不仅是古稀老人的回忆。安定区委宣传部副部长雪永鹏告诉我们，这也是当地所有"70后""80后"孩提时代的共同回忆。

直到2019年，安定区实施了高标准农田项目，将原先三块小地块合并成一个大地块，方便农用机械作业，改土造田带来的经济发展效益才逐步显现。"现在种马铃薯都用机械铺膜、播种和采收，大幅提升了马铃薯产业的机械化程度，投入的劳动力强度也大大减轻。"雪永鹏说。

目前，仅定西一市梯田面积超过560万亩，人均2.1亩，梯田化程度已超过70%。

改土造田还带来了额外收益。"最初，梯田是用来解决土地不够用的问题的。随着退耕还林还草政策的实施，梯田还承担了水土流失的治理功能。在裸露的黄土地上种植沙棘、荆条等耐旱植物，保持水土效果非常显著。"陈树权介绍，从2000年起，定西采用反坡台整地和乔灌木混交的栽植模式，实现了坡耕地一次性退耕，荒山荒沟全面灭荒。

但是，新的问题又来了，在荒山上种树、种草，谈何容易。按当地人的话说："种活一棵树比养活一个孩子还要难"。经常是种3棵活2棵，甚至只活下来1棵，有树苗枯死就再补上去。

"以前村民铲草烧火，破坏生态恶性循环。现在不放养不铲草，小生态明显改善，这几年夏天越来越少见到30℃以上的高温了。"雪永鹏说。

从兴修梯田到种草种树，从小流域综合治理到建设高标准农田，从单一种马铃薯到发展复合种植，六盘山区水土保持面积不断扩大、土地利用率不断提高；保土、保水、保肥，一块块"三跑田"变成了"三保田"，水土流失面积比治理前下降了55.05%，曾经世人眼中的"陇中苦甲地"，今昔又多了几处"塞上小江南"。

有了梯田的蓄水、保土、增产，这片土地便有了更多的可能。

■ 耕新

走进陇西县福星镇政府，各式各样的道地药材画册铺满墙面，好似来到了一家"药材铺"。

在中国西部地区种植史上，诸如黄芪一类的道地药材，甚至比马铃薯的种植历史更为久远。道地药材性喜凉爽、耐寒耐旱，能适应六盘山的土壤和气候。独特的地形优势，也使得这一地区成为中国西北药用植物种植资源的天然宝库。

而今，这类古老珍贵的药材俨然焕发新生，已成为对农民增收最有效、发展最快的产业之一。这不仅得益于当地特有的先天和栽培技术优势，更因为其劳动强度较低，很多留守的老人，或是劳动能力弱的病人也能务工挣钱：

仅以栽植种苗为例，女工100元/天，男工120元/天，除草80元/天，这还只是打零工的收入；药材栽植和采收时节是用工需求量最大的时候，这段时间本地的人均工费上涨到200元/天；能力强的青壮年可以直接承包土地，扩大种植规模，带动增收的效果更明显。药材种植，在很大程度上提升了这里农民的收入水平。

过去，本地种药材基本靠天吃饭，干旱之年只能减产。像党参、黄芪这样的药材受水分影响尤其明显。有了稳定的灌溉水源后，福星镇的药材产业越做越大，先后涌现出3个专注于药材产业链的合作社。

不仅是福星镇，随着传统的农业生产方式渐渐淡出人们的视野，药材产业朝着规模化进了一大步。到了2005年，定西中药材种植面积有100多万亩，当归产量占全国的70%，党参产量占全国的40%，定西农民人均纯收入的近1/5来自中药材产业。陇西文峰、首阳两大专业市场中药材年吞吐量10万吨。

产业规模上来之后，定西人把更多精力放在挖掘中药材品质优势上。2019年，由甘肃省农技推广总站牵头，省农科院以及陇西县农技中心共同建设的福星镇庞家岔村试验基地研发出了适合本地药材种植的露头栽培技术，统一使用有机肥料，解决了长久以来存在的药力不够的问题，大大提升了药材的地道性。

如今，种植道地药材成了当地农民刘振文最重要的事业。

天刚蒙蒙亮，一行人便来到了他开办的振文农民合作社。半山腰的药材地里水雾氤氲，绿油油的山坡上弥散着淡淡药香，每隔几米的距离竖着黄色的粘虫板。

"道地药材最大的优势，就在于'道地'。"提及合作社的药材，58岁的理事长刘振文滔滔不绝。

合作社位于庞家岔村万亩药源基地，除了一些生物防治设施，最显眼的就是一个由三脚架支撑的、外形酷似太阳能板的"电路板"。

"这是一个小型的土壤墒情监测站，通过这个设备，可以实时掌握药材基地的墒情数据，还能通过全国墒情监测系统实现数据上传、综合分析。"刘振文介绍，为了实现道地药材"地道"的目标，合作社引进了十多台自动采挖设备，实现了起垄、铺膜、播种一体化，还在药材成分含量监测上下了不少功夫："不久后，我们将在药田旁建一个监测点，请县里的药企和专家来把关，把我们药材的有效成分含量检测出来，用数字和报告说话，让外地客商和药厂都认识我们的道地中药材。"刘振文说。

生产条件的变化、技术的改善成熟，六盘山区出现了越来越多的新兴产业。如果说当下的道地药材种植，是在成熟的种植模式基础上进行改造升级，那么花卉成为当地农业的一大支柱产业，令许多人都始料未及。

山沟沟、土窝窝里能长出鲜花吗？六盘山人告诉你，可以。

盛夏8月，我们在鲁家沟镇小岔口村的定西齐馨苑生态园林内，看到了来自世界各地几十个品种的月季娇艳欲滴、安静盛放。占地几百平方米的温室大棚内，既有低矮的灌木盆栽，也有一人多高的大型藤蔓。鲜花根据品种分类分区摆放，走入其深处，淡黄色、粉紫色、大红色……鲜艳悦目的色彩盈满眼帘。

原来，鲜花不仅盛开在南方，在黄土高原的一些地区，由于昼夜温差大，气候冷凉，夏季平均气温不超过26℃，土壤长年干净无污染，非常适合发展月季等花卉产业。

"以前企业负责人来考察，一看没灌溉水人家就走了；而现在不一样了，我们基地旁边就是引洮河水的引水支流，能提供充足的灌溉用水。"园林经理刘建强说，"大城市绿化多用花卉植株，就我们这个地方，城市只有绿树没有花。西北地区花卉企业很少，这就意味着将来我们的市场潜能会很大。"

被誉为"中国花卉之乡"和"国家级大丽花繁育基地"的临洮县，是众多花卉企业的选择之一。1999年，在昆明举办的世界园艺博览会上，临洮县凭借大丽花等品种花卉，夺得了49个奖项。其种植的高档鲜切花和温

在定西齐馨苑生态园林内，园林经理刘建强在展示新的灌溉系统

棚栽种高档蝴蝶兰等，近年来更是远销全国各地及东南亚地区，备受消费者青睐。

依水而兴，因技术而活，农业科技的迅猛发展，正在不断创造新的农业生产奇迹。曾经苦甲贫瘠的六盘山区不仅见证了道地药材的迅猛发展，诞生了花卉产业，高原夏菜、食用菌等高附加值、高耗水量的产业也迎来了新生。

在这些"从无到有"的产业链上，农民的收入也节节攀高。

从每年5月开始，拥有三四十亩芹菜基地的马河镇农民王瑞崎就格外忙碌。

2020年初，新型冠状病毒肺炎疫情的暴发，导致市场菜价波动剧烈。"感觉种菜就像在赌博，5月菜价还是3.5元/斤，8月就变成1元/斤了。"王瑞崎告诉我们，"一年种三季菜，有一季价格好就能赚钱，能坚持下来就能盈利。"

为人勤快又头脑灵活，这几年他什么赚钱种什么。以前种药材，后来本地药材市场逐渐饱和，他就学习别人的管理技术，药材和芹菜一起种。到了2020年，他的精力就全部放在了蔬菜种植上。

"芹菜这类高原夏菜，周期短、不压钱、周转快。从开始种植到上市销售只要4个月。闲下来我还可以外出打工。"王瑞崎的小算盘噼里啪啦地算着经济账。

与此同时，权家湾镇焦家湾村62岁的贫困户李润香选择种植食用菌。

每到食用菌采摘的季节，李润香凌晨4点便来到大棚，一边采摘一边把收获的菌菇按大小等级分装。2020年4月，通过村里的富民产业合作社，李润香顺利租到了两个400平方米的菌棚，每次卖菇的收入，足以让一家七口轻松不少："在这干活离家近，开电动车5分钟就到了。有事儿就过来，干完活儿就走，时间可以自己把握。"

2019年年底，村里成立了合作社，与上海闵中食品有限公司合作建立了菌菇种植园。园区占地500亩，一个棚年产值可以达到2万元。农民通过合作社介绍租下菌棚，进棚种植，开始不需要缴纳租金，等到采收时合作社统一从销售额里扣除。企业为农民提供技术指导，如果一等菇达到总数的50%以上，农民每年的保底收入就能达到1.44万元。

"种植菌菇耗水量比较大，而且水必须是干净的。目前园区用的都是

权家湾镇焦家湾村"富民产业合作社"的菌菇种植园内，农民正在进行采收

自来水，没有水的话这个产业根本就发展不起来。"乡党委书记许贵祥说，"农民信得过本地乡邻，愿意和合作社打交道。合作社在农民与企业中间牵线搭桥，促成了两方的共赢。"

在甘肃，像富民产业合作社这样的农民专业合作经济组织在产业扶贫方面发挥了关键作用。一方面，合作社把农民组织起来，对接外面的企业，使农民的生产更加规模化、规范化；另一方面，合作社在维护农民利益、增加农民收入方面，起到了补充政府职能的作用。截至2020年年底，仅定西市各类农民专业合作经济组织就已经发展到400多个，拥有会员5万户，带动农户20万户，占到了全市总农户的1/3。

■ 求变

变化不止于此。

翻开中国地图，不难发现，六盘山区所处的地理位置，南北迤逦、东西相连，自古便是交通要塞；且山多坡广，饲草、饲料资源丰富，一直以来便有养畜放牧的传统，饲养牛羊是这里大多数农村家庭养家糊口的支柱产业。

然而，受制于干旱等方面条件先天不足，这里的畜牧业一直以来都以传统生产方式为主，小而散、效益差。直到有了水，一切便开始起了变化。

2000年年底的时候，安定区新集乡石湾村后梁社的祁连福有了一个决定：明年不出门打工了，就在家养羊。原来，家里老人年纪大了，娃娃还小，留在家里陪伴家人对他来说是更好的选择。

但那一年，祁连福的养羊事业，进展并不顺利。

开春，村上就遇到了旱情，羊价从1500元/只一路跌到300元/只。祁连福忍痛割肉，以200元/只卖掉了年初买回来的30多只小尾寒羊。

遇旱卖牲畜，这种做法在连年干旱的山区农村家庭并不少见。"没有水就发展不了稳定的产业，只能是今天种、明天黄，今天养、明天卖。"新集乡党委书记王海涛说，20世纪90年代前后，村民搞产业基本靠天吃饭。那时候曾有村民养了几十只羊，遇上严重旱情，人都没水喝，一只羊仅卖5元钱。

现在则不同了。

"以前不敢多养，天不下雨干着急，牲口没水喝。现在牛棚里都安上了水龙头，家里4头母牛，这几天就要下小牛犊了。"家住陇西县渭阳乡林家坪村50多岁的夏元琴对于这些变化深有感触。

林家坪村属于山区贫困村，村里266户中有121户都是建档立卡贫困户。通了水，村里开始发展产业，通过搞养殖、种药材，村民的收入较之以前都有了显著提高。

权家湾镇焦家湾村的村民郭学良已经有3年没有外出打工了。2014年10月，村里首次接通了自来水，"水闸一打开，泄洪渠两边的老百姓都跟着跑，我还跟着放了两挂鞭炮呢。"对于当时的场景，郭学良至今记忆深刻。

引洮工程完工以前，郭学良一家的日常喝水都是问题，搞养殖更是想都不敢想，只能去工厂打工。"一进去机器声音很大，吵得脑袋嗡嗡响。想孩子了只能视频通话。"

2017年后，看着村里有了养殖条件，熟悉养殖技术的他试着养了2只羊，正好孩子也到了上学的年纪，就渐渐不想出去打工了。从那时起，他便一门心思搞养殖，从起初的2头牛、2只羊，到现在发展到9头牛、40多只羊，成了村里养殖规模发展最快的大户。

"就这个速度我都嫌慢了。"说起自己的计划，郭学良兴奋起来，"理想状态是两年内规模增加到20头牛！"经常到他家走访的乡党委书记许贵祥提醒他："养殖不是那么简单的，个体发展还是10头最合适，规模太大了，场地和防疫技术都得跟上才行，不能盲目。"

除了能照顾家里，不用再忍受和孩子的分离之苦，最让郭学良高兴的还是"能攒下钱了"。"在家赚钱就能存下钱，要是在外边打工，挣多少花多少！现在一年存下几万元不是问题。"

同样选择在家门口赚钱的马逞，是渭阳乡林家坪村的一名贫困户。今年49岁的他，最骄傲的就是自己的两个孩子都是"学霸"。几年前，儿子刚上大学、女儿读高中，用他自己的话说就是"为筹学费，头发都快掉没了"。2015年脱贫攻坚战打响后，马逞被划入因学致贫建档立卡贫困户。利用5万元扶贫贷款，他买了3头小牛犊，从此日子逐渐好过起来。

与此同时，每年他的儿子女儿还可获得5 000元助学贷款，每学期还有1 000元补助，加上自己养牛的收入，马逞一家顺利度过了那段"交学费"的日子，两个孩子也相继顺利完成了学业，大儿子已经入职了北京的一家互联网公司。"儿女学成之后，我也就完成使命了。"

发展特色产业并不容易，前进的道路上总是少不了崎岖和坎坷。但是，生活在这里的人们，却怎样也无法割舍对脚下这片土地的眷恋和对家乡生活的执着。

从传统的农业生产方式，到如今现代化、机械化的作业模式，六盘山区的人们，正着力构建现代农业生产体系，致力于为这片土地注入更多的活力和更丰富的创造力。

▮ 家 园

在六盘山区，很多村庄深藏于大山深处。山大沟深阻碍了发展经济、脱贫增收的步伐，于是便有了一个个深度贫困村；恶劣的自然条件也阻碍了群众对美好生活的实现。1997年以前，岷县、漳县尚有6 000多户共2万多人居住在破烂的茅草房中，之后两年，定西将茅草房改建作为扶贫攻坚的硬仗来打，29.15万人实施了易地扶贫搬迁，住上了"做饭有煤气、厕所能冲水"的新家，切实改善了生活条件。

陇西县马河镇杨营村村民安晖正是其中之一。走进她新家的小院子，左手边一座方方正正的小房子就是她家的卫生间：墙壁上贴着雪白透亮的瓷砖，墙壁一侧，热水器的电子屏提示着水温。虽然只有五六平方米，像城市家庭的卫生厕一样，干干净净的洗手池上整齐摆放着洗漱护肤用品；水池旁边的抽水马桶坐便器上，贴心地装上布艺外套。女主人安晖介绍，这是搬迁后花了7 000元改装的水厕。

马河镇副镇长张峰介绍，杨营村在易地搬迁中集中搬了56户。搬迁后，农民按照各自情况和意愿选择沿用旱厕或是改用水厕。大部分农民选择了旱厕，旱厕中一种尿便分离封闭式"卫生厕"受到一部分农民欢迎：改装成本比水厕少，但也干净卫生。选择改装水厕的易地搬迁户享受3 000元/个的补贴，改装"卫生厕"的住户享受2 300元/个的补贴。"水厕的改装成本目前在1万元左右，尿便分离的'卫生厕'成本小得多，补贴后基本不需要住户自己掏钱了。"张峰说。

易地搬迁后，95.6%的农户家里都有了自来水，这给农民带来的变化不仅仅是方便和健康，更多的体现了改变关乎幸福感和尊严。

陇西县马河镇杨营村村民安晖家的新厕所

"最大的好处就是现在干完活儿能洗个热水澡了，特别舒服。"安晖说，2017年搬入新家之前，一家四口住土坯房，用的是窖水和井水，每次地里干活回来还要走40分钟挑水回来，做饭喝水都要计划着用，更不要说洗澡了。

女主人热爱生活，也善于经营生活。搬迁后，她引进2头西门塔尔牛，目前已经养到5头。小院子也没有闲置，在邻居的带动下搞起了养蜂，目前有6个蜂箱。

虽然现在用水方便了，但是经历过极度缺水的日子，人们便更懂得珍惜来之不易的水资源。

"一家四口生活用水加上养牛、养蜂，一个月用水在8吨左右，政府还给我们补贴水价，一吨水3.1元，一年的水费300多元就够了。"安晖告诉记者，她的大儿子上初中，小女儿在镇上上小学。"家里舒服了，孩子生活学习都有了更好的环境，这个钱花得值！"

通渭县寺子川乡董山村通水的时候，50多岁的村民车万余正在内蒙古打工。董山村位于寺子川乡北部山区，交通不便，通水时间也比较晚。以往春节回家，车万余看到其他的乡镇有的村子有了自来水，羡慕得不行，心心念念着"我们村什么时候有自来水啊！"

直到2016年，董山村124户长期居住的村民全部用上了自来水，车万余便动起了搞养殖的心思。利用扶贫贷款，车万余买了一辆三轮车和5头小牛犊，闲置多年的土地种上了马铃薯。车万余以一年卖一头牛的速度，让家里的日子逐渐富裕了起来。

除了生活条件的改善，最让车万余满意的变化就是"能洗澡了"。"以前水就那么多，吃都不够，更别提洗洗涮涮。"

然而，即便不愁用水，车万余的家里仍然保留了过去的4个水窖，一个水窖大概10立方米，用作备用水源，也用来饮牛浇花。

车万余家的情况并非个例。经历过以前没水的日子，即使现在家家通了自来水，很多村民家里还保有储存"窖水"的传统：一方面以备停水的时候救急，另一方面"窖水"烧开后可以用作生活用水，比如洗澡、洗衣服。说到底，村民"舍不得"用自来水。

"用这个水洗澡太可惜了。"车万余说，"轻轻拧开水龙头，水就哗哗流。就这么用，现在一天的用水量几乎是以前一个月的用量呢。"尽管旱原上家家户户通了自来水，但出于传统的生活习惯和节约成本，水窖并未彻底退出人们的生活。当然，目前的水窖也经过了改良和消毒，水质也已得到极大改善。

"水通了以后，村民用得很节约。总用水量远远达不到我们最初设计的55万人口用量。这是大家长期以来形成的习惯。以前没有水，所以现在格外珍惜水。以后，这种对于水的珍视之情还会延续下去。"尉采珍说。

2020年年初，新型冠状病毒肺炎疫情暴发，一位操着一口流利方言宣传疫情防控的"小姐姐"在抖音走红了。她就是定西市陇西县永吉乡尖山村的驻村扶贫干部李霞。

"很多村民年纪大，听不懂普通话。我就用方言录好音频，一遍又一遍在村里公放，教村民消毒、戴口罩，监督隔离。"李霞说，这种既简单明了又颇为幽默的宣传形式不仅为她带来了8 000多个粉丝，更得到了很多村民的真心赞许。

然而，时光转回到几年前，李霞刚刚来到尖山村包村扶贫，彼时的她不仅没有游刃有余的工作方法，还被一些村民不解和排斥。"第一次进村入户就被'怼'了回来。贫困户根本不理睬我们，偶尔说几句方言也是听不懂，基本上是两眼一抹黑。"李霞说，有一次，她在抖音上上传了一个上班山路上摔倒的视频，底下一个留言让她格外委屈："你们拿着政府的工资，不愿意干可以辞职啊。""其实我想表达的是，虽然摔倒了但是我们扶贫干部还是会拍拍土站起来，继续去贫困户家，把扶贫政策给他们落实好。"多年的驻村工作磨炼了她做群众工作的本领。但作为帮扶干部，最让她头疼的还是如何提升贫困户自身的内生动力。

通渭县常家河镇驻村扶贫队长干部李宗钊同样面临这个难题。

2017年3月，李宗钊来到常家河镇胜义村，第一件事就是去见见村里有名的"二嘎子户"张进忠。谁知刚进门，便吃了个结结实实的闭门羹，张进忠把门一关撂下话："你们就是走个过场！我的事你们管不了。"

对于刚刚上任的李宗钊来说，这个"下马威"可不小。

原先的村干部、村民都在默默观察，看看这个新来的"队长"会怎么干。到了当年7月，镇上组织唱"皮影戏"，每个自然村的村民都要前来观看。趁着机会，李宗钊又找来张进忠，让他先说出自己的困难，自己尽力去帮。

这次，张进忠态度开始软化，只是强调自己"没钱"。李宗钊又找到熟悉他家情况的村民问了个究竟，这才全面掌握了张进忠家的情况。

原来，由于老伴过世早，当时还年纪轻轻的张进忠便独自拉扯三个小孩长大。如今，一儿一女已经成家立业，唯独小女儿智力残疾，生活难以自理。看着自己年纪越来越大，张进忠从心底担心小女儿。想给她送医治疗，可自己一没门路二没钱，久而久之便对自己的生活也逐渐灰心了。

得知这一情况，李宗钊四处联系市里的朋友。得知能接收的医院不少，可每月几百元的医疗费难住了他：张进忠付不起。得找一家免费的医院才能解决问题。

两个月时间，李宗钊往返于定西市区和胜义村，能跑的医院都去了，能说上话的人都找了。终于，位于安定区的一家残疾人托养中心愿意免费收治。"原本说是每个月要450元生活费，但由于这家是人口福利基金会项目的试点医院，有相关资金补贴，医院就把钱免了。"李宗钊说。

2019年，通过易地扶贫搬迁的插花安置，张进忠自己住进了97平方米的新房子。看着不知多少次"串门"过来的李宗钊，张进忠一边拿烟一边倒水，忙碌之中他告诉记者："我丫头有病，医院没钱不收。是李队长管了我。我没见过这么好的领导，我活着一天就记他一天的好……"说着说着，张进忠的眼眶红了起来。

春风吹

引来洮水润旱塬

掬一捧

琼浆入口心儿醉

玉液浇灌山川坪

幸福水哟滋润心田

追梦路上生活更甜美

一曲《旱塬引来洮河水》，唱出了六盘山人对于水的渴盼，唱出了人们盼水、祈水、引水、圆梦心声。

如今，充满活力的新一代六盘山人，在这片土地上，嗅出了更丰富的气息。在无数前人改造自然的肩膀上，多元化、高技术含量、高附加值的产业大门，正等待着他们开启。古老的六盘山区，正焕发青春，阔步前行。

大兴安岭南麓山区篇：
四季的守护

文 曹 茸 梁冰清

■ 冬

　　寒冬漫长而严酷，萧瑟、苦寂、困厄，一度是林海雪原苍白的底色。曾经挥斧采伐，与大自然的原始荒蛮抗争过；又曾放下斧锯，在与山林的和解尝试中被迫出走……冰雪积了又化，化了又积，而生存的缝隙，始终苦苦难觅——

　　当冰雪覆盖山林，虫蛹深眠大地，极北之地漫长的冬季就来了。

　　"顺山倒喽！"伴着悠长的喊山号子，环腰粗的落叶松应声而倒，激起漫天雪浪。

　　18岁的伐木工人郑晓林刚参加工作，正一边挥斧一边默念作业要领："砍树槎子莫要高，造材莫扔大树稍，牛马运材修好道，趟子远近要记牢……"因为劳作而升腾的热气，瞬间成冰，牢牢攀附在他的背部和发梢。

　　他的脚下，是古老神秘的大兴安岭。

　　《山海经》云："北海之内，有山，名曰幽都之山，黑水出焉。"幽都幽都，幽静深远，林茂草长。古时的大兴安岭也因此被称为"大鲜卑山"，意为森林，莽莽林海正是先人对它的最初记忆，历史学家翦伯赞将其称为

"中国历史上的一个幽静后院"。

万古长青的原始森林阻隔了人类的足迹，也禁锢了发展的步伐。多少年来，这里的荒蛮与原始一如冬天那样漫长。

直到新中国成立，现代文明的触角才跋山涉水来到这片山野。1964年，为支援新中国建设，国家正式进行大兴安岭林区开发，近8万名铁道兵和7万名知识青年先后奔赴东北"生命禁区"。

——"同志，你要到哪里去啊？"

——"我们要到祖国最需要的地方。"

人类的万丈豪情与大自然的严寒冷酷迎头相撞！

白天，建设者喝掺着枯草的雪水，吃脱了水的干菜，在零下40℃的严寒下作业。夜晚，住在原木堆成的木刻楞房，寒气从四面八方的黑暗中涌来，直往人骨头缝里钻。

被雪水浸湿的衣物和鞋袜，只能靠炉子烘干。烘不透时，得在鞋子里面撒满炉灰，否则鞋子上的雪水就会化成水，又结成冰，牢牢冻在地上，拔不起来。

挥斧时正年轻，再抬首已白了头。极寒与极限里，建设者将青春留在了沉寂千年、人迹罕至的林海雪原。

采伐背后，是绿色的消耗殆尽。为了保护北方这面最重要的生态安全屏障，2000年起，天然林资源保护工程全面实施，林区采伐量逐年缩减，直至全面禁伐。

转型与发展的步履中，总伴随着阵阵刺痛。大批失去工作的林业工人选择了逃离。在内蒙古兴安盟阿尔山的一所中学，短短十几年内，学生生源降到不足原来的1/6，其中70%以上的学生父母没有工作。

留下的人困围于生存，背起猎枪去了山林。再后来，狼没了，狍子没了，野鸡没了，连河里的水草都在哭泣……

　　百灵唱了，春天来了。

　　獭子叫了，兰花开了。

　　灰鹤叫了，雨就到了。

　　小狼嗥了，月亮升了。

老人口中的童谣，音调越来越低沉，逐渐淡去听不清……

兴安岭人一生敬畏山林，但山林却无法庇护每一个人。

在一次运输木材的过程中，郑晓林乘坐的车辆失灵，坠入山涧。他侥幸活了下来，却被医生宣判"下半身永久瘫痪"。

年轻人躺在病床上，目光空空，时间黏稠得走不动。

山林里，传来忽远忽近的哭声。那是因为儿子意外，从此精神失常的母亲。每天，她都要独自走入大山，呼唤儿子归来。但大山静默不语。

冬天，曾是大兴安岭人的伤。

《龙沙纪略》这么描述大兴安岭的冬天："立冬后，朔气砭肌骨，立户外呼吸，顷须眉俱冰。出必勤以掌温耳鼻，少懈，则鼻准死，耳轮作裂竹声，痛如割。"

一年里大雪封山长达7个月。当气温降到零下三四十摄氏度，日照稀少、土地冻结、河流冰封，任何能为人类提供热量和回报的农作物都无法生长，甚至连拥有厚实皮毛和脂肪的动物也无法与寒冷相抗——枯寂统摄了整片大地。在内蒙古兴安盟浩斯台嘎查村支书龚留喜的记忆里，人生最惨淡的时刻发生在2000年前后。那年，村子上方的天空像被撕裂了一个口子，大雪不停不歇，空地上的雪堆到了1米多高。村里2/3的牛羊都死了，或被冻死，或被大雪压死。

还好，人总能在房子里觅到一丝生存的缝隙。

为了保暖，村民把新鲜的牛粪贴满墙壁和屋顶——寒冷冬季里，还有什么保暖材料比源源不断散发热量的牛粪更合适呢？

只是不足在于，变干后的牛粪会扑簌簌地掉渣子。有时人吃着饭，碗里就会多出来一块硬邦邦的牛粪。

老人们习以为常，用手扒拉出来，瓮声瓮气地道一句"继续吃！"淡漠得连脸上的褶子都纹丝不动。

"猫冬"成了生命应对寒冷的本能防护。天寒地冻里，一团黄色的火，一瓶晃荡的酒，是村民难挨时光里的慰藉。但每年，村里因"喝大酒"走了的男人，一只手都数不过来。

"3个月耕田，3个月农闲，3个月赌博，3个月过年"，这是属于极北之地的惯性生活。

紧接着，村子又赶上了3年大旱。苞米粒成了"皮包骨"，人也成了

大兴安岭南麓山区篇··四季的守护

059

"皮包骨"。村里的 3.7 万多亩地几乎全部撂了荒，八成村民离开生养自己的村屯，独剩一群妇孺老人守着一方贫穷荒败。

能有多荒？"村里的草比人还高。"

能有多穷？"村里没娶到媳妇的光棍就有 78 个。"

兴安盟的"兴安"，在满语里代表"丘陵"，整个兴安盟就是一个跑水、跑土、跑肥的大丘陵。21 世纪初，兴安盟总耕地面积 81.3 万公顷，其中只有 3.6 万公顷有灌溉能力，以雨水维系生命的土地占到了 95.5%。

但当太平洋的湿润水汽从海上漂移而来，到达山脚时，已是强弩之末。这里的年降水量不足 400 毫米，蒸发量却是降水量的 10 倍。每年，春旱发生频率高达 80%，仅 2001 年因干旱而绝产的粮食作物就达到 11 万公顷。

作为典型的农牧结合地带，这里从游牧向农耕过渡的时间仅有百余年，村民们善养殖不善种植，"种一坡，拉一车，打一萁，煮一锅"是这里的真实写照。

"收成好，那是老天爷赏饭，收成不好，那是老天爷收租。"龚留喜一句话总结陈词。

他的身后，是依稀可辨轮廓的大兴安岭，圆润如包，像是被凄厉风雪磨平了棱角。

虽然拥有横跨 1 400 公里的气势磅礴，但大兴安岭的山势却舒缓得令人难有俯仰之姿，所以西伯利亚的风雪轻而易举便翻越了山巅，继续在草原上千里奔袭。

草原上有人与风雪同行。

50 年前的乌兰毛都草原，一面红旗，一头牛，一辆勒勒车，一串深深浅浅的脚印……那是内蒙古科右前旗的乌兰牧骑。

"居无定所，惟顺天时"。牧人的脚步追随着四季，而乌兰牧骑的脚步追随着牧民。这只草原上的红色轻骑兵，要去草原深处，为牧民们奉上一场文艺演出。

手风琴手巴根坐在勒勒车上，脸上的冰碴厚得可以刮下来当水喝。巴根觉得，他们犹如一叶孤舟，正在驶往一座草原孤岛。前后，四野茫茫，天地模糊成苍茫一线，行走几十里尚不见一个蒙古包。

小舟不知荡了多久，终于到了牧业点。远远地，有人在欢呼："玛奈乌兰牧骑依日勒！（我们的乌兰牧骑来了！）"

只见老额吉们和老阿爸们身着色彩鲜艳的蒙古袍相继从蒙古包里走出，饱经风霜的脸庞带着久违的激动与兴奋。对于他们而言，乌兰牧骑不光是演员，更像是家人。

　　家人们总是闲不住，他们要文艺汇演、宣讲政策，打点牧民的日常生活……

　　身处草原孤岛，"日常"并不习以为常。因为缺少水源，有的牧民小孩从未洗过头，头发枯燥打结，虱子在里面安了家。女队员们便把一个个鸡窝头排排坐，手起刀落间，发丝堆成了小山包。偶尔，有发丝缠绕住她们的指尖，粗粝又艰涩的触感，像极了这草原的生活。

　　"铮！"深沉粗犷的马头琴声随着风雪激荡出去，一场以天为幕、以地为台的演出开始了！不少牧民一辈子没有走出草原，更没有看过文艺表演，不禁看得痴了。

　　"赛音！赛音！伊和赛音！（好！好！太好了！）"他们欢呼，不停地

科右前旗乌兰河畔（杨乙丽　摄）

要求再来一首。

几场演奏下来，巴根的10个手指头僵得只能维持在弹琴的形状。不知谁的笛子笛膜被冻破了，发出声声尖锐的嘶鸣。

风雪愈盛，天地都在咆哮，只有那色彩鲜艳的蒙古袍依旧岿然不动。那抹鲜亮，是牧人朴素人生中所有的尊严和骄傲。如今他们正眼含热泪，喃喃地感谢演员们带给他们从未感受过的美好。

相传，最好的草原叫"杭盖草原"，那是一片有草、有树、有山、有水之地，是一个被称为天堂的地方。

但现实世界里，这才是草原的真实——严寒、寂寥、水草不再、风沙常扰。

摊开中国地图，从东北向西南方向绵延了一条线，其中东北的发端恰好与大兴安岭山势走向重合，这就是著名学者黄仁宇提出的"15英寸（381毫米）等雨线"。

正是这条线，成就了农耕文明与游牧文明的泾渭分明，二者的对抗制衡，冲撞出了中华民族融合的曲折故事。林木翁蔚、田野未辟之时，北魏鲜卑人从这片山林中走出，越万里长城，跨九曲黄河，成为历史上第一个入主中原的游牧民族；成吉思汗的铁骑在此横枪跃马，一骑绝尘，霸气叩响世界大门，令他族难以望其项背。

"曾经书写过历史传奇的民族，何时不断吞吐困厄了呢？"巴根疑惑。外面天寒地冻，无星无月，银白笼罩大地，雪花四散空中。那是荒原的眼泪。

漫长而严酷的冬天，什么时候结束呢？

▌ 春

"草籽们"在盐碱地上扎下了根，树苗在沙岛上发了芽，那是绿色和生机，更是希望和未来！脱贫攻坚阻击战的号角已吹响，犹如春风，渗透进每个隐秘而微小的角落，消散了北国大地的坚冰，吹得草木微吐青——

3月的春天属于苏杭，4月的春天属于人间，5月的春天属于兴安岭。有道是"四时皆寒，五月始脱裘"，极北之地的春天来得晚啊！

最先感受到春天暖意的总是江河。"开江了！"一声春雷炸响，冰雪融泄，好不壮观！冰雪自带北方性格，不拖泥带水，径自朝着太阳的方向蜿蜒，冰随浪下，浪随水行，相互碰撞出一串嘎嘣脆响之声。当日出东方，粼粼江面便是一片金光炸裂。

与冰雪一同消融的还有吉林之西那片像雪地般洁白的盐碱地。

当嫩江母亲从大兴安岭伊勒呼里山自北向南蜿蜒而过，或许是过于留恋西部平原的肥美，她的脚步常常在此留驻。这里十年九涝，晴天旱，雨天涝，是世界三大苏打盐碱地集中分布区之一，被人称为"困惑的西北角"。

西北角的边缘——镇赉县嘎什根乡，是当地最贫困的一个乡（镇），风沙大、盐碱重、干旱多。全乡6 200公顷土地，90%都是白花花的碱巴拉，其中重度盐碱地占到了一半以上，以至于村民们守着哗啦啦的嫩江水还喊"渴"。

"土"，《说文解字》中解释道："地之吐生万物者也"。"风水沙土遍地跑，盐碱地上不长草。"村民自编的一句顺口溜道出了嘎什根乡土地的辛酸。

灰白土地上长出的幼苗，有时甚至经不住一场雨水的洗礼。1986年，内洪外涝，地里粮食绝了收，全乡农民人均收入低到了2.44元。

落魄潦倒的老百姓又编出一段顺口溜："西北部，条件差。老百姓，没啥话。喝小酒，唰唰下。"

靠喝小酒抚慰人生的百姓们没想到，1988年的一天，4位水田专家像草籽一样从天上掉落到盐碱地上。专家们来自吉林省农科院水稻所，他们受邀来为嘎什根乡指导盐碱地水稻种植和开发工作。

啥？水稻？嘎什根乡的土地上，除了苞米和五谷杂粮，可从没长出过别的东西！

而且，这可是不知击退了多少专家的盐碱地！当年，有旱田专家组在这里吃了败仗，撤离时撂下一句话："风沙干旱加盐碱，谁干谁丢脸。"这样一个老大难，种水稻能行？

水田专家们在踏遍乡里每一块土地后，一致认为"可行！"不仅可行，他们还提出了一条"以稻治涝、以稻治碱、以稻致富"的发展规划。可任凭他们说破了嘴皮，村民们谁也不动心。

乡干部动员村民胡国学用自家地做试验田，胡国学指着一汪白面似的盐碱地，头摇得像个拨浪鼓："这漂白的盐碱地，刮风都冒白烟，你能给我种出水稻？我不信。"最后，乡长拍着胸脯作出保证，胡国学才顶着压力，拿出家里的2亩地作为试验田。

谁能想到，试验田当年竟打出了2 000多斤粮食！第二年，胡国学把家里19亩地全改种了水稻，观望的乡亲们也纷纷加入。

嘎什根，蒙古语里的"一家人"，专家们真的和村民们变成了一家人！每次，专家们刚到村头，就有小童兴奋地大声喊叫："技术员来啦！技术员来啦！"像潮水一般，村民们从四面八方涌来，拉扯着技术员往自家领："那么多技术难题，可得好好请教请教！"

为了节省时间，技术员郭晞明经常把自行车往地上一扔，翻墙就跃进院子。次数多了，连院子里的大黑狗见了都懒得吠一声。

专家组带头人李学谌的卖力程度不输年轻人，走村串户间，平均一天的脚程是40公里。曾经的书生气，被风吹日晒得瞧不出痕迹，瘦小黝黑的老专家和正儿八经的老农民站在一块儿，分不出谁是谁。

头几年，有农民对李学谌不服气，傲慢地说："我都种3年稻子了。"李学谌嘿嘿一笑："我都指导种稻30年了。"

嘿！别说，这30年的老专家可真不简单，那么复杂的水稻种植技术，在他这里被简化成了"种稻明白纸"。"什么时间做什么，全都写在上面，简单明白，一目了然。"村民们佩服极了。

日子在单调里迅猛前行。3月育苗，5月插秧，6月、7月田间管理，9月秋收。白天，专家们在田间现场教学；晚上，一张小黑板，几张简陋的书桌，娃子们的小教室被征用成了种植技术课堂。

春夏秋冬，盐碱地里磨了整整5年，多少汗水浸进了土地，白花花的盐碱地给了回报——全乡粮食总产超过4万吨，提高8倍，村民人均收入提高17倍。

这块广袤却并不柔情的土地，竟真的敞开胸怀，接纳了这外来的稻子！不靠天，不靠地，就靠着一腔"为农服务"的孤勇赤诚，真不容易！自此，草籽们在盐碱地上扎下了根，一扎就是30年。

像是破译了盐碱地的改良"密码"，嘎什根乡的成功引发了人们向盐碱地宣战的热情，镇赉各地开始大力推进盐碱地水田改造工程。

一系列政策布局也如春风化雨。党的十八大以来，扶贫开发被摆到治国理政的重要位置，大兴安岭南麓山区成为国家新一轮扶贫开发攻坚主战场之一。自此，一场脱贫攻坚阻击战在北国大地全面打响。

风来，风去，行行复行行，带着春天的气息，吹散了嫩江两岸的雪色，吹得草木微吐青——那是希望和未来呀！

可现实中，黑龙江泰来县的风也太大了！

"一年刮两次，一次刮半年"，民谚道出了泰来的生态窘境。但更窘迫的是，长在风口上的泰来，还长在了沙带上。

根据泰来县志记载，泰来沙地属科尔沁沙地的延伸部分，沙化面积高达63%，全县80%的人口常年生活在6条大沙带上。

21世纪初，烈风每年都要携手荒漠，共同演绎几场"昏天暗地"。风起扬沙之时，天地混沌一片，白日跟黑夜无缝衔接。小孩子此时总要吓得往家跑，跑得慢了免不了遭受沙石打脸的"酸爽"。

这是一种被风沙支配的恐惧。

风镜成了当地最走俏的商品，人们逗趣道："不戴风镜，连驴马都不敢上套。"女人们爱美，把纱巾当作头套，拎起两角在脖后轻轻一系，悲中竟品出了一丝美意。

"泰来大沙包，风刮地就蹽，春种三遍地，难得半成苗。"大地悲歌中，多少农田遭受了颗粒无收的劫难，多少心血付诸东流，多少村屯被风沙吞

阿尔山驼峰岭天池（朱浩宇　摄）

噬，多少人被迫远离故土家园……

风沙与干旱像两条枷锁，牢牢制约了县域经济发展，造成了这里的"生态型贫困"。

大地不会忘却，这里也曾是水草丰美的科尔沁草原。有史记载，"泰州，本契丹二十部族放牧之地""马逐水草，人仰湩酪"，至宋朝，这里依旧"少人烟，多林木"，直到清末放荒招垦，大批内地流民进入草原，才开启了大规模的垦荒耕种。

当野蛮的铧犁剖开草原绿色的胸膛，拥挤的黄沙内瓤倾泻而出，流动的沙丘吞噬着土地，科尔沁草原再也无法回到它最开始的叙事。长期以来，它以每年2%的速度扩张，20世纪80年代末已跻身中国沙地之最。

如果把科尔沁草原的漫漫历史缩减成一个微型胶片，快进与回放间，我们大概可以看到这样一个轨迹：草退沙进，沙进人退，绿进沙退。

你见过牛羊上房的景观吗？在科尔沁沙地，这是再普通不过的场景。一场风过，家家户户便被流沙淹没大半，风沙顶着墙壁往上爬，圈里牛羊便顺势上了房。

沙化最严重的地方，本该用舌头卷草吃的老黄牛，被逼得用牙齿噬嚼干涸河床的草根，不幸被泥土噎死；饿疯了的羊群互相啃食对方的羊毛，变成一个个光秃秃的怪物，最后只能靠草原鼠充饥……

向风沙宣战，没有选择！

树是沙的劲敌，种树吧，树活了，人才能活！

那就种呗！不就是一埋二踩三提，能有多难？

治沙人甄殿举说："在沙岛上种活一棵树，不比养活一个孩子容易。"种树最怕的5种环境：大风、沙化、少雨、高寒、高海拔。这儿几乎占全了！

甄殿举要治的是黑龙江齐齐哈尔一个名叫江心岛的荒岛。9.8万亩的小岛，除了沙，只有几十棵东倒西歪的老榆树气息奄奄。

第一次登岛时，甄殿举哭倒在了黄沙里。

这一眼望过去没有边际的沙地！这搭上了半生心血钱买回来的土地！"这是要了人的命啊！"

但他还是决定与黄沙斗一斗。人们劝阻："在江心岛种树，种到死都不可能用岛上的树做棺材板！"只有癌症晚期的妻子支持他："等我死后，你就把我埋在岛上，我要看着你种树、治沙。"

妻子死后的第四天，第一批树苗上了岛。

沙坑里种树难，浇下去的水像进了无底洞；风一来，连根带苗全都掀走。第一年，300万株树苗只剩下100万株。

一边种一边死，一边死一边补，种着种着，甄殿举的头秃了。人们说："老甄把头发种进了沙土里。"

一个人的坚持或许有些悲壮，可当一群人有了坚持，故事就变得不一样了。

冯国海曾是泰来县主抓植树造林的副县长，对于植树他有自己的坚持："种树就是种生命，活人怎么能造死树？"

每年植树季，他就会不吭不响地下乡抽查新栽树苗情况，一副白手套、一张图纸、一条大黄狗是他的全部装备。每次，一人一狗像侦察兵似的在林子里转悠，然后一根一根把树苗往上薅——能薅起来那就是栽种不合格。

有的地头能薅倒一大片。负责人闻讯赶来，冯国海也不责怪，撂下一句"秋天我还来"，便扬长而去。

在泰来，植树是生存的需要，政府把植树当成政绩来考核，人民把植树当成信仰来坚持。数十年来，泰来人把生态建设作为拔穷根的抓手，硬是在沙窝窝里蹚出了庄园治沙、生态屏障治沙、林水结合治沙造林等多种治沙路子。种树，成为泰来人刻在骨血里的情怀。

几代人的坚持，终于换来"来到泰来气，绿色满大地，秀水绕城郭，沙无人似玉"。如今，良好的生态优势又逐渐转化为生态经济优势，反哺着一代代泰来人。

泰来人自豪地说："我们的风是用胸挡住的，沙是用脚踩住的，树苗是用汗水浇大的！"

树，一旦扎根土地，便笔直地把生命挺向天空，和人多么地相似——本来嘛，木头和骨头就有异曲同工之妙！

▌夏

夏天把炙热泼洒人间，万物迸发出积攒已久的活力。古老的兴安大地上，人们与贫魔鏖战正酣。那是民族基因里的血性与不屈，是降大任于斯人的热情与冲劲，只见书生意气，挥斥方遒，欲与贫魔试比高——

高高的兴安岭，一片大森林！

1961年，文坛巨匠老舍用妙笔描摹出极北之夏的轮廓："蝉声不到兴安岭，云冷风清暑自收。高岭苍茫低岭翠，幼林明媚母林幽。"大自然自有点化神功，不用过多热量着墨，就足以将各种形态的绿色铺陈。

除了清冷幽绿，极北之夏还有两个关键词："短促"却"热烈"。

万物有灵且美，懂得抓住有限的光热来用力生长。林间花草、原野生灵、田中作物，在此刻都迸发出了积攒已久的活力。

此时古老的兴安大地上，与贫魔的争斗正如火如荼地进行着。随着大兴安岭南麓片区进入啃"硬骨头"、攻坚拔寨的冲刺期，一批批扶贫干部走到了第一线。

2017年，32岁的张骅博士来到内蒙古科右前旗远新村担任第一书记。一件白衬衫，一副金丝边眼镜，一个装满专业书籍的皮箱，斯文秀气，书卷气十足。

老百姓指着他说："这娃白白嫩嫩的，能干事？"眼里尽是不信任。

第一次去贫困户家走访调查，老百姓不愿跟他说实话。被逼得急了，老百姓恼道："张书记，别问这么多，您在这镀镀金得了，不行就拍张照，我地里还有活儿，有人问我就说您工作到位，行吗？"张骅憋屈得眼冒金星。

"看来还得加把劲！"张骅决定发挥自己的专业特长，给老百姓讲讲课。

台上，张骅对着精心制作的课件，声音洪亮，抑扬顿挫，引经据典。台下，一群农民傻了眼："张书记，你讲得真好啊！可是我们听不懂。"

讲的什么？论农村产业链条如何构建。

"赶紧下去吧！什么玩意儿！"有性子急的村民起哄。张骅这次真恼了，"啪"地合上笔记本。

"听不懂？你卖豆芽1斤1元7毛5分，哥们儿能让它卖到1斤4元钱。这能听懂吗？""能！""那你干不干？""干！"

话放出去了，可是该怎么干呢？

远新村多坡耕地，玉米种植产量低，一亩地纯收益只有三四百元，"种地纯当锻炼身体"是当地农人无奈的自嘲。"不如在提高单位亩产效益上下功夫。"张骅最后决定以种植黑糯玉米为切入点，打造黑色系列农产品产业链。

不能让老百姓承担种植风险，他自掏腰包给大家买了种子，又紧锣密鼓地动员村民成立专业种植合作社。嘴皮子磨破的时候，合作社终于有了眉目。

但当村民们听到得真金白银入股时，还是打了退堂鼓，有人背后骂道："小犊子刚过来就想捞钱。"

热乎乎的合作社还没出炉就散了。那天晚上，以"永不服输"为座右铭的张骅抱着枕头痛哭了一场："给老百姓干点事，咋就这么难……"

一切从头来！

一年后，黑玉米破天荒地生长在了远新村的土地上，每亩地纯收入1 600元。老百姓说："地里长出了黑金子，张书记真有想法！"

两年后，村里的荒山变成了现代农业产业园区，家家户户拿到股权分红。老百姓说："变废为宝，张书记真有本事！"

三年后，村里有了电商园，本地农产品对接市场，远销全国。老百姓说："张书记，你可千万不能走啊！"

"不走，当然不走……还得再送一程。"张骅深知，只有把"输血式"

张骅同村民探讨黑玉米种植技术（科右前旗融媒体中心　供图）

救济转换到"造血式"开发的频道,才能真正给村里留下带不走的"摇钱树"。他还有很多事要做。

"知道我什么时候最开心吗?"年轻的书记双眉一挑,笑得狡黠:"贫困户拿到分红,数钱的时候!"

从远新村往西,不过百里就是著名的乌兰毛都大草原。无垠的绿色海洋里,蒙古马驰骋其间,"既能抵御西伯利亚的暴雪,也能扬蹄踢碎孤狼的头颅"。当年,成吉思汗正是仰仗蒙古马的耐力和爆发力,从荒蛮北地出发,踏破了中原的宁静,以"弓马之力取天下",创造出一个又一个传奇。如今,民族基因里的"蒙古马精神"依旧在这方热土上流淌,延续出一段又一段佳话。

泰来县是著名的江桥抗战发生地,中华民族曾于此发出抗日反侵略的第一声怒吼,打响世界反法西斯战争第一枪。但不屈的斗志可以对抗敌人的铁蹄,却难以阻止病魔的侵袭,全县因病因残致贫比例高达69%。

泰来县平洋村扶贫车间主任乔福军和妻子都是身高不足一米四的残疾人。前半辈子,夫妻俩为了讨生活,受了不少苦:凌晨摆摊卖早餐,中午摆摊卖西瓜,晚上摆摊卖烧烤……贫困残疾者流出的汗水,摔在地上裂八瓣。所谓人生冷暖,乔福军的体会比谁都深刻。

刺是保护自己的最好方式。

最开始,刺头乔福军可真是村里的"老大难"。生活没着落,还总喜欢跟人怼几句,动辄就跑到村干部面前叫嚷:"我是个残疾人,你们政府得管我。"干部们气得直拍大腿:"真是豆腐掉灰堆——吹吹不得、打打不得!"

2018年,泰来县为了解决一部分贫困人口就业问题,开始推进扶贫产业手工编织项目,乔福军夫妇俩第一个报了名。

编织是慢功夫,更得下苦功夫,夫妻俩夜以继日地钻研。当双手的大泡起了消,消了起,最后化成厚厚的茧时,乔福军被聘为了扶贫车间主任。

随着技术的娴熟,乔福军的收入也越来越高,从"一天挣一袋咸盐钱"变成"一天挣一袋白面钱",到2019年年底,乔福军的编织年收入已达1.6万元。他在短视频平台快手注册了一个账号进行直播,取名"乔哥的幸福生活"。

新手学编织,速度慢,返工率高,不少贫困户坚持不下来:"又累钱又少,还磨得满手泡,不如回家打麻将。"

每当这时，平洋镇扶贫干部胥鸿飞就开始走街串巷，一遍遍地去贫困户家里做思想工作，把人"请"回来。

独居老太刘学智是个异常固执的主儿，任凭胥鸿飞往家里跑了十来次，又是循循善诱又是因势利导，多少唾沫星子落了地，老太太总是一句话："不去，说再多也不去。"

无数次的碰壁里，胥鸿飞找到了原因。刘学智生性节俭，"喝汤从不放盐，一桶豆油能吃一年"，她不舍得去车间的公交车钱，又不愿意被人瞧了笑话，才每次冷着脸拒绝。

"怎么能帮到刘学智，又避免伤到她的自尊心呢？"一个"偶遇"计划浮上心头。

刘学智每隔几天会去趟镇里，十来里路都是走着去。胥鸿飞便连续几天守在她家附近，看她出门，就驱车上前，伪装成偶遇的样子跟她打招呼："大娘，上哪儿啊？我开车捎你一段。"

老太太不知情，真以为自己碰巧被"捎"过去，又"捎"回来。

胥鸿飞管这叫"守株待兔"，但"兔子"并不好逮。有时等了五六天，两人才能碰上一次。但好在一来二去，刘学智再也无法开口说出拒绝的话。

后来，刘学智成了车间里的"常住户"，风雨无阻。有一次，远嫁山东的女儿回老家看她，大家劝她赶紧回家。谁知她摆摆手："不行，我还得挣钱呢！"逗得大家哈哈大笑："曾经劝不来的老太太，现在竟劝不走了！"

还是"偶遇"的故事。

科右中旗双榆树嘎查位于内蒙古兴安盟贫中之贫的"南三苏木"，是一个荒漠化和盐碱化并存的地方，"地上无草，地下无宝"是当地的生动写照。

嘎查有1 350亩盐碱地，已撂荒多年。2015年，韩军来到这里担任第一书记后，决心好好"料理料理"这个致贫大魔头。多方考察后，他决定用水稻来降魔。

要想降魔，得先取经。从乌兰浩特出发，开车一直向东，白城、洮南、长春……每到一个地方，他便直奔研究所，找专家把脉。

也不光是专家，"谁懂就抓谁"。在一家离吉林农业大学不远的种子商店，韩军正抓着商店老板问东问西，他想知道"最便宜的在盐碱地上种水稻的方法"。

讨论正热烈，后面有人拍拍他肩膀。"来，我给你支个招。"来人把他

大兴安岭南麓山区篇：四季的守护

叫到一边，"你们那地界儿风沙多，你就冬天往田里倒沙子，开春翻搅，再灌水……"

韩军犹豫地问："您是老师？"

商店老板道："这是咱们吉林农大水稻研究所所长凌凤楼教授。"

这么大的专家，可不能让他跑喽！接下来的三四天，韩军就守在研究所门口，吃住在车里，看见凌教授走来，就立即厚脸皮地贴上去。

于是人们就看到，一个大汉拿着一个本、一支笔，脖子长长地向前伸着，一步一步地跟在一个学者身后。

韩军（右）与村民们在查看水稻长势

"一叶一心，两叶一心……"学者说两句，大汉就慌忙记几笔，像个小学生。

有人指指点点，他也不以为意。大汉心里想的是："豁出去了！为了村民，这脸我不要了！"

确实，"丢脸"、委屈又算什么呢！

"太难了！我不干了！"性情直爽的胥鸿飞有时也会在办公室里发牢骚，可转天她又风风火火地出现在扶贫车间，"连残疾贫困户还在坚持，自己还有啥过不去的。"

"只要干不死，就往死里干！"这是泰来县扶贫办主任朱清山的名言。

40多岁的年龄，50多岁的沧桑，得了脑梗死，住院两三天就偷偷溜出来工作，靠着这股子拼劲，他硬是带出了一支全国扶贫系统先进集体。

"不拼命怎么对得起战友们！"

战友中，有人驻村几个月不回家，和同样入户走访的妻子在贫困户家门口才见了面；有人再也回不了家——龙江县九里村第一书记丁铁刚在全村79口人全部脱贫后，静静地在岗位上闭了眼，再也没睁开。短短几年间，齐齐哈尔已有4名驻村工作队员倒在了扶贫一线……

党的十八大以来，25万个驻村工作队、300多万名驻村干部扑身一线、攻坚拔寨，以上下同欲的决心和"敢教日月换新天"的精气神，最终换来了千村万户的嬗变。

远方，被大兴安岭重新勾勒的天际线起起伏伏，绵延数千里。

那是大兴安岭不屈的脊梁。

■ 秋

曾经，这里的贫困如极北之地永冻土层般坚硬；如今，人们在秋天里将贫困清算。巍巍群山，莽莽林海，兴安大地依旧瑰丽壮美，映照着生存在这片土地上的人们，而转变已悄然发生——

春种一粒粟，秋收万颗子，收获的季节到了。

霍林河如玉带般飘过原野，沿河而下，入眼一片金黄，连风经过时，都从凛冽变得有些许温柔。

5年过去，双榆树嘎查的1 350亩撂荒地，如今已被饱满的稻子填满。

冬去春来，育苗插秧，泡田洗碱，耕种收获……农人的一年着实不易，但也不要小瞧了土地的报恩心。地处北纬45°黄金寒地水稻种植带，20℃的昼夜温差，2 580小时以上的充足日照，2 900℃以上的有效积温，3个月的黄金生长期，这片瘌痢头地长出的稻子，竟是营养丰富的高端富硒稻，价格比普通水稻贵上一倍！这下，撂荒地真的成了"聚宝盆"。

得益于近些年当地对"兴安盟大米"特色品牌的培育打造，双榆树嘎查的稻子一出世就得到了市场认可。现在的韩军正忙着对接市场，打开销路。

去年秋天，以他为原型的扶贫剧《枫叶红了》热播，当地产业进入更多人视野。电视剧里的"他"说："我就是要把产业留在嘎查，把钱挣在村里，哪怕有一天我离开了，有一个稳定的产业，贫困户也不会返贫，这才是真正意义上的脱贫。"韩军很认同。

韩军有3大本厚厚的工作日记，他给这3本日记起名为《转变》，希望这片土地上农牧民的生活有所转变。

其实，转变早已悄然发生。

平洋镇的干部们有种感受：乔福军变了。曾经"等靠要"思想严重的刺头，不仅通过自己的双手实现了脱贫致富奔小康，还带动了一票贫困户的脱贫热情。

为了方便镇里两个腿脚不方便的残疾人来车间，同样身体不方便的乔福军每天骑三轮车接送他们，一天4次，风雨不误。

在一次编织项目培训班上，乔福军讲出了自己的脱贫秘诀："摆脱贫困，首先要从精神上与贫困绝缘，不等不靠。"

扶贫车间不仅扶了贫，还扶起了贫困户的精气神。

王永久，镇里面响当当的麻坛老将，信手一撮一摸就知道攥着啥牌面。自从来到扶贫车间，这双"妙手"再没摸过牌——后来，没了"王永久们"的麻将馆，黄了好几个。

东胜村苏宝义的人生是灰色的，18岁的脑瘫孙子和卧病在床的植物人老伴儿是他一生的担子。被担子压弯肩背的苏宝义走进了扶贫车间，带头跳起了秧歌儿。红色绸子扬起来的那一刹那，生活好像又有了颜色。

草原上，青色潮涨潮退，岁岁枯荣，当曾经摆渡于草原的勒勒车更新换代成专业舞台车，乌兰牧骑的老团长巴根也在草原上从少年走到了老年。

一根颤颤巍巍的拐棍已不能支撑年迈的巴根走到草原深处的牧人家，但他手里的那面红旗却从未落过地。

1982年，他的女儿白桂兰加入了乌兰牧骑。2017年，他的外孙李丰也加入了乌兰牧骑。

时空变幻间，草原上的农牧民仅需一台电视机或手机，就能看到世界各地的表演，但"用最接地气的艺术表达，把党的精神食粮传递给农牧民"依旧是乌兰牧骑的使命职责。

两年前，李丰有了一个新身份——科右前旗大石寨镇平安村驻村工作队队员。除了为贫困群众送上文化盛宴，他能做的事情更多了。出发前，耳边响起外公的谆谆嘱咐："不管啥时候都不要忘记，咱乌兰牧骑的根在基层！"

当西部草原见证3代乌兰牧骑人的初心不变时，东部盐碱地上"科技助农"的接力棒也已从第一代交到了第三代科学家手中。

在3代科学家的努力下，在"引嫩入白"工程和西部土地整理项目的助力下，曾经星星点点的水稻挤走了这片土地的"原居民"碱巴拉。1988—2020年的30多年来，嘎什根乡共开发了1.8万多公顷水田，占全乡总耕地面积的90%。

村民们在政府帮助下，建工厂、打品牌、推动水稻产业升级，水稻处女地上长出来的大米，也有了自己的名字——"程纪""俊林""嫩康"……

曾经的盐碱地，如今的米粮川。

曾经"困惑的西北角"，如今的"西部水稻第一乡"。

郭晞明，当年那个一跃便翻墙入户的年轻人，如今已是满头白发。快退休时，他曾带老伴重走了一遍嘎什根乡的"种稻路"。想当初，为了这片稻子，老伴一人扛起了一个家的柴米油盐，为此没少埋怨他："天天不着家，就知道水稻和嘎什根乡！也没见你水稻到底种咋样。"郭晞明喏喏说不出话。

但这次，走在稻田里，他腰挺腿直。老伴向他伸出大拇指，郭晞明的腰更挺了。瞅着面前写满岁月的脸庞，郭晞明笑道："我的军功章也有你的一半。"

有农民歌者唱起了嘎什根乡的乡歌——

"茫茫的稻田望不到边
懒懒的江水绕家园
盛世物丰年年岁岁
嘎什根就是那天上人间……"

30余年，3代人，阵阵稻花香。

秋天慷慨地将色彩向山林抛洒，轻而易举就把一片金黄、深绿和深红杂糅成一幅波普油画。夕阳通过缝隙洒落一地斑驳，重合在林间梅花鹿的斑点上。如梦如幻中，人们发出惊叹："原来这儿就是梅花鹿的家啊！"

这里是阿尔山市白狼镇鹿村。度过艰难的康复期，伐木工人郑晓林不仅站了起来，还成了这里的村支书。

时间倒回至20年前，在林业转型、生态保护的大背景下，林业工人聚集的鹿村从一个繁华村落凋敝至5户人家，几乎全村居民都挣扎在最低生活保障线以下。

2009年，郑晓林决心带领大家脱贫致富。

"鹿是森林的一部分，森林有了动物才有生气。不如规模养殖，以鹿为景，发展生态旅游。"固有思路一旦被打破，一缕微光便从无尽的黑暗里挣扎出生路。

人们成立了梅花鹿养殖专业合作社，统筹经营，同时发展特色餐饮，打造统一风格的民宿。一个林间天堂逐渐被填充完善，越来越多的游客循着名气来到天堂般的小村，看山间美景，品山野美味，享山夫之乐。小村，活了！

如今的鹿村有居民65户，几乎家家户户做起林家乐，可以同时接待320余人住宿和1 500余人就餐，人均年产业收入达到3.5万元。

曾经森林的采伐者，如今成了森林的守护者，靠着森林寻觅到一条致富小康路。人们在绿水青山中探求到了人与自然和谐共生的发展脉搏：林兴则人旺，林衰则人灭，无林则无生。

一天，村里发生了件蹊跷事。人们发现每隔一段时间，村里就会有鹿无缘无故消失。人们凭着印记寻去，却只发现鹿遍体鳞伤的躯体。旁边，有一串四瓣脚印。

"白狼，是白狼！"曾因森林减少而消失多年的白狼回来了！人们在彼此惊诧的眼神中确认了一件事——全面禁伐禁猎后，生态确实变好了。

这下，鹿村成了真的"鹿村"，白狼镇成了真的"白狼镇"。原本生而为敌的两种生物，被命运之手再次牵扯到了一起。

秋天到了，枫叶红了。

在科尔沁草原上，有一种标志性的植物——五角枫。

因五裂树叶而得名。每到秋天，它会开枝散出绚丽的红色，连同一株树木上的老枝新梢，演变出无数种深浅。

如此美丽的树木，有着纵裂粗糙的树干，即使在荒原、戈壁、沙漠，依旧生生不息。

如此坚毅、顽强、热烈，如同生存在这片古老土地上雄健耐劳的人民。

曾经，这里也贫有千种，困有百态。为了摆脱贫困，人们向天地要生存，坦然直面悲苦，与贫困迎头宣战。拼搏、坚韧、奉献……四季更迭里，吟唱出了多少激情与感动。最终，人们在秋天里迎来了脱贫攻坚的硕果。

短短5年内，片区19个县45.2万人口挣脱了贫困的枷锁，奇迹般地将2015年11.1%的贫困发生率碾压至零。再让我们把视野拉得更高一些，自党的十八大以来，全中国平均每年减贫1 000万人以上，相当于每年减掉了欧洲一个中等人口规模的国家。

不久，四季又将进入下一个轮回。但这次，极北之地的冬天已不再那么可怕。

这是中国式扶贫给予的底气，这是对大兴安岭的四季守护。

五角枫自然保护区秋景（科右中旗委宣传部　供图）

四省涉藏州县篇：
康巴儿女新长征

文 冯　克　孟德才

"背子难背路难行，
变牛变马莫变人。
二世变个富家女，
太阳不晒雨不淋……"

　　100多年前的一天，川西高原，烈日高悬，一位身形健硕的少年背起装满干粮的行囊，挑起担茶的艄公扁担，还没等母亲叮咛完，便在同伴的催促下踏上了漫长崎岖的茶马古道。望着儿子渐渐远去的身影，两鬓微白的母亲将满心的牵挂化成了这首忧伤的歌谣。

　　走向远方的少年一夜长大——无论是挑着200多斤重的茶包每天走四五十里山路的艰辛，还是几个月回不了家见不到亲人的思念，抑或是背茶途中一个不小心就可能酿成诀别的危险，都没有令他们退缩。只要心中过上好日子的那团火没有熄灭，他们向前跋涉的脚步就永不停歇。

"红军走了，
寨子空了，
寨子空了心不焦，
心焦的是红军走了。"

　　1936年一个明媚的清晨，五世格达活佛望着红军开拔后空荡荡的庭院，不禁情涌心头，慨然提笔，写下了这首思念红军的诗歌。这不仅是格达活佛的个人心曲，更是康巴儿女的真情写照。

80多年过去了，这首诗歌穿过时间的帷幕，久久传诵于康巴大地。人们感念的是中国共产党人、红军战士为劳苦大众谋解放、谋幸福的一片赤诚。这赤诚如一汪看不见的泉水，流动在万千康巴儿女心间，滋养了他们奔向美好生活的劲头。

> "这就是我的世界——
> 雪山、草原、冰川、寺庙、白塔、我的朋友们，
> 还有唱不完的情歌。
> 外面的世界很大，但我还是最爱我的家乡……"

2020年，一位皮肤黝黑、外形俊朗的理塘少年意外地成为新晋顶流。不久，名为《丁真的世界》的纪录片在网络上走红。视频中，身穿黑色藏族短袄和牛仔裤的丁真，用不太流利的普通话热情地介绍着自己的家乡。

镜头跟随丁真走过辽阔的草原、清澈的湖泊、肃穆的寺庙、热闹的村庄，一个瑰丽多姿、神奇曼妙的世界在屏幕前徐徐展开，吸引了万千网友义无反顾地奔向理塘，奔向甘孜，奔向那孕育着野性纯真的诗与远方。

当我们行走在康巴地区的腹心之地四川省甘孜州，眼前总是浮现出3组意象——茶马古道的创富基因、长征路上的红色信仰、康巴文化的动人魅力，就像3条奔腾不息的河流，在这片古老而现代的土地上交融、激荡，合力托举起新时代藏家儿女摆脱贫困的美好梦想。

■ 古道回响

当凝视彩色的中国地形图时，你会发现，从西南部的四川和云南一路往西，地图的颜色渐次变深——这意味着，海拔高度在不断攀升，从四川、云南到西藏，一级级抬升的山峰，宛如通向天空的阶梯，最终直抵世

界屋脊。

这片区域正处于我国地势第一级、第二级阶梯连接处。这里峰峦密集，山势险峻，平均海拔在4 000米以上，岭谷高差达2 000米。一座座南北走向的山峦如一道道屏障，无情地斩断了人们的小康梦想。

没有比人更高的山，没有比脚更长的路。在西陲边地、大山深处，一条人踩马踏的崎岖古道，成为汉藏经济交互、文化交融的大动脉。千百年来，不知有多少背夫往返于此，硬生生走出了这条路，这条路也富裕了路上的人。

我们甘孜之行的第一站是泸定县——川藏茶马古道进入甘孜州的首站。

从泸定县城往东南方向驰行30多公里，翻上一座海拔2 300米的高山，就到了化林坪村。一进村，一种古朴和静谧的感觉扑面而来。鹤发童颜的老人安静地坐在门口打量着路过的行人，年轻的姑娘躲在一角拧着刚刚洗好的秀发。

要不是此前查过资料，很难想象，这个偏僻的小山村在百年前，曾是川边第一重镇。曾几何时，这里商号遍布、作坊林立，极尽繁华之象。

马帮、背夫、跋涉古道的人，是川藏茶马古道的主角。他们是用"特殊材料"制成的硬汉，被人们称为"高原之舟"。

70岁的村文书周振良向我们讲起古道背夫的往事。新中国成立前，背茶几乎是川西贫困农民唯一的谋生手段。通常一个背夫背上的茶包少则百余斤，多则两三百斤。他们从雅安到康定，背一趟茶需要半个多月，每天行走20多里，如此辛苦的报酬，也不过是两斗玉米面。

几百斤的茶包压在身上，在到达目的地之前，是绝不能放下的。因为一旦放下，就很难重新背起。背夫们想到一个办法，要休息的时候，用"T"字形的铁拐撑在背架底部，便能将茶包子的重量部分转移到拐杖上，从而得以歇脚喘气。

饶是如此，古道背夫的辛劳，也绝非寻常。这在化林坪村东侧的茶马古道遗址上可见一二。这是一段由不规则石块铺就的青石板路。由于长期无人踏至，石缝间已被杂草覆盖。石板路上可见一些大小不一、深深浅浅的"拐子窝"，它形成于一代又一代背夫一次又一次偶然、重复的挂拐过程中，是茶马古道上独有的印记。

灰蒙蒙的天空，突然下起微微细雨，一阵清风拂过，我们仿佛又看到了曾经往来穿梭的背茶人身影，仿佛又听见了铁拐敲击在石板上的清脆回响。如今随着现代交通在川藏地区的普及，古道背夫早已退出历史舞台，然而，他们为了过上好日子，负重前行的拼搏精神却如一盏明灯，唤醒了那些吃苦耐劳、敢为人先的战贫斗士。

52岁的陆明东，是化林坪村最早种植花椒树富起来的人之一。14岁就外出打工的他，吃过太多没文化、没技术的苦，一年到头风里来雨里去，攒不下几个钱。

2008年，厌倦漂泊的陆明东回到家乡，在政府的动员下，试种了1亩花椒树，很快尝到了甜头，并扩大到14亩。精准脱贫政策实施后，村里的交通、网络等基础设施不断改善，花椒价格稳步提升，销路也不断拓宽。陆明东终于找到了自己的"聚宝盆"：1亩花椒产值约1万元，纯利润8 000元左右。

花椒种植的春风很快在化林坪村吹拂开来。全村现今花椒种植已有5 000余亩，产量超过100万斤。每到花椒丰收季，来自凉山等地的农民结伴到这里采摘花椒，1天能赚150 ～ 200元，20多天就是三四千元。

这些年，慕名来化林坪村游古道、买花椒的人越来越多，村民马安有敏锐地察觉到，唤醒茶马古道的时刻已经到来。他准备把自家的老房子重新装修一下，开一家茶马古道主题客栈。马安有的老房子是明清时期的千户衙署，从道光年间起，马安有的祖上就在此居住。衙署里至今保存着几块清代牌匾，其中一块题写着"时雨苏民"的字样。

看到这块笔力遒劲、历经沧桑的牌匾，我们不禁感叹，使化林坪村村民生产、生活面貌焕然一新的精准脱贫政策，不正是一场润物无声、苏养万民的及时雨么？

如果到了泸定不过一趟泸定桥，应该不能算来过泸定。这是一座悬挂在大渡河上300多年的铁索桥，13条铁索在阳光的照射下，呈现出冷硬的青铜质地，即使现在铺设了桥板，在江风疾吹和大江咆哮中它依然摇摆不止，走在上面还是不免腿颤心摇。

就是在这里，诞生了世界军事史上一个耀眼的奇迹。

那是一个大雨滂沱的夜晚。22名红军战士组成夺桥突击队，腰缠手榴弹，背扎大刀，手提短枪，冒死攀上横空摆荡的铁索，迎着敌人的炮火匍匐爬行，终于在危急关头攻下泸定桥，打通了北上抗日的大通道，粉碎了蒋介石妄图使红军成为第二个石达开的迷梦。红军战士夺取的不只是一座桥，而是通往新中国的康庄大道。

站在泸定桥头，望着奔腾的江水，遥想红军夺桥一幕，兴隆镇和平村党支部书记刘显虎掩不住内心的激动：要夺取脱贫攻坚新长征路上的"泸定桥"，也必须有红军当年不畏艰险、敢于搏杀的精神。

自从2005年被推选为村党支部书记，刘显虎带领全体村民铆足了劲儿往前闯，终于摸索出一条"规模化蔬菜种植＋乡旅融合"的路子，使得和平村从远近闻名的贫困村变成了泸定县首批"万元村"。

夜幕下的泸定桥（冯克　摄）

泸定，是红军进入甘孜州的首站，也是全州率先实现脱贫摘帽的区县，在新长征路上创造了泸定速度。这两年，泸定又依托大渡河谷打造"红城绿谷、康养泸定"，更多的人到此旅游、度假、定居。古道遗韵、红色文化正在新征程上焕发新的生命力。

■ 俄村访变

8月的川西高原，朵朵白云缀在蓝色天幕，远处山巅经年不化的积雪闪着金色的光芒，电力塔直插云霄，柏油路像哈达一样飘向远方。

离开泸定，我们沿着318国道一路西行，不多时，便来到川藏线上第一个需要翻越的高山垭口——折多。为我们开车的师傅王磊是中国农业银行甘孜分行的专职司机。他爷爷是山东人，于1954年随部队来到甘孜并定居下来。王磊这些年几乎每个星期都要随农行扶贫工作队进村入户，甘孜州所有县市不知跑了多少遍，成了我们这一路了解甘孜地理文化的活地图。

王师傅告诉我们，折多山既是大渡河、雅砻江流域的分水岭，也是汉藏文化的分界线，翻过了折多山，就正式进入了康巴。在传统的藏族历史地理概念中，按照方言语系，习惯将我国整个藏族居住的区域划分为三大部分，即卫藏、安多和康巴。"康巴"作为地域概念，其范围大致包括四川甘孜、阿坝、西藏昌都以及云南迪庆等地。与卫藏的宗教、安多的骏马相比，康巴最有特色、最负盛名的是康巴人。康巴的汉子威武雄壮、恩怨分明，康巴的女子妩媚多姿、美丽动人，也因此被称为"人域康巴"。

翻过折多山，无垠的草原上突然间涌出一幢幢红顶白墙的房屋，在山谷开阔处整齐地排列着。房屋周边，成群的牦牛自顾自地低头吃草，不远的公路上不时传来小汽车发动机的隆隆声和牧民放牧的吆喝声。

这个生机盎然的高原村落就是康定市呷巴乡俄达门巴村。来之前，就听康定市扶贫办的工作人员提起过这个村。他们说，"俄达门巴"在藏语中的含义是"迁徙来的部落"。这里生态环境脆弱，大多数村民散居在偏远的山沟牧场，祖祖辈辈以放牧为生，收入来源极为单一。2015年，全村172户828人，有贫困人口40户178人，建档立卡贫困户年人均收入仅1 900元。

然而，眼前整齐的屋舍、宽敞的马路以及路边赫然树立的"四川百强名村""四川省四好村"公示牌，不禁让我们产生疑问，这是同一个村庄吗？

变化是从5年前秋天开始的。

2015年9月，四川省统战部干部井钟受上级指派来到俄达门巴村担任驻村第一书记。井钟至今仍记得，他第一次走进俄达门巴村时看到的情景，"很吃惊、很忧心。这里守着绝美的自然风光，村民们却过着如此艰难的生活。"

井钟到任后第二天，就和村干部一起走家串户，对村情民情全面摸排。井钟发现，村庄靠近国道318线却没有通道经济，坐拥贡嘎雪山和雅拉雪山却没有旅游产业，这可能是俄达门巴村摘掉贫困帽子的最佳出路。

搞旅游，井钟并不专业，但他有着强大的后盾——四川省委统战部组织专家到村考察，帮着井钟制定发展规划，协调引进社会资本……充分调动全党全社会的力量，齐心合力办大事，这一中国减贫事业的亮点点亮了俄达门巴蝶变之路。

很快，一家名为"木雅泽朵"的旅游投资开发公司带着资金来了。他们投入1.8亿元，将俄达门巴村打造成一个AAAA级景区——"木雅圣地"。49套村民房屋被景区租赁下来，精心包装成独具高原特色的旅游客房，闲置资产成了生财利器。村集体以集体资产入股，收益与景区按比例分成。

有了社会资本舞动"龙头"，村里传统牦牛养殖产业也焕发了新生。

25岁的根翁是村里牦牛养殖大户，养了100多头牦牛。然而，她此前从来不曾想到，祖祖辈辈用来制作酥油的牦牛奶，还能做成可口的冰激凌。

这种芒果味的牦牛奶冰激凌出自蓝逸高原食品有限公司情歌牧场工厂。蓝逸公司在康定设立了多个收奶站，方便农牧民集中送奶。这些奶被制成牦牛乳酸奶、冰激凌、奶茶等产品，走向了全国。

每逢送奶日，根翁这些牧民清晨4点左右就要起床挤奶，以确保8点前将最新鲜的奶源送到奶站。村党支部书记降秋杜吉告诉我们，蓝逸公司2018年起开始向牧民收奶，当年全村就增收46万元，户均5 200元。

村民口袋富了，送奶方式也悄然变化。"2015年以前，大伙儿都是骑马送奶。慢慢地，一些人买了摩托车，开始骑摩托送奶。去年起，家家户户都有了小轿车，现在都是开车去送奶。"说到这儿，根翁笑了。

俄达门巴村村委会办公室悬挂着一张两米多宽的"脱贫攻坚作战示意图"。一条条红线、一个个箭头、一张张图片，生动勾勒出2015年以来俄达门巴村决战决胜脱贫攻坚的各项部署，科学精准，到人到户，令人叹为观止。

俄达门巴村的脱贫攻坚作战示意图（冯克　摄）

面对这张图，很自然联想到来时路上，在甘孜州博物馆看到的红军在甘孜地区的行军作战图。密密麻麻的地名中，几条醒目的红军行进路线气势如虹地突破了敌人的包围圈，不同颜色路线交锋处的硕大叉号，无声地提示着当年战斗的激烈。

两张作战图交相辉映，二者年代不同，主体不同，但为人民谋幸福的初心，与困难顽强作战的历程，又何其相似！

路经康定市城南，一座历史悠久的公主桥映入眼帘。这是为了纪念文成公主而修建的。相传，文成公主进藏途中，把来自大唐的先进技术和生活理念传给了当地居民，带动了沿途地区的发展。

"天下没有远方，人间都是故乡。"正如布达拉宫大型实景歌舞剧《文成公主》所唱的那样，这些可爱可亲的扶贫干部，从某种意义上讲，不就是新时代的"文成公主"吗？他们，值得我们献上崇高的敬意！

■ 崩空之美

穿行康巴大地，随处可以听到关于格萨尔王的传说。他戎马一生，南征北战，除暴安良，统一了大大小小150多个部落，成为藏族儿女引以为傲的旷世英雄。

相传格萨尔王曾在道孚对部下论功行赏。一位道孚籍战将，不要金银珠宝，也不要美人佳丽。他对格萨尔王说："给我一把粮食吧。"格萨尔王点头同意，抓了一把粮食，让粮食从手中徐徐落下，落下的粮食堆成山，就成了麦粒神山。

在道孚县城北，我们见到了它，圆滚滚的山头上松林叠翠，远远望去，浑似一堆青稞或小麦的麦粒。尽管只是传说，却印证出道孚人民对吃饱肚子的原始渴望。

而道孚也恰好是康巴高原农业的发源地。雅砻江最大的支流鲜水河，由北向南贯穿全境。这里河谷平坦、水量充足、气候温和，为道孚儿女进行粮食生产创造了便利条件。早在 5 000 年前的新石器时代，道孚已有农耕文明，《隋书·附国传》中更是有"土宜小麦、青（青稞）"的记载。

吃饱了肚子，才能有生活上的更高追求。与以游牧为主的藏族群众比起来，受农耕文明滋养的道孚人，家园意识更为浓烈，他们极其注重对居住场所的精心建造和装饰，创造了独特的"崩空式"建筑艺术，为道孚赢得了"中国藏民居艺术之都"的美誉。

在藏语里，"崩"是"木头架起来"之意，"空"是"房子"之意。走在道孚街头，随处可见鳞次栉比、整齐漂亮的崩空式建筑。这些建筑外表主要由棕、白两色构成，白色的屋顶和主墙，木结构处多用棕色颜料染涂，其间配以红、蓝图案，在蓝天、白云、青山、绿水的映衬下，幻化成妙不可言的积木图案。

崩空之美，也是人们经受大自然挑战而凝结的智慧结晶。鲜水河流域地震频发，这种房屋抗震性能强，在1973年炉霍7.9级地震和1981年道孚6.9级地震中，崩空式建筑屹立不倒。

时光流转，崩空之美又在助推农旅融合、带动农牧民脱贫致富上发挥出意想不到的作用。

从小在杭州长大的孟芳芳不会想到，有一天她会跋山涉水来到千里之外的道孚开办民宿。4年前，第一次跟道孚籍老公四郎益西返乡时，她就被这里的民居所吸引。穿行在崩空式建筑的木结构楼层之间，总能让她回味起小时候在老房子中跑上跑下的情景。一股亲切温馨的味道跃上心头，让她作出了一个大胆的决定——放弃在北京经营了七八年的珠宝生意，来道孚开一家民宿。

"名称都想好了，就叫拉姆藏家客栈。""拉姆"在藏语中是"仙女"的意思。孟芳芳多年来的梦想就是能够超脱于大城市的喧嚣，到山水田园中当一名诗意栖居的"仙女"。

一开始，四郎益西对妻子的决定并不看好。小时候在老房子居住的艰苦体验，令他记忆犹新。那时的老屋低矮破旧，一层是猪圈羊圈，二层住人。冬天，凛冽的风从木头缝隙中灌入，大家只好围在缸炉旁，喝着刚煮好的酥油茶，借此驱除周遭的寒气。

"这样的房子，能有人愿意住？"四郎益西心里没谱。

然而，孟芳芳始终坚信：越是民族的，越是世界的；越是传统的，越是现代的。传统民居在现代工艺的调制下，也能释放出别样的时代光彩。

孟芳芳请来在清华工美读研的妹夫对道孚民居装修改造，既保留了传统崩空式建筑的风格特色，又巧妙加入了符合现代人生活习惯的设计元素。

一阵微风袭来，吹动了拉姆藏家客栈篱笆墙上五颜六色的花朵。孟芳芳为我们泡了一杯浓香的咖啡，缓缓讲述着她的创业故事。

几年下来，拉姆藏家客栈的名气迅速叫响，成为道孚民宿中的一面旗帜。在旅游旺季，客房常常爆满，年经营收入稳定在12万元左右，不比城市打拼赚得少。在他们的带动下，越来越多的道孚人返回故乡开办民宿，在传统与现代交融中挖掘道孚民居的独特价值。

崩空之美，美在自然，美在智慧，美在富民，愈加动人。

■ 命运"走廊"

1935年的春天，一个名叫桑吉悦希的小喇嘛推开了炉霍县宗达寺的院门，一路小跑，总算追上了从山下路过的红军。他麻利地脱掉了身上的袈裟，换上了一套不太合身、半新不旧的军装，郑重地敬了一个军礼，随即便融入了奔涌向前的红军队伍中。

这个小喇嘛，就是中国共产党最杰出的少数民族领导干部之一，后来当上西藏自治区党委书记、四川省委书记的天宝——这个名字，是毛主席在延安时亲自为他取的。

时光切换到2020年夏天。

雪域阳光透过窗户照在23岁藏族少女曲嘎身上，给她微笑的脸庞打上一层光晕。曲嘎和身边的小伙伴一起认真地描绘唐卡，不时用嘴唇润着画笔，把天然颜料勾勒到眼前的画布上。

谁能想到，这位年轻的唐卡画师，6年前还是炉霍县更知乡知日马村一户贫困家庭中的小女儿。那时，她白天在草原放牧，晚上和家人挤在破旧的帐篷里，贫瘠的生活禁锢了她对精彩人生的想象。

幸运的是，两位扶贫干部的造访，把曲嘎带入了唐卡艺术的瑰丽世界。一只小小的画笔，放飞了曲嘎的人生梦想，更支撑起整个家庭的生活希望。

这是两个改变少年命运的故事，故事的时代不同，但故事的地点却指向了同一片土地。

这就是炉霍——历史上川藏东西大道的要冲地带，西北与西南各民族之间沟通往来的重要孔道，被费孝通先生称为"藏彝走廊"的核心位置。

因其地理位置重要，自古以来，就是兵家必争之地。回溯历史，蒙古大军西征时路过这里，赵尔丰的清军在这里屯过田，红军的伤病员在这里定过居。

在炉霍县城霍尔广场中央有一座高高耸起的雕塑——一个灵动雄伟的汉子，骑着如虎似豹的猛兽正在辽阔的草原飞奔。于雕塑下驻足良久，总有那么一刻，凝固的雕塑蓄势待发，仿佛下一秒就会扑到眼前。

雕塑上的汉子是霍尔人。"霍尔"，是藏族人对蒙古族人的称呼。相传很多炉霍人就是元朝时南征的蒙古族人留下的后裔，这是多民族长期融合的结果。

历史发展规律表明，越是民族融合频繁的地区，越容易碰撞出与时俱进的思想之光，也越容易孕育出绚丽多彩的文化景观。

在炉霍，郎卡杰唐卡是一张最具代表性的文化名片。相传17世纪初叶，炉霍本土唐卡画师郎卡杰，绘画技艺精湛，能在半颗豌豆上刻画释迦牟尼及16尊罗汉围坐图像，人们尊称他为"郎卡杰"，意为"天空的装饰者"。

郎卡杰开创的画风，集众家之长，技艺精细绝妙，成为整个川西地区最具特色的唐卡艺术流派，独领风骚400多年。2008年，文化和旅游部授予炉霍县"中国民间文化艺术之乡——唐卡之乡"称号。

然而，由于经济发展条件落后和宗教传统的制约，炉霍郎卡杰唐卡曾一度陷入后继无人的窘境。

2007年，炉霍郎卡杰唐卡艺术协会通过"协会＋公司＋农户"的发展模式，不仅传承了唐卡艺术，更激活了脱贫动力。

像曲嘎一样在郎卡杰唐卡艺术协会开办的传习基地学习的贫困孩子还有很多。这里成了他们寄托梦想的乐园，不仅可以自由翱翔在唐卡艺术的海洋，每个月还能获得几百元的生活补贴。毕业签约成正式画师后，每年将会有6万～10万元收入。这得益于唐卡在艺术品市场上的不菲价格。

郎卡杰画派第八代传人白马泽仁是传习基地的授课教师之一。他告诉

在炉霍唐卡艺术传习基地绘制唐卡的贫困孩子（孟德才　摄）

我们，通常完成一幅唐卡作品至少需要两年时间，且每天需要作画9个小时。绘制唐卡的颜料多是用金、银、珍珠、珊瑚、矿物石等研磨而成。为保障笔的顺畅和笔尖的细腻，画师会不停地以嘴润笔，不可避免地摄入颜料中的有害物质。绘制唐卡，不仅是一种艺术创作，更是凝结画师心血和生命的艰苦修行。

唐卡蕴含的种种魅力吸引着越来越多人走进它。在协会里忙前忙后的江苏女孩陈金凤就是其中之一。5年前，大学课堂上的一场讲座，让陈金凤对唐卡艺术着了迷。毕业后，她毫不犹豫地报名参加了一个关于唐卡的援藏项目，孤身一人，离开繁华都市，不远千里奔赴康巴，成为协会一名志愿服务者。在这里，她找到了新的奋斗目标——把钟爱的唐卡艺术更好地传承下去，并推广给更多的人。

炉霍这条大走廊，也改变了这位江苏女孩的命运。

■ 金色麦浪

8月过半，高原的青稞就要熟了。

成片成带的青稞田宛如金色海洋，风吹麦浪翻滚，一层一层绵延到雪山脚下。

甘孜县——甘孜州最大的青稞生产基地和制种基地，全州青稞总产量的七成在这里收获，当之无愧的"康北粮仓"。

80多年前，厚植于这片沃土上的青稞深深滋养了长征中的红军……

1936年3月初，早春的寒风卷着大片雪花在高原上飘洒漫飞。长途跋涉的红军抵达甘孜县时，发现这里城镇、村寨空空如也。

在红军到来前，国民党反动派对红军大肆造谣污蔑，严令群众不准卖粮给红军，不准给红军带路，妄图置红军于绝境。一些不明真相的土司、头人、百姓，藏粮的藏粮，逃走的逃走。

然而，甘孜的百姓见到红军军纪严明、友善可亲，绝非国民党口中的残暴之徒，于是纷纷返回家园，拿出仅有的青稞、仅剩的羊毛，像支援亲人一样支援红军。

甘孜人民支援红军的热情有多高？在朱德总司令和五世格达活佛纪念馆，我们看到一组数据：在一年多的时间里，甘孜地区为红军提供粮食

1 200万斤，平均每人给红军提供了100多斤粮食。邓小平曾这样评价："甘孜藏区人民对保存红军尽了最大的责任。"

80多年过去了，这片土地上的青稞一如往常般灿烂茂盛，这片土地上的人民也一如既往的勤劳热忱。

我们到达甘孜县时，正赶上一年一度的珠牡迎秋节。8月15日一早，东方刚刚泛白，45岁的呷拉乡呷拉村青稞种植大户次乃就骑着摩托车赶往县城东南的格萨尔王城参加节日庆典。

格萨尔王城是甘孜县一座新兴的地标性建筑。2017年，甘孜县整合国家扶贫资金，投资6.3亿元修建了这座集吃、住、行、游、购、娱为一体的文化产业园区。它不仅是一座传承历史的文旅之城，更是一座助力甘孜县脱贫攻坚的产业之城。

独具匠心的王城设计者，将格萨尔王时代30员大将的藏寨打造成全县128个贫困村的"飞地"集体经济实体。仅每年的租金收入，就能让每个村集体经济增收8万～10万元。

2019年9月16日，格萨尔王城正式开城。自此之后，就被定为珠牡迎秋节庆典活动的固定场所。节日这天，全县各级部门工作人员及各乡（镇）农牧民代表汇聚于此，用最美丽的花朵、最热烈的歌舞，庆祝近在眼前的丰收。

次乃被现场欢声笑语的气氛感染着，想到今年家中的收成，心里也是美滋滋的。家里的82亩青稞，长势良好，还有半个月就收割了。按照往年行情估算，收益能有4万～5万元。

精准脱贫政策实施后，甘孜县加大了对青稞产业的支持力度。一方面，引进上海贝玛食品有限公司，投资1.5亿元，建造了一座集科技培育、产品加工、休闲观光、创新研发为一体的现代青稞文化产业园，极大地提升了青稞的附加值。另一方面，建立了"园区＋合作社＋农户"的青稞原料直采机制，将青稞收购价从过去的每公斤3元调整为4.5元，给足种植户利润空间。

眼看着种植青稞的效益提高了，销路也不愁了，许多像次乃一样曾经在外地淘金、打工的人又回到了家乡。次乃告诉我们，如今他们村2 000余亩耕地，80%都种上了青稞。

金黄的青稞既见证了甘孜的红色历史，又支撑起藏家儿女的小康梦想。

希望羽翼

> 洁白的仙鹤，
> 请把双翅借给我，
> 不飞遥远的地方，
> 到理塘转一转就飞回。

你可能没来过康巴，但一定听过仓央嘉措。他不仅是六世达赖喇嘛，还是一位著名的诗人。1706年，仓央嘉措在被押解上京的途中圆寂，人们在他的行囊中发现了上面这首绝笔诗。

尽管仓央嘉措终其一生也没有到过理塘，但理塘却不可避免地沾上了仓央嘉措的心念和灵气。

从泸定一路行来，驶入理塘境内，视野变得开阔起来。理塘的地貌与大多数G318国道沿线的县城不同，它不是挤在逼仄的山沟里，而是略显铺张地摊在平缓宽阔的高原之上。理塘平均海拔超过4 000米，在康巴儿女心中，这里是最接近天空的地方。

理塘是甘孜州一个纯牧业县，我们想到其中一个典型的牧业村去看一看。汽车从县城出来后，一直在广阔的草原中打转，迟迟不见村庄的影子。

就在我们纳闷为什么不进村的时候，汽车在草原深处的一条小路边停了下来。不远处是一栋栋白色的帐篷和一群群黑色的牦牛，在蓝天白云下形成一幅流动的画卷。

原来，每年5—10月是理塘牧民的放牧季。我们到访时，他们多已搬出了村里的定居点，以家庭为单位，驱赶着牦牛，逐水草而居。10月过后，高原的草渐渐枯萎，牧民才又搬回村里的定居点，把提前备好的干草拿出来供牦牛过冬食用。一年四季，周而复始。

63岁的老支书卡日呷玛是一把放牧的好手。几十年来，从没有丢过一个牲口。现在他年纪大了，日常的放牧工作逐渐交给两个儿子来承担。他每天会到临时牧场的放牧巡查站走一走，以往主要是防止其他村的牧民侵占本村牧场。这两年，有了一项新任务——与来此的客商接洽收购牦牛事宜。

放牧巡查站就设在临近夏季牧场的马路边，对面是一个篮球场大小、四面用木桩围起来的牦牛圈舍。

到了收购牦牛这天，成群的牦牛如移动的小山一般被牧民驱赶着涌进巡查站前的圈舍。紧接着，再被牵引机引导着装进运输车，一时间牦牛的"哞哞"声和牧民的吆喝声相互交杂，好不热闹。

要知道，这种场面在以前几乎不能想象。

在卡日呷玛的记忆中，七八年前，村民几乎没有人卖牛，也从不杀牛。牦牛养大了，多数都放归自然。

不杀生，不买卖，这是藏族群众历代因袭的传统观念。随着康巴地区商品经济发展，对外开放程度加大，农牧民的思维方式和思想观念也随之变化。托仁村的放牧巡查站成了远近有名的"牦牛交易所"，就是一个例证。

康巴农牧民思维观念更显著的变化体现在对教育的重视上。

尼玛降村是托仁村20岁出头的藏族小伙。5个兄弟姐妹中，他排行老二。小时候，村民教育观念淡薄，孩子大了，要么送往寺庙，要么留在家里充当劳力。他和哥哥都错过了接受义务教育的机会。

"没上过学，不会说普通话，去外面打工都没人要……"同行的向导翻译着尼玛降村的话，让我们看到他心头的遗憾。

好在如今，尼玛降村的3个弟弟妹妹，都有学上。精准脱贫政策实施后，理塘积极开展"控辍保学"行动，严格督促适龄儿童按时接受义务教育。从小学到高中毕业，全部免费，包吃包住，每个月还能领100多元的生活补助。

一位扶贫干部告诉我们，现在藏族群众越来越认识到"最好的虫草在教室里、在书本上"，不等他们动员，藏族群众就主动把孩子送到学校，接受更好的教育。

时间拨回到1936年6月3日，肖克、王震率红六军团与红四方面军三十二军在理塘县甲洼镇向阳寺成功会师。向阳寺内外挤进了很多围观的僧侣群众。他们探着头好奇地打量着这支头戴五星军帽的队伍。

"为劳苦大众谋解放""革命理想高于天"……从这支队伍身上传播开来的思想理念，深深感染了理塘人民。不少年轻人受到激励，跟着红军踏上了救国救民的长征路。

而在今日，对知识的渴求、对教育的重视，成为照亮理塘人民在脱贫攻坚新长征路上不断前行的理念之光，拓宽了农牧民的眼界，斩断了贫困的代际传递，更为每个孩子、每个家庭插上了让梦想高飞的翅膀。

▌ "两山"蓄能

这是一片苏醒在希望中的土地，江河雪峰，草海花树，无不固守着大自然赋予的原真之美；这是一片浸润在传奇里的土地，梵音缭绕，歌舞飘扬，无不倾诉着沧桑岁月和风雪人生中的厚重幸福。

这就是稻城，那个被誉为"地球上最后一方净土""香格里拉之魂"的地方。高原与峡谷、河流与湖泊交汇，孕育出无数旷世美景。

曾几何时，稻城一直深藏于高山大川之中，"养在深闺人未识"。直到20世纪二三十年代，美国植物学家、探险家约瑟夫·洛克两次到访此处，在美国《国家地理》杂志上发表了一系列图文并茂的游记，惊叹"这里是世界上最美的地方"，稻城的秀美才为世人所知。1933年，英国作家詹姆斯·希尔顿写出了不朽名著《消失的地平线》，书中的"香格里拉"，就是以稻城亚丁为原型描写的。

不过，在那个动荡的年代，洛克的赞美、希尔顿的描摹，并未给地理偏远、经济落后的稻城带来任何改变。新中国成立后，稻城经济社会发展步入正轨，公共交通等基础设施也逐渐完善，越来越多的旅游、摄影爱好者涌向稻城。2016年，在稻城周边取景拍摄的电影《从你的全世界路过》全国公映，更是助推稻城成为新晋网红打卡地，拉动了当地的旅游热潮。

每年6—10月，是稻城的旅游旺季。由于亚丁景区附近的酒店常常人满为患，许多慕名而来的游客在景区游玩之后，只好顺着公路沿线寻找旅居之所。

稻城县赤土乡甲拉村村主任中拥是村子里最早开办民宿的人之一。2016年夏天，中拥把自家老房子进行了加宽改造，开起了一家名为"世外桃源"的藏式民宿，起初只有3间房。2019年，他从稻城农行贷款30万元，扩建至9个房间500多平方米，每个房间住一晚200元。

两年前的一天，中拥去亚丁景区附近办事，碰到一位搭便车的河南籍游客。中拥把他拉回家，请他喝了杯酥油茶。这位游客见这里的环境不错，居住条件也好，便留了中拥的联系方式。第二年，他再游稻城，带来20多个同伴，全都住进了"世外桃源"，他们和中拥成了很好的朋友。

　　热情好客的中拥，还有很多这样的游客朋友。经常和内地来的客人交往，52岁的中拥现在能说一口流利的普通话，穿搭也更显时尚：常常身披一件深青色的藏式皮夹克，头戴一顶浅棕色牛仔帽，脸上挂着属于康巴汉子独有的笑容。

　　随着游客越来越多，为了满足他们日常采摘和饮食需要，中拥在后院建起一座蔬菜大棚，里面种了白菜、大葱、冬瓜等新鲜蔬菜。"以前冬天都是去十几公里外的县城买菜，特别不方便，现在家门口就能吃上新鲜的蔬菜了。""游客住宿，不需另交餐饮费，他们可以到蔬菜大棚自行采摘，想

稻城县赤土乡甲拉村"世外桃源"藏式民宿主人中拥站在自家的青稞田中（孟德才　摄）

吃什么做什么。"

这个蔬菜大棚是农行援建的，村里共有37户，每家每户都有这样一个蔬菜大棚。全村放贷20万元，每户自己再投入3 000元。中拥告诉我们，说起脱贫的好政策，村里人都要拱手拜一拜。说着，他比画了一个拱手致敬的手势。

"往年到这个时候，差不多能赚4万元。今年，受新冠肺炎疫情影响，民宿生意不太好，到现在只赚了1万多元。"

"那会不会影响今年收入？"

中拥连连摇头道："不会，不会的。"原来今年雨水多，松茸长势好，行情也不错。"我老婆和儿媳，一人一天能捡五六十斤，能卖五六百元。一年下来，光捡松茸就能卖上2万多元。"

后续深入的访谈，我们才知道，这里的村民，通常从5月到6月中旬开始挖虫草，一斤可卖3万多元。挖虫草刚结束，松茸又成熟了，又可以继续采到8月下旬。8月过后，村民集中精力搞民宿经营。11月进入旅游淡季，有的村民还会到附近县城打工。

一年下来，村民可以从不同渠道获得收入来源，有时某一渠道受阻，其他渠道则会迅速补充上来，东边不亮西边亮。

稻城是全国"两山"理论实践创新基地，当地百姓能够从挖虫草、采松茸、开民宿等多种途径获得稳定收益，归根结底，得益于对"两山"理论的创造性转化。

返程路上，我们在绿树成荫的山坡上看到一行标语："没有青杠林，哪来菌子山"，这朴素的话语正是稻城人民对生态文明认识的生动表达。

稻城山水是养人的。80多年前，进入甘孜的红军在这里进行了修整，进而踏上了北上抗日的新征程。如今，稻城人民坚持绿色发展，找到了一条可持续的脱贫路径，为乡村全面振兴积蓄了新的动能。

从世界海拔最高的民用机场——稻城亚丁机场乘机飞离甘孜的时候，穿过云层，座座山峰清晰可见，连接座座山峰的高原天路也依稀可辨。如同奔向美好生活的路途不会一帆风顺，总有这样那样的险山等待着人们去攀登，可只要心中有路，眼里有光，就能克服征途上这样那样的困难，最终越过山巅，奔赴星辰大海。

大别山区篇：
再跃大别山

文 白锋哲　巩淑云

传说，大别山原叫"大鳌山"，是孙悟空大闹天宫时，把灵霄宝殿的神鳌打下天宫形成的山脉。庞然大物，岿然不动，头顶黄河，尾抵长江，淮河在它身上编织着细密的纹理。

苍苍大山，滚滚流水，山水如画。

七仙女下凡，眷恋着爱人与人间奇景，便永久与天庭作别。从此，"大鳌山"更作"大别山"。

传说奇幻而美丽，但大别山的历史却是激荡的，底色是苍凉的。

崇山峻岭巍峨连绵，浅山低岗草木葱茏，河网密集自成屏障，大别山自古就是兵家必争之地。吴王、楚王曾在这片大地燃起硝烟，炼尽铁剑锋芒。"八月桂花遍地开"从黄麻起义唱遍光辉灿烂新世界，到刘邓大军千里跃进。

然而，革命战争在这片大地上留下了无限光荣与壮烈的一笔，但昔日的荣光却没能完全改变战争留下的创伤和老区山穷水困的现实。

虽雄踞鄂、豫、皖（湖北、河南、安徽），贯穿南北，承东启西，处在中原经济带、皖江城市带和武汉城市圈的交汇带，是粮食主产区，但2011年之前，大别山区扶贫标准以下的农村人口尚有236.8万，占全国扶贫对象总数的8.8%，是人口密度最大的集中连片特困区。

河流交织，水患不断。

"我家住在淮呀河旁，

哎呀嗨呦，

淮河旁……"

这是被称为"天下独一戏"的安徽阜南嗨子戏中的唱词。多用"嗨"字起腔，唱词中多见"哎""呦"等感叹词的戏曲，一唱三叹、唱叹回环，哀叹着新中国成立前淮河边上百姓在洪水中的呼号和悲恸，也哀叹着几经流散、几经重生的沧海桑田。

山野林莽，穷困闭塞。

满眼是岭，石头绊脚，茅草割颈，大别山绵延6.7万平方公里，翻过一座山，又是一座山，古人曾慨叹"山之南山花烂漫，山之北白雪皑皑，此山大别于他山也！"大别山人则说"出门便爬坡，吃粮靠肩驮，农闲背被儿，男儿难娶婆"。

回望大别山，"一寸山河一寸血，一抔热土一抔魂"。鄂、豫、皖边区第一个党小组成立后，红旗就从未在大别山区倒下，先后有200余万大别山人民参军参战，100余万英雄儿女壮烈牺牲。行走大别山，村村有烈士，户户有红军，山山埋忠骨，岭岭皆丰碑。

逢山开山，遇水治水……几十年来，战胜贫穷，成为英雄的大别山人新的方向。

■ 保卫·家

1915年5月，小麦未脱粒，突降大雨，损失惨重。

1918年8月3日至10月底，大水，湖洼地秋禾受淹。

1921年夏、秋，大雨成灾，河水猛涨，庄稼淹尽，房舍倒塌，人畜伤亡惨重。

1940年6—7月，大雨成灾，湾区秋禾无收。

1945年6—7月，洪水漫堤。

1950年6月下旬，大水，洪集圩堤淹没，淮堤决口。

……

翻开安徽省阜南县的县志，洪水，就像一只在阜南历史中狰狞肆虐的猛兽。

农民说，淹了淮河湾，塌了半拉天。

农民说，乡里老头不怕鬼，就怕七月十五一场水。

农民还说，8月蛤蟆叫，小麦种两道，不是打嗑巴，就是拉泥条。

"一定要把淮河修好！"1951年，毛主席发出号召。

位于阜南的王家坝水利枢纽工程应声而起。

对阜南人来说，这座"千里淮河第一闸"的修建，意味着它背后那片183平方公里的大地成了蒙洼蓄洪区，也就意味着大水来时，他们将作出更大牺牲。

上保中原粮仓，下保鱼米之乡，为减少更大范围的受损，蒙洼蓄洪区甘当起"临时肾脏"的功能。

为什么要蓄洪？千里淮河出桐柏，行至皖、豫两省三县的交界处，100多条支流汇入，360公里的河道落差170多米。然而下游的640公里狭窄弯曲，落差仅为22米。

上游一泻千里，下游水位顶托，一旦水满必须开闸，而王家坝闸背后的蒙洼蓄洪区，就成了承装这些水的"口袋"。

紧急！2020年7月19日晚7时，王家坝水位距离保证水位仅0.21米。蓄洪区内4个镇2 000多位村民在7个多小时内，开始了生死转移。

电影《王家坝》真实反映了2003年蓄洪时惊心动魄的场景：15.2万人必须紧急撤离到安全地带，生活用品、农资化肥等全部装上架子车、农用车、拖拉机，人们赶着牛羊，逃难般互相拉扯着往前走。

千钧一发的避洪转移一结束，昔日的家园就留在了村民汩汩的眼泪里，淹没在滔滔洪水中。

"7个小时，每一秒都是衔接的。"党委副书记刘晓妮所在的郜台乡是此次蓄洪中需转移人数最多的乡镇，共1 162人。

"再怎么紧急，农户没想到的你得替他想到了，他没提的你要主动提出来。你主动找他1次，抵得上他来找你10次。"

进入主汛期后，乡里就开始组织干部群众在淮河大堤上巡堤查险，刘晓妮在风吹日晒中已经成了"黑炭"。鸡、鸭、牛、羊得赶到堤坝上，要给小牛搭帐篷，草料也得弄上来，还要给农户搭建临时工厂，因为"柳编之乡"的柳编不能停……

7小时生死时速，7小时生命转移。

7月20日上午8时32分，王家坝13孔闸门顺次打开，历时约76小时30分钟后，相当于26个杭州西湖的水流进蓄洪区，4个乡（镇）一片泽国，蓄洪区光荣完成了第十六次蓄洪任务。

滔滔洪水流进蓄洪区，大家说，英雄的安徽，谢谢你扛下了所有。

革命时期，大别山人"最后一把米，拿去当军粮，最后一块布，拿去做军装，最后一个儿，送去上战场。"和平年代，大别山人依旧舍小家为大家，舍局部顾全局。

在大别山区，像这样的蓄洪滞洪区，就有10个。

蓄洪苦吗？苦！但是阜南人依然说："天下走遍，不如淮河两岸"。洪水蓄了泄，泄了蓄，蓄洪区的人们还是执着地守着家园。

不过，经过这么多年与洪水的抗争，蓄洪区老百姓不再那么苦了。庄台和保庄圩，是蓄洪区人民与洪水作斗争而激发出来的智慧结晶。庄台像一个倒扣的盆，人们平时就在盆底生活，蓄水以后庄台就成了一座"希望之岛"。保庄圩则是将这只盆正放，水被阻挡在盆外，在盆里的人宛若乘着一艘"诺亚方舟"。

经过这些年的加固和重建，相比2003年的大转移，4个乡（镇）的十几万人，早已长期安然地生活在一座座"岛"里，一艘艘"船"中。

汪洋泽国褪去，柳编的杞柳条上还留着洪水淹没过半留下的水印。洪水走了，人们抚平创伤，生活还要继续。

在郜台乡刘店村的前台，庄台上典型的锯齿状房屋干净整洁地排列，村民们跟刘乡长嘻嘻哈哈地打着招呼。若不是看到洪水在庄台壁上留下的印迹，很难想象这里曾遭洪水侵袭。

前台南邻淮河故道，刘邓大军曾两次从此渡河，农户们曾卸下门板为军队做浮桥，这是座地地道道的红色庄台。

庄台壁上的洪水痕迹，文化墙上的红色历史，风云流转，沧桑变幻。

坐上刘晓妮的车离开前台，这绝对是我们坐过的最粉嫩的车——从坐垫、脚垫到装饰，目之所及，全是粉色图案和毛茸茸的玩具。

谁能想到，这台粉嫩可爱的车，有时会拉满乡亲们养的鸡，被她给"代购"到城里去。

谁又能想到，以前"郜台郜台，干部不来"，由于太偏远，为了送个材料，刘晓妮经常搭拉沙的车、拉牛的车，急得直哭。

风风火火的刘晓妮是瘦高个，前脚还在严肃地处理各种问题，钻进车里后，又跟着音乐唱了起来。在她的歌声里，田野边柳树荡漾，连空气都被照出有轮廓感的云隙光。水过风平后，想起她说的那句话——不论经历多大困难，一切都会过去，白鹭依然飞起……

安徽阜南，洪水在庄台文化墙上留下了印记

2020年是不太平的，对大别山尤其如此。抗洪之前，大别山才刚从抗"疫"中走出来。

20世纪20年代，黄麻起义第一枪打响，在铜锣声中，红安人民抛头颅洒热血。2020年，突如其来的新冠肺炎疫情暴发，铜锣声再次在红安大地响起。

"小小黄安，人人好汉。铜锣一响，四十八万。男将打仗，女将送饭。"这首《黄安谣》里的黄安，就是现在的湖北省红安县。红安县七里坪镇，是黄麻起义的策源地，鄂豫皖革命根据地的摇篮。革命历史题材长篇小说《太阳最红》再现的就是以黄麻起义为起点，红四方面军早期10年"再造一个新世界"时艰苦卓绝的革命奋斗史。

在中国革命的历史洪流中,红安县牺牲了14万英雄儿女,孕育了200多名将军,将星闪耀,是"中国第一将军县"。

红安的红,是烈士鲜血、党旗和军旗赋予她的颜色。

红安县距离武汉不足百公里,火神山、雷神山医院建设时,红安县有数百人奋不顾身星夜驰援。清华大学美术学院教授为投入到火神山建设中的红安县向家五兄弟雕塑,致敬新时代最可爱的人。红安人,在危急时刻用行动再次诠释了什么是"朴诚勇毅,不胜不休"。

因为离武汉近,红安县也是疫情重灾区。在这场战役中,对永佳河镇罗田村55岁的村民吴友元来说,日日夜夜都紧张万分。

老吴刚结婚时特别穷,为了生存,他和爱人总得出去给人家装修,刚出生的儿子就一直关在屋子里。可能因为长时间受光照刺激,老吴的儿子眼睛出了问题,智力发育也不是很正常,后来勉强娶了个媳妇,孙子出生后也三天两头生病。

"我一家3个残疾人,东倒西歪的,莫得办法……"不知道有多少人像老吴一样,用他们的半生煎熬着,咀嚼当年贫穷留下的艰涩。老吴身后的墙上,贴着一片片有浮雕的精美瓷砖,这是干过装修的他用手艺给这个家的用心和体面。

和平年代的英雄主义,就是这些普通人饱尝生活的苦涩后,依然一往无前地继续生活。

2015年,获得养牛补助和自主创业小额贴息贷款后,在全村帮助下,老吴开始了他的养牛事业。

雨后初霁,秋日的山坡上黄绿相间,水泊像是嵌在山里的明珠,雨水在草叶上滚动。远处,水汽缭绕中,老吴的儿子边放牛边看着手机,几十头牛在他身边自在地吃着草。如若暂时忘记他的身体状况,眼前的场景,就是一幅美丽的烟雨牧牛图。

回想起疫情期间的经历,老吴仍对罗田村第一书记陈世权心存感激。在冬季,山上的草枯尽后,要从孝感市的草料场进购草料饲牛。正是疫情防控最严峻的时候,每个湾都封闭式管理,何况黄冈之外的孝感?草料那边运不出,这边进不来,眼看仅剩3天的存货,急得老吴团团转。

哪里才能找到大宗饲料呢?从镇里农业服务中心到村里做第一书记的陈世权,利用长期搞农业的积累,紧急通过各种渠道发布信息。当时他已做好向县防疫指挥部报告的准备。红安找不到，就只能到外县找饲料。万幸，隔壁八里湾镇还有一些饲料。

饲料找到了，怎么才能运回来？彼时罗田村可是"重灾区"，有200多位从外地务工回来的返乡者，其中光从武汉回来的就有154人！两个镇不敢贸然打开关口，也没人敢冒险去拉饲料。一边是防疫要求，另一边是贫困户的生存，哪边都容不得半点闪失！陈世权当即拍板："牛是老吴一家的全部希望，出了什么事，我担着！"

一场不见硝烟的战斗打响了。陈世权就像运筹帷幄的将军，周密部署方案、联系驾驶人员、沟通运输细节、司机全副武装、做好最严格防护……最终，草料被安全及时运回，牛有吃的了，老吴解困了。

谁料一波未平一波又起，老吴的孙子突然抽搐起来！情况紧急，必须立马把孩子送到县城医院用特定药物治疗。然而到县城去，到处是卡口不说，还必须先到当地卫生院初步检查，开出证明，拿到通行证才行。陈世权立马多方面同时联系，从检查到过各个卡口步步紧盯，为孩子赢得了救治时间。

在这场特殊的战役中，老吴所陷入的困境和得到的帮助，仿佛是他浓缩的一生写照，苦涩又充满希望。红安不止一个老吴，不止一个陈书记，

湖北红安，吴友元的儿子在山上放牛

无数身处困顿而可敬可爱的人，在这片土地上生存着、守卫着。

在大别山南麓的红安，从七里坪到八里湾，倒水河贯穿县域南北全境，与举水、巴水、浠水、蕲水，一同勾勒出鄂东大地不屈的地理图景，也一同哺育着这片热土上的千万家园。

正如《太阳最红》中所说："楚王在这片土地上试尽了铁剑的锋芒，吴王在这片土地上燃尽了战火的硝烟，铁剑的锋芒和战火的硝烟合着五条河里的水，煮出了五水之间历代圣灵不屈命运的性格和灵魂。"

▌ 守望·山

老一辈大别山人说："饿死不离大别山。"绿水青山是巍巍大别山给山民的眷顾，守护她，是大别山人对山的回馈。然而，越来越多的年轻人因为大别山的闭塞而不得不走出大山，在外奉献着青春和力气，源源不断。

"轻风牵衣袖，一步一回头。"

在大别山脉与淮河河网一同编织的这片大地上，人们就是这样经历着离合悲欢。

贫穷的表现似乎尽是相似，而不幸的生活各有各的不幸。不幸之中，丧子之痛最为椎心泣血，对老董是，对老陈和他的弟弟亦如是。

"老董一顿能吃6个馒头加6碗面条。"

"老董一天要喝两箱啤酒。"

"贫困户老董现在已经是'董百万'了。"

……

饭量大、酒量大、能量大，越挫越勇，像个不可战胜的老兵。阜南县会龙镇闫庙村老董的鼎鼎大名，早就在各个乡镇成了传奇。

老董是1953年生人，改革开放之初，他在镇上有家占地20亩、有2门吊窑的砖厂，日子红红火火，在村里有座二层小楼，高大气派。然而正准备接着大干一场的时候，1983年的一场洪水冲走了100多万块砖坯，冲来了几十万元巨债。

大别山人不当孬种。为了还债，要强的老董憋着一口气，跑到北京收废品，逐步拉起一个20多人的回收队伍，慢慢把债还清，渐渐东山再起。

然而人生就是这么莫测，战胜了天灾，接踵来了人祸。刚过千禧年，老董儿子在外打工时，因司机送错路，没钱付车费，被人暴打一顿。两三天后找到人时，老实的山里娃脑子已经被吓坏了。

出走时壮怀激烈，归来时穷途皓首。

"我带着儿到处看病，6个存折都花没了。前些年啊，兄弟、爹娘、老伴都死了，儿有精神病，3个孙子、孙女要养，家就像个无底洞。人穷厉害了，5毛钱借不来。想种地，化肥也赊不来。"几十年的创业与奔波，几十年的承受与风霜，都在老董这几句话里了。

一毛钱难倒英雄汉的艰苦岁月，6 000元钱能做什么？对老董来说，这笔扶贫资金就是撬动他辣椒王国的杠杆！

从2亩到4亩，从4亩到8亩……见到老董的时候，他正给近50亩辣椒打农药。

"一桶药55斤，加上电动的机子，一共60多斤。一个大棚147米，从这头到那头需要4桶，一个小时只能打3桶。我一共20个大棚，你说我要几个小时？"老董思维敏捷，眼睛泛着黄褐色，虽被农药熏得有些水汪汪，但依然深邃刚毅。

记者因一时算不过来而语塞，本能地问："您吃了吗？"

"早晨已经吃了一嘟噜子了，这是白天和夜间的。"说着他提起来一大包馒头，这也验证了乡间对老董饭量传说的不虚。放下馒头，老董背起满满一桶药，像个背大炸药包的老兵，又健步走进了大棚。

农活是绝对不能耽误的。来来回回重新灌药的时候，老董身上的单衣在药水和汗水中渍印出一圈圈白纹。在涨红的脸和急促呼吸平复的间隙，老董甩着身上和鞋底沉重的泥巴，断断续续讲述他的故事。

采访时，老董的儿子刚刚去世，但他并没垮掉，而是把身体作为几乎零成本的生产资料，没日没夜地苦干——自己多干，才能省下人力成本，家才不会散，才能再当英雄。

"身体是劳动的本钱，天下之本在国，国之本在家，家之本在身。必须靠苦干实干，靠坚定不移的信心、恒心和毅力。我一边搞农业，一边学习，一边搞经济！"老董经常看书，出口成章，铿锵磅礴。

曾有人质疑他，一个人种不了这么多辣椒，还质疑他看书是为了摆拍。老董知道以后，像个孩子一样委屈和愤怒，不是因为冤枉了他，而是因为这是对一个农民辛苦劳动和精神信仰的否定。那些人不知道，正是这两样，让个子不高、满头白发的老董，像个英雄一样，立于天地间。

阜南人说，地是刮金板，人勤地不懒。老董的20棚辣椒种得干净整齐，鲜嫩欲滴。它们汇在会龙镇7万亩波光粼粼的大棚里，撑起了"中国辣椒之乡"的美誉。

很多山里人，就是这么历经万千波折地活着，一有风吹雨打，就可能左支右绌，摇摇欲坠。扶贫的"扶"正体现出它的意义——困难时帮一把，拉一把，扶一把，让父老乡亲能安安稳稳把日子过下去。

和能种大棚的阜南不一样，金寨地处大别山腹地。陈泽申和他的弟弟，就生活在花石乡大湾村的深山窝子中。

革命战争年代，10多万金寨儿女浴血牺牲。新中国成立后，为治淮修水库，10多万群众又移居深山。几个10万，几度热血，几经奉献，1978年，金寨县贫困人口54万，竟占总人口的99%。

陈泽申一家十几口人就是1954年从金寨县梅山镇移民到花石乡的。在大别山层层叠叠险峰峻岭的褶皱中，扎起了仅能装下十几口人的茅草棚。那儿，就是他们的新家了。

初到花石乡，靠山吃山。弟兄几个晚上睡一张床，盖一床被，年头年尾就一身衣服，破衣拉撒。哥哥们做护林员，给人家放牛，几岁的陈泽申则跟随母亲在山上挖葛根。小娃娃被茅草绊倒了，鸡差点啄了他的眼睛。山上有"将军菜"，那是曾为刘邓大军进军大别山解决缺粮危机的苦菜。

大别山人用勤劳的双手、瘦弱的肩膀，连老带小，在地里刨食，在土里扎根，在山上生长。

陈泽申父亲参加过红军，兄弟姐妹中有4个军人。1966年，他和哥哥一起参军，但光荣家风并没让他们少尝一点人间悲苦。

回头望去，生活虽苦，平安是福。然而上苍并没眷顾这些穷人，而是在他们苦涩的生活里又撒下一些悲剧。

老陈的儿子在上海一家台资厂打工时突然晕倒，因未得到及时抢救，不幸去世，留下一个孩子。老陈的老伴悲伤过度，也很快离开。

说起这段往事，老陈不断转动着手里的茶杯，茶杯在桌子上发出呜咽声，如泣如诉。

比起陈泽申的不幸，弟弟陈泽平的生活另有苦涩。在陈泽平家里，一张与儿女合照于2005年的照片摆在桌前，21岁的帅气儿子摆着剪刀手。

第二年5月1日，女儿出嫁；14天后，回常州打工的儿子走路时被撞，不幸离世。

陈泽平清晰地记着这些日子，用他残疾的手数着。他右手的两根手指头被打猪菜的机子削掉了，然而在他眼里，与丧子之殇相比，这疼痛不值一提。

年轻人走出了大山，守在大山里的人也要好好过。

大湾村山上种茶，家中迎客，红绿结合，马鬃岭上的山水流到大湾村，变成叮咚的山泉、漂流的激水、欢乐的笑声。仙居山里隐藏着12棵见证千年风雨的苍劲青檀，柴门犬吠，游人如织，正如大湾人自己唱的："金寨山水秀，大湾换新装。山高水长千万里，迎来百花香。"

陈泽申现在在大湾村茶厂里炒茶，是第一书记余静邀请他来的。与很多驻村干部一样，余静人到中年，上有老下有小，离开小家走进农村："'有时去治愈，常常去帮助，总是去安慰'，这是我的单位中医医院教给我的。其实对待老百姓是一样的，把人心暖起来，比什么都重要。"

"七碗清风自六安"，六安瓜片的主产区就在金寨。茶是大别山给大湾

安徽金寨，大别山风电场（汪诚　摄）

人的厚礼，平均海拔800米，北纬31°，云雾缭绕，阳光漫射，茂林修竹荫护，兰花杜鹃相伴，高山出好茶。

以前由于交通、户散等问题，茶叶出不了山，卖不上价。随着"公司+基地+农户"模式的成功，一座占地4 000多平方米的大湾茶厂，解决了全村2 000余亩茶叶加工、销售难题。

"每到春来一县香"，六安瓜片是成熟单片茶，求壮不求嫩，无梗无芽，口感醇厚，回味浓郁。一茶一做，尤其是在"拉老火"的工序中，烘篮在火苗盈尺的木炭上烘烤，抬篮走烘，边烘边翻，80次火功淬炼，方得一杯好茶。

陈泽申搬离梅山已经几十载，如今梅山水库上矗立着我国自行设计施工，当时世界上最大的连拱坝。由梅山水库兴建而形成的人工湖上，高峡平湖，碧波荡漾。而老陈几度翻炒揉捻的人生，都在眼前这杯醇厚的茶里，化作了清风。

■ 探寻·路

金寨有茶，六安瓜片。光山也有茶，信阳毛尖。苏轼曾到光山净居寺与居仁和尚品茗作诗，并说过："淮南茶，信阳第一。"茶圣陆羽在《茶经》中说到："淮南：以光州上。"

河南光山，史称光州。《水经注·淮水》记载："淮水又东径浮光山北，亦曰扶光山，即弋阳山也。""其山俯映长淮，每有光辉。"光山县，即浮光山以"俯映长淮，每有光辉"而得名。著名的政治家、史学家司马光就诞生于此，因其父当时是光山县令，于是为之取名为"光"。"司马光砸缸"，大概是每个中国孩子的启蒙故事之一。智慧，是光山人的骄傲。

"暖风吹谷雪初消，
绿色烟痕过野桥，
门外一处春水涨，
家家筠笼下鱼苗。"

曾经这支古光山民歌，唱出了光山"北国江南""江南北国"的气息。但是很长一段时间，属于大别山脉浅山丘陵地区的光山，除了少部分条件

河南光山，漫山遍野的野樱花争相怒放（徐大迟　摄）

好的丘岗地被用来种茶叶外，大部分山地都被荒弃了。

山秃着，人心疼。

几年前，有片山被东岳村的杨长太种上了经济型苗木。他骨子里是个典型的农民，见不得山上不长东西。当时心里想着种就种大的、粗的，不曾想不仅卖不上价，还养不活。当初他是被哥哥杨长家"找"回来的，本想带头致富，不料因为种苗木欠了一屁股外债，成了贫困户。

"我要人"是文殊乡东岳村支部书记杨长家经常说的话。他犹记得当年要交提留款的时候，有个村民家里4个儿子，2个是智障，他们把小儿子的棉袄芯子掏出来交提留款。从那以后，作为老支书的儿子，"国家太平"兄弟4个中的老二杨长家下定决心，沿着父亲的足迹，实现"东岳梦"——让东岳村变得美如画，让乡亲们活得更有尊严！

一个国家有梦，一个村庄也要有梦。

说起贫困的表现，基本是一样的：基础设施差，缺少产业，村庄空心化等。为了寻找突破口，杨长家一边到处找人搞基础设施，一边找带头人发展产业。没有基础，自己的亲弟弟就是最好找的那个人。

杨长太被列为贫困户以后非常郁闷，觉着自己一个40多岁的壮年，和老头、老太太一起开贫困户大会，非常丢人。平时见到亲戚，都不好意思抬头看，就怕他们要账。后来在村干部请来的农业专家指导下，杨长太终于赚得了第一桶金，并由此成立了农场。

有机大米、麻鸭蛋、黑猪腊肉……在他的农场展销厅里，"光山十宝"似在诉说岁稔与丰年。"我是个农民，还是个新型职业农民，我的职责就是把地种好，还不能把品牌给砸了。砸了，就对不起我们光山86万人民。"

采访时正处国庆、中秋双节之前，一车车生态健康的农副产品搭着电商快车往外运，"一共9车，破纪录啦！"杨长太因为太忙碌，声音有些沙哑，但眉飞色舞，开怀大笑。

"柳条莺哢清阴里"，丰沃的北方鱼米之乡，又回来了。

杨长太经营的"光山十宝"里，最珍贵的莫过于油茶。

当地有句话，"一亩油茶百斤油，又娶媳妇又盖楼"，油茶被称为"油中之王""东方橄榄油"。找到这个宝贝，是光山人智慧的再现。

山不能秃着，为了找到经济性和社会性兼具的作物，光山人一直在探寻求索。一个偶然的机会，时任光山县林业局副局长的王淮在江南考察时，被油茶深深吸引。油茶一次种植，可百年采摘，耐干旱、抗贫瘠、省时、省水、省工，而且不与粮食争地，经济性和社会性都具备。

然而，"橘生淮南则为橘，生于淮北则为枳"，当时90%以上的油茶产业都在长江以南。江北的光山，能行吗？

"4 000亩的山，一片山一棵树没种活。委屈啊，房子卖了，开了4年破面包车。我们啊，都成了金刚葫芦娃。"文殊乡诚信油茶种植基地的陈勇回忆起当年创业的情景，感慨万千。

似是山赋予了人同样的品格，大别山人不屈不挠、自强不息。为了找到适合的品种，陈勇和他的同伴们在江南所有油茶主产区来来回回奔走8万多公里，不惜高价买回多个品种尝试，几番考察，几次求证，几轮实验，光山县成功地把中国的油茶主产区向北拓展了几百公里，光山也成为"中国油茶种植最强北缘县"。

"路子找到了，就要大胆去做。"在司马光油茶园展厅外，这句话赫赫夺目，催人奋进。

农历八月，20几万亩油茶在层层叠叠的山峦中肆意生长，绛红色、青褐色的油茶籽在大片绿色中娇羞隐藏，几朵小花已按捺不住，含苞待放。等到油茶花盛开的季节，古铜色的油茶籽将和雪白的油茶花同时挂满枝头，"抱子怀胎"，花果同期，摇曳清丽。

要管好这么大面积的油茶树，迫切需要把村民组织起来。"组织起来，成为一支劳动大军。"1943年，毛泽东在中共中央招待陕甘宁边区劳动英雄大会上如是说。组织起来，也是团结一心的大别山精神在脱贫中的再现。

"老——李——"

"哎——"

要在漫山遍野的油茶树中找到老李，不是件容易事，只能通过呼喊确定他的大概位置。在山下，我们隔着一方荷塘和一片黄绿相间的稻田，远远地寻找着在山上砍蒿子的老李。听到呼喊，他在油茶林中直起腰，挥动着镰刀向我们热情地打招呼。

在光山的山上，很难看到闲聊的老人和妇女，他们都像老李一样，在山上"上班"，哪怕是路上遇到的老农，也是骑着三轮车风风火火、匆匆忙忙。

油茶，作为新成员，走进了光山人的"房前屋后一亩茶，一塘肥鱼一塘鸭"。

"一塘鸭"，在光山也是大有故事可讲。曾有诗云"浮光多美鸭"，指的就是光山麻鸭。麻鸭蛋是"光山十宝"之一，鸭绒则造就了光山另一个支柱产业——羽绒，光山县还专门为此成立了羽绒产业聚集区管理委员会。

20世纪八九十年代，智慧的光山人就用鸭绒取代棉花，制造出羽绒服，并催生了县办羽绒企业。但随着羽绒市场中品牌的激烈竞争，光山羽绒厂无以为继。破产的厂子无力发薪，就将羽绒原辅材料抵给职工。走投无路的职工只好在街头充绒定做羽绒服，然而这根本消化不了那么多材料。于是，他们开始背着材料，走出大别山，到外地去"现场充绒"。

所谓"现场充绒"，就是羽绒服现场定制、量体裁衣，顾客能定做款式，还能目睹充绒的数量和质量。对当时的中国人来说，羽绒服算是服装中的"大件"，这种制衣方式让他们可心又放心。

绝处逢生，本是迫不得已背井离乡的求生之路，却被自强不息、排难创新的大别山人发展成一个巨大的产业。从20世纪90年代到2013年，光山外出现场充绒的人数已达15万人，其中95%以上都是农民。

中秋节前后，光山10几万"充绒大军"在农忙后，满载大别山提供的原材料，如候鸟般浩浩荡荡飞往全国各地"南征北战"。当地有打油诗说"一年一度秋风劲，充绒乡友又当行。""十万大军出光山，羽绒飞舞各显能。"

2007年，19岁的易帅听说县里有培训做羽绒服的，拿着身份证报名不要钱。于是他就去学了基础的剪裁、缝制。跟着一户人家出去充了两年绒后，就开始自立门户。第一年他去的是沈阳，初出茅庐就赚了7万元钱。

这7万元钱对他来说是个什么概念呢？"2006年我结婚的时候，所有开支加起来花了6 000元钱。我当时觉着要是这辈子能买辆摩托车骑着就满足了。7万元钱，是我想都不敢想的数字。"沈阳只有冬、夏，没有春、秋，易帅在东北各地充绒的时间比较长，闲的时候他就到沈阳那些发达的服装城打工，不为赚钱，就为学新款式、新技术。

当时他哥哥也做现场充绒，但还停留在比较基础的阶段，设计不了样式。而且当时物流也不发达，需要一次性备齐一年的货，常有压货赔钱的可能。

其实，从2012年开始，充绒业就已经出现危机，有人估算只有不到30%的人赚钱。从帮哥哥开始，易帅就有了一个想法：团结起来，整合资源。他可以把款式设计、研发好，并统一进购材料，在当地的光山充绒人直接拿去加工就可以了，这样可选择的时新样式多，还没有库存。

同样看到充绒大军危机的还有陈锋。陈锋的父亲是最早走出大别山充绒的开路先锋，见证了县羽绒厂的兴盛与衰落，陈锋则经历了现场充绒的辉煌和危机。"光山的羽绒产业，就在10几万充绒人的脚底下，走到哪儿算哪儿。没有阵地，没有品牌，就意味着光山的羽绒产业没有自己的'航母基地'，更没有自己的'旗舰'。10几万人从事充绒，说起来数字吓人，体量很大，实际上就是一个个散兵游勇。这样的一支队伍在波涛汹涌的市场大潮中泛舟，怎么可能不危机四伏呢？"

两个聪明的年轻人，在大别山外摸爬滚打多年，选择回到光山这个羽绒大本营，为更多在外的光山人建好大后方，为光山建好自己的品牌。为此，他们一个创立加盟店"工厂"，不仅为全国加盟的店面灵活设计、配货，还能作为后盾统一生产半成品；一个则创立光山羽绒旗舰品牌，并在羽绒管委的帮助下，形成了羽绒服装产业园。

2020年，仍有8 000多户"充绒大军"走出光山，走出大别山，但他们的"出征"已经不再是散兵游勇、负重行军，而是带着大别山里大后方随时给予的补给轻装上阵，精准出击；留在大别山的"充绒大军"，一部分在200多家企业中建设大后方，还有一部分则成为"网络大军"，将光山羽绒送往大山外更多地方。

"踏遍千山情谊深，吃遍万户如家人；三边百姓爱听戏，最爱花鼓乡土音。"光山花鼓戏是光山县特有的民间艺术，正如这句诗所言，出山回山，最爱的还是家乡的那座山。出去，带着山的馈赠，回来，则为了更好地回报。一出一回，一回一出，大别山就不只是旧故乡和土山窝，而是人们能出去、能回来的新乡土、大后方。

▌ 托举·梦

"早上起，洗脸毕。背书包，上学去。童子团，小宝宝。要读书，要学习，要站岗，要放哨……"

这是革命时期大别山童子团唱的歌谣。

20世纪90年代，大别山金寨县桃岭乡深山窝子里，一个寻常的黎明，几个小孩子关上家里吱呀作响的破门，相约走入灰蒙蒙的山气和晨雾。山脚下的水汊隔断了到对岸学堂的路，他们熟练地从被水汽打湿的深草丛中拉扯出一条破船，叽叽喳喳地乘上去。

抬眼看天，天在山中间。2 000多年前，为治理天下而作的区域地理名篇《尚书·禹贡》道："导嶓冢，至于荆山；内方，至于大别。"大别山因为山的雄伟与绵延，被作为分九州的四列山脉之一。金寨位于大别山北麓，有海拔千米以上的高峰120余座，山岭纵横，幽谷深邃。娃娃们摇晃中的小船有些渗水，但这小船却能让他们每天不用走20几里山路。

船上那个穿着花袄的女孩在教室坐定后，一个镜头在她眼前定格。这个女孩，就是曾经震撼无数人的"大眼睛"——苏明娟。

"大眼睛"里写着：我要上学！大别山娃娃坚定的眼神令人震动。那双眼睛里，藏着昔日老区人民甘于奉献牺牲的坚韧，藏着大别山贫穷苍凉的幽深，更藏着孩子对于梦想和未来的渴望。

那个年代，在中国人民生活中社会参与最广泛、最有影响力的公益项目，莫过于"希望工程"。给失学的孩子一份希望，给在校的贫困生一份力量，是心形海浪托起一轮太阳蓬勃升起的寓意所在。

全国第一所希望小学在大别山金寨县成立时，徐向前元帅亲笔题写校名，全国希望工程由此开端。"再穷不能穷孩子，再苦不能苦教育"，成为全社会的共识和强音。

大别山区篇：再跃大别山

113

采访时，正值金寨县希望小学成立30周年。而立之年，有了新校舍，建了新校区。当天，阳光明媚，蓝天白云，桂花飘香，整个学校都是孩子们的声音，一阵铃声后，学校便进入知识的秘境。身临其中，恍惚有种自己上学时，在秋爽天高之日走进新学年的感觉。

"家贫子读书"，采访中最动人的故事结尾，就是孩子上了大学。这种感受，在金寨尤为强烈。

530多年前，皖南休宁西乡资村的汪真远迁庐州府六安州上庄，也就是今天的金寨县大湾村。在这里兴办学堂后，耕读传家的传统便保留下来。修建于260多年前的汪氏宗祠，曾是革命时期红军三十二师的驻地和安徽工委的旧址，在新中国成立后一直作为学堂使用。

教育和革命的传统，在大湾村孩子们身上延续了下来。采访时，何家枝书记兴奋地说："2020年我们村考上了28个大学生，上年是29个！"

在《大眼睛的希望》这本关于"希望工程"摄影的纪实文学中，有一个动人的细节：1992年第二届中国摄影节上，在解海龙拍摄的希望工程摄影作品前，无数受到震动的人们自发捐助的钱堆成了一座小山。一位解放军走到解海龙面前，立正，挥起手臂"啪"地行了一个标准军礼，并交给他5元钱，动情地说："我只带了5元，虽然这是我回部队的车钱。我小时候只上了4年学就失学了，就因为差5元钱，可能现在就有这样一个孩子，也差5元钱上不了学，请你把它交给最需要的那个孩子吧！"这名军人后来硬是靠着两条腿，走回了几十公里外的部队。

这个细节，让人想到此次采访中的一个小故事。阜南县公桥乡巩堰村村民李玉保说起自己4个孩子上学的时候，46岁挺拔干练的他有些哽咽。

如果10年前，你看到一个10岁左右的小孩子背着书包，为了省下5元钱车费，每周都迈着坚定的小步伐，从县城走回15公里外的巩宴村，那一定是李玉保的小儿子。来回学校省下的钱，占据了他一周生活费的一半。

自强不息的大别山小男子汉，每一步都离家更近了一点，或是离学校更近了一点，也离梦想更近了一点。

少年自有少年强，身似山河挺脊梁。

李玉保把孩子们的一大卷奖状铺在院子里，小心翼翼地像放下一个婴儿一样。地上的大片橙黄色在阳光下闪耀着金光，映照着他军绿色的裤子，和印着瓷砖广告的红色上衣。这些颜色，混合着媳妇笑脸上的绯红，是那天最美的配色。他们一丝不苟地卷起这些奖状，装回大编织袋里——这袋子里装的，是老两口供出4个大学生后，苦尽甘来的万千荣耀。

"那时的日子不能讲，一言难尽……"一个父亲想到他的孩子们没怎么穿过新衣服，想到小儿子顶着日头，冒着风雪，躲过车流，走过一条又一条道路，顶天立地的男人在人前的哽咽，是内心疼爱无以安放的无助滴血。

20世纪90年代，公桥乡曾有万亩桑园。那时候李玉保学习技术，做了蚕桑技术员，一做就是10年。然而由于市场风险等原因，乡里的蚕桑养殖产业中断，他也"下岗"了。

最难的时候就是那几年，老大要上大学，双胞胎女儿上高中，小儿子上小学，4个孩子都要钱。欠债最多的时候曾达20万元，他的体重也低到了不足100斤。

"硬着头皮到处借钱，到处挣钱。我养过鸭子，养过猪，养过牛，到杭州打过零工，干过装修，当过水泥工……"随着桑蚕产业在驻村扶贫工作队的帮扶下重建，李玉保如今已"下岗再就业"。

"忠于职守，履行使命"，对当过9年武警的巩堰村扶贫工作队队长许寅来说，是镌刻在骨头里的信条。工作队能为村里带来什么，留下什么？在他看来，既要留产业，又要留精神。正如阜南县委书记崔黎在扶贫中一直强调的那样："扶贫扶志扶精神，脱贫脱困脱俗气。"

"读的书儿新，唱的歌儿新，工农革命长精神。"革命时期，大别山人唱着这首歌迎接新世界。如今，看着李玉保挺直的脊梁，不禁再度想起这首歌谣，真的是农民脱贫长精神。

在《大眼睛的希望》这本书里，有另外一个悲惨的故事：大别山里有个叫刘小山的孩子，出生不到3个月父亲就去世了，母亲为拉扯他长大，所吃的苦头可想而知。到他上学的时候，母亲变卖了家里唯一值钱的床板。懂事的小山星期天一个人到深山里打柴，直到天黑也没回来。村人找到小山的时候，只剩一摊血迹中的几根骨头和一个布书包。当时的大别山里，有个看到小孩子就叫"我的小山，我的儿啊"的疯女人，就是小山悲苦的母亲。

红安县城关镇小丰山村的李丛娣也是位单身妈妈，但她比小山的母亲幸运得多。她的双胞胎儿子淑幸和淑庆，2020年一同考上了大学。

幸，庆。

"庆幸"两兄弟刚上初中，李丛娣的爱人就得肝癌去世了。村扶贫专干周从贵的出现，让黑瘦矮小的李丛娣从里到外像个巨人一样，把这个家支撑了起来。

"提起妇女真可怜，一出娘坏人作践"。红安妇女曾经唱着《妇女解放歌》打破封建枷锁。"男将打仗，女将送饭"，战争中，大别山女性也是伟大的英雄。在战胜贫穷这场战争中，女将们也一样毫不逊色。

周从贵4岁时母亲不在了，参加过对越自卫反击战的父亲如大山一样，带着她和兄弟姐妹自力更生，逐渐长大。1989年，作为村里第一批出远门打工的人，她挣了钱，买了裙子，还买了书。被"请"回村里以后，周书记便带着妇女们种大棚、种莲藕。

"有手有脚，想要漂亮、要裙子、要口红，我们妇女可以自己挣钱买！"

"你们只管读书，钱我来操心。"每一个关键时刻，周从贵都像个女超人一样，出现在李丛娣孤儿寡母的生活中。两兄弟上初中时，周从贵帮李丛娣找了一个做饭的活，高中时帮她联系到学校食堂打工，大学时为两兄弟联系资助。两兄弟的梦想之路，由爱与坚持共同铺就。

很多人的贫穷，往往伴随着深深的不幸，只是不知道贫穷和不幸，哪一个先来。在双胞胎兄弟的成长中，因为帮与扶，所以充满无穷希望和力量，如他们的名字一样，有幸，有庆。

周从贵和李丛娣讲起过去的经历，说着说着就笑了，笑着笑着就哭了。浅浅皱纹里横着细细的泪水，像大别山褶皱里那一条条流淌的河。

谈及未来，"庆幸"两兄弟早有了读研的梦想。他们少年壮志，满目星辰……

山一程，水一程。

从崇山峻岭到浅丘低岗，从淮河沿岸到官渡河边，走进大别山区，走近阜南、金寨、红安、光山，老区的每个地方，在山里，在水里，在历史最沉重、最光荣的那一页里。

从70多年前解放战争的大转折，到而今脱贫攻坚的大收官，英雄的大别山人民将革命时期淬炼的"大别山精神"重铸于战胜贫穷这场新的战役里，在保卫家园中守护大山，在探寻出路中托举梦想。

70年间有大别，千里再跃大别山。

罗霄山区篇：
翻越罗霄山脉

文 房 宁 黄 慧 王小川 吴砾星

左转，右转，左转，右转。

翻越罗霄山脉的道路，似乎始终是弯弯曲曲、起起伏伏的。

行走在浪涛般的绿色褶皱里，人顿时渺小起来。山路两旁，是成片的竹林，一眼望去，千万缕绿线拔地而起，如烟似雾，在山风中荡漾。

罗霄山脉，是大自然在中国南方版图上留下的瑰丽一笔。东北—西南走向，逶迤绵延三四百公里，湘（湖南）、赣（江西）两省在此分界。

"百崖丛峙回环，高下不一，凹凸掩映。"1637年冬春之交，明朝人徐霞客面对罗霄山脉的奇峰绝景，也生出"不几谓武功无奇胜哉"的感叹。

罗霄山脉的"奇胜"远不止山水。

这里是中国革命的摇篮，万里长征的起点。井冈山"八角楼"如豆的灯光，照亮了中国革命曲折前行的道路。

历史在这片土地上书写荣光，也留下久久难以逾越的沟壑。硝烟散去，罗霄山区发展的步子远远落后了，陷入"过去有多红，现在有多穷"的窘境。

2020年孟秋时节，我们踏着90多年前共产党人"劈山开路"的足迹，翻越罗霄山脉，走访那些为摆脱贫困而不懈奋斗的人们，倾听感悟来自大山的呼唤！

■ 路在何方

"你们知道有多远吗？"听说我们要去湖南茶陵、炎陵两县，出租车司机突然转过头问。没来得及回答，司机又抛出一句："那个鬼地方！"

作为湘东地区最偏远的两个县，茶陵、炎陵分别距离株洲市区166公里、210公里。从地图上看，株洲区划狭长，当地人形象地把株洲市比作火车，市区是车头，茶陵、炎陵是末节车厢。

"末"，指其偏远，更有着落后的意味。

"那个路啊，提起来都让人腿软。"出租车司机说，20世纪90年代，他跑货运到过炎陵。那时，炎陵还未通高速，穿山公路左一道弯，右一道弯，大车左扭右扭，行进蹒跚。单程300多公里，少说也要跑七八个小时。一路上，尽是破败的土坯房，连口热水都讨不到。

外地司机"找不着北"，本地人也苦于出行难。

20世纪80年代以前，炎陵县中村乡只有一条沙土道，全乡就靠这一条发育不良的"动脉"与县城相连。而整个炎陵县在2011年之前，东、南、西3个片区还互不联通，很多地方"睁眼看得见，抬腿走半天，开车绕大圈"。

120公里开外，位于江西黄洋界北麓的井冈山市茅坪镇神山村，也同样为群山阻隔，难觅出路。

大多数时候，神山村是孤寂的。偏远的位置，险峻的山势，使得神山村只能如蜗牛般缓慢前行。

"神山是个穷地方，有女莫嫁神山郎，走的是黄巴路，住的是土坯房，穿的旧衣服，红薯、山芋当主粮。"这段顺口溜道尽了村里的悲苦困顿。200多亩地，是神山村仅有的耕地数。

"麻雀飞过不落地，挑夫进村不伸手"的神山村，2008年冰冻雨雪灾害发生后，路窄得车都进不来，运电线杆只能靠肩扛。

想要活下去，只能向毛竹伸手。

砍竹子、背竹子、破竹条，从凌晨忙到深夜，做3 000多双筷子，能卖60元。30年过去了，53岁的彭夏英对这些数字记得清清楚楚。

丈夫帮人拆房子被砸坏脚，自家省吃俭用盖起的房子被雨冲塌了，自己摔坏了腰，上初中的女儿被迫辍学……生活就像彭夏英手上的血泡，眼看着要长好了，却一次次被割破、磨烂。

买不起油，全家人吃了好长时间"干锅菜"。身体稍有恢复，彭夏英抹干眼泪继续跟竹子"较劲"。

罗霄山脉绵延有多远，困在大山褶皱里的村庄就有多难。

江西于都县仙下乡龙溪村，仙气十足的名字背后，却埋藏了"一山又一山"的无尽悲苦。

提起多年前的一次上学情形，村民毛陈长至今有些感伤。寒冬腊月，天刚蒙蒙亮，大雪搓绵扯絮笼罩着山坳。他躲进厚厚的棉被里，看着父亲缩着脖子坐在牛车上，在似有若无的灯光里，仿佛全世界的雪都落到父亲一个人身上。

这个坐落在高山上的深度贫困村，曾经只有一条3米多宽的通村公路。就是这仅有的坦途，也不是所有人都能踏上。对于住在偏远村组的孩子来说，"翻山越岭去上学"是他们的日常。一遇雨雪天气，上学的路更是"畏途"。

现代文明的脚步似乎也停在了山外。"交通基本靠走，通信基本靠吼"，因为大山阻隔，通信设施建设受限，前几年龙溪村人才知道"有线电视"。

山大沟深，阻隔了交通和通讯，也困顿着生计。

罗霄山片区地貌以山地、丘陵为主，"八山一水一分田"，意味着供人安身立命的土地稀缺，农业生产的余地不大，靠山吃山是长久以来罗霄山民无奈的选择。

"都是冷水田，种水稻也长不好，赶上好年景只能解决一碗饭，遇上灾年，连饭都不够。"61岁的朱圣洪，种了半辈子地，说起收成，直摇头。

朱圣洪所在的炎陵县中村乡平乐村，平均海拔800米，属高寒山区，山多地少。靠自家6亩水田的微薄产出，他和残疾妻子、弟弟、自幼患病的女儿、年迈的母亲勉强糊口。

漫山遍野的毛竹，曾给平乐村不少人家带来生活希望，但这希望又是如此渺茫。对于这个少劳力、负担重的家庭，竹子带来的收入远远不够。新债压旧债，硬生生压弯了朱圣洪的腰。

20世纪80年代，平乐村通车了，山外的老板陆陆续续进来了，他们带来的不光是南腔北调，还有隆隆作响的机器、宽敞的厂房和数起来"欻欻"响的票子；带走的，是林区一片一片的竹木。

陆续出走的，还有村里的中青年劳动力。

高考失利后，过了5年地里刨食的日子，茶陵县枣市镇虎形村的沈良秋发现，大山给不了他想要的答案，这个心气高、脑筋活的年轻人受够了。

罗霄山区篇：翻越罗霄山脉

1995年，25岁的沈良秋背起行囊，留给虎形村一道倔强的背影。

茶陵县严塘镇猷竹村谭新华去了广州，在16岁的年纪，从工厂里的学徒工做起。

炎陵县下村乡坳头村的邝明全，带着妻子和4岁的女儿去了北京，做木工、搞装修，一待就是14年。2004年，又辗转去上海、浙江打工。2010年，在浙江温州落脚，当上了装修公司的项目经理。

井冈山市新城镇新城村的刘洋民到了深圳，摆地摊，开排档，后来进了一家韩资的电子厂。2004年结婚后，他跟妻子一起在电子厂上班，凭着好学肯干，他当上了部门主管，两口子月入过万。2014年，在老家盖了楼房。

20世纪的最后10多年里，一批批罗霄山区的后生们汇入打工潮，怀着热望，结伴出门，带走了家人的惦记，奔向山外的世界。

一笔笔汇款"飞"回来，一栋栋新房"长"起来。罗霄山区的农家悄然变了模样，但也给未来投下一道长长的阴影。

年轻人走了，有能耐的人走了，留下的，是越来越老的人、越来越多

湖南茶陵县严塘镇的农民在茶叶基地里劳作（黄慧　摄）

摞荒的田和越来越凋敝的村庄。

炎陵下村乡坳头村党支部书记邝烈云感觉工作越来越难干了：

村路年久失修，雨天不穿胶鞋都出不了门。别说修路的钱，连村干部的工资都发不上，还欠着一堆外债。

冷水田本来就收成差，现在更没人愿意种，不少田里的杂草比人高。20世纪80年代乡里就引种了黄桃，但靠几户人家形不成规模，要么卖不出去，要么卖不上价，根本推不开。

"能干的、能走的早走了，留下的都是走不了也干不动的。"

人没正经事干，就容易生事端：喝酒的，打牌的，打架的。整个村子像倒撒了一地的黄豆，乱七八糟，让人不知从何下手。

没有人，比没有路带给邝烈云更深的无力感。"人穷、村破，就是烂船当作烂船划。"2015年以前，坳头村人均年收入不足3 000元，800多个户籍人口中，有建档立卡贫困户68户230人。

坳头村不是孤例。2010年，罗霄山片区农民的人均纯收入相当于全国平均水平的53.6%；1 274元扶贫标准以下农村人口有97.1万人，贫困发生率为10.2%；人均地区生产总值相当于全国平均水平的35.7%，城镇化率低于全国平均水平19个百分点……

这片曾传唱过"红旗飘飘上井冈，后生青年报名忙"的大山，在革命战争年代，为民族独立、人民解放贡献过沸腾的热血、年轻的生命，却在发展前进的路上，陷入了迷茫。

立下愚公志，打好攻坚战！传承红色基因的共产党人，吹响脱贫攻坚号角。罗霄山片区的人们，踏上新的长征路。

毛竹养活了山里人，山里人的性子也像极了毛竹。哪怕被严冬的冰雪压断，一旦春雷动、春风起，笋子就会冲破地皮，找寻阳光雨露，向上生长。

■ 路在脚下

没有比脚更长的路。罗霄山片区，路不好走，但这里辟出的路，不寻常。

20世纪20年代大革命失败后，毛泽东率领秋收起义残部在湘赣边界开展游击活动，寻找中国革命的出路：两打茶陵，建立了茶陵县工农兵政府，首试红色建政；上井冈山，开创了农村包围城市、武装夺取政权的中国革命独特道路；挺进赣南、闽西，创立中华苏维埃共和国，开始了创建人民革命政权的宝贵探索……

1937年，在《红星照耀中国》一书中，美国记者埃德加·斯诺以"自从1927年11月中国的第一个苏维埃在湖南省东南部茶陵成立"为起点，提出了关于"红色中国"的"一些未获解答的问题"。

70多年后，在纪录片《中国面临的挑战》中，美国学者罗伯特·库恩从井冈山首创的"红黄蓝三卡识别机制"开头，向世界讲述中国精准扶贫故事。

从时间维度去观照罗霄山片区之变，不仅能看到步履匆匆的辛劳，更能从时间的流逝中，感知罗霄山区人民一步步向前走的坚定和自信。

已故原中共炎陵县委书记黄诗燕，2011年6月受组织委派来到炎陵。

"要想富，先修路。"黄诗燕太了解炎陵的"痛处"了，不啃下这块"硬骨头"，脱贫就是一句空话。2012年，他提出把完善路网作为重点任务，在全县打响"交通加速"攻坚战。

山区施工难度大、成本高，不少人有了畏难情绪。黄诗燕第一次在会议室拍了桌子："想干事就别怕难，怕难就只能继续穷下去！"满屋子人都沉默了。

江西井冈山"胜利的号角"雕塑（黄慧　摄）

贫穷不是光彩事，脱贫要有雄心志。痛定思痛，炎陵人决定豁出去搏一把。"没钱无非向上争、自己挤、设法融，没有过不去的火焰山！"

路走对了，就不怕遥远。

总投资5.96亿元、全长102.96公里的炎陵县旅游环线公路，从规划设计、资金争取、建设施工到建成通车，黄诗燕21次开会调度、13次现场督查，带头进村入户开展宣导，协调矛盾。

2015年年初，旅游环线全线贯通。它贯穿8个乡（镇、场），连接炎帝陵、神农谷、梨树洲、大院等主要景点，惠及全县60%以上人口。炎陵县东、南、西片的"内循环"彻底打通！

有冲锋劲，还要下足绣花功。

当年，在湘赣边界活动的工农革命军有三大任务：打仗消灭敌人、打土豪筹款子、做群众工作，"共产党是要左手拿宣传单，右手拿枪弹，才可以打倒敌人的。"

如今，炎陵有一座红军标语博物馆，保存着339条红军标语。我们看到这样一条："共产党是为无产阶级饭吃衣穿屋住的党"。话很朴素，直抵人心，道出了共产党人的初心和使命，更是把工作做到了群众的心坎儿上。

精准扶贫，群众盯的头一件事是什么？公道。

有多年乡镇工作经历的黄诗燕深谙这一点。上任头两个月，他走遍了全县15个乡（镇）和66个贫困村，摸索出了精准识别"六看法"：一看房，二看粮，三看劳动力强不强，四看家里有没有读书郎，五看有没有病人卧在床，六看老天爷有没有帮倒忙。

"六看法"既细致，又接地气，避免了贫困识别的"机械硬套"，让扶贫干部和群众口服心服。

2015年，在湖南汽车工程职业学院做过多年系党支部书记的王健康到坳头村当驻村工作队队长，遇到的第一件挠头事也关乎"公道"。

"有钱的人打牌，没钱的、贫困户也打牌，还打得很凶。有人就问了，我们拼死拼活在外面打工，他们在家里啥也不干还有钱拿！"

群众越是有怨气，扶贫工作越是得接地气。

王健康很懂得做思想工作的"艺术"："我跟贫困户说，从科学的角度看，打牌要靠智商，你连自己的生产、生活都搞不好，就证明脑壳子不行；从迷信的角度说，打牌要有运气，你如果真的运气好，至于穷成这样吗？"

"白天上门摸底子，晚上开会洗脑子，辛辛苦苦找路子"，无数个深夜，工作队顶着星光走村串户，讲政策、听想法、做工作。既要给非贫困户讲清楚，精准扶贫不是给钱给物；又要给贫困户立规矩，一经发现打牌，立即取消帮扶。

做通思想工作，加上群众监督，几个月就刹住了打牌之风，群众的心气儿慢慢顺了。

讲公道，还得办实事。

龙溪村的偏远村组多年来盼着路能通。村第一书记袁勇锋到任后，协调争取交通部门立项。但就在铲车下地开工时，一位老汉挡在车前死活不让，要跟村干部"拼了这条老命"。

原来，修这条路没有征迁资金，路基填土只能协商相关村组解决。在协议上签字、摁手印的都是老汉的儿子，老汉压根不知道。一见铲车进了自家的田，还要挖走他家"命根子"，他可不是得拼命嘛。

村组长找来老汉的儿子，带着协议，一字一句地解释，老汉想通放行，村干部也心服口服。

袁勇锋任职一年里，龙溪村17个村组中有14个通了水泥路。"要不是袁书记坚持，我们不知道还要爬多少年的泥巴路"，村民对此很是信服。

在井冈山东上乡曲江村，"贺家爱心桥"的修建，拉近了叶维祝和村民的心。

曲江村是江铜集团的定点帮扶村，在德兴铜矿地方工作部任副部长的叶维祝被委派到此，任第一书记兼工作队长。

在第一次走访贺家这个自然村时，叶维祝看到村民踩着石头过河，不禁心惊："这对于需要过河上学的孩子太危险了！"他争取到江铜集团的支持，用3个月的时间修好了桥，解决了村民出行的问题。

铺路、搭桥，为的是破除山河阻隔，能出门，能还家。但也有人在自己和家之间堆起了一道墙。

2003年年底，多年没在村里露面的沈良秋回来了。他在外打工走了弯路，失去了7年的自由。家是他想见却又不敢见的——两间快倒掉的土坯房，年迈病重的母亲，让他越发觉得自己"有罪"。"不挣到钱，不盖上新房，就不回来！"他暗暗发了狠话，再次南下。

没学历、没技术，沈良秋只能挑码头，或者在砖厂、不锈钢制品厂打零工。几年下来的收入，离盖房差得远。2008年，他打工认识了一个女孩。结了婚，带回茶陵，女孩见了破屋，连门都没进，转身就走。"不怨她，那两间屋子根本也住不了人。"

两人常常为钱争吵、为房烦恼。"在哪里都没有家。"沈良秋觉得心死了，日子没什么奔头了，过一天算一天。

日子就像一盏行将油尽的灯，照射着沈良秋晃晃悠悠的生活。

2017年，沈家被纳入易地搬迁范畴。2018年4月，他们在离老村两公里的幸福小区分到了新居。103平方米的三室两厅，个人只需掏3 000多元钱。添置了一点家具，沈良秋背着老母亲"拎包入住"了。

寄养在亲戚家的孩子被接了回来，在外打工的妻子也愿意回来住个把月，家总算有了家的样子。"如果不是政府帮忙解决，我这一辈子就完了。"20多年，一心往外跑的沈良秋决定留下，为母亲养老，陪孩子长大，踏踏实实找点事做。

心中常思百姓疾苦，才能打开心路。脑中常谋富民之策，方可找准出路。精准扶贫，根本是要靠产业发展。

炎陵有句顺口溜，"大黄抓小黄，抓出金晃晃"，说的就是黄诗燕抓炎陵黄桃产业。

20世纪80年代，炎陵就从上海引种成功了"锦绣黄桃"。但当时人们的目光停留在温饱上，加上管理技术不精、市场打不开，全县黄桃面积就停在了5 000来亩。

经过调研，黄诗燕认准黄桃的市场前景。2011年，炎陵县将黄桃纳入重点扶持产业，财政每年投入500万元，重点推广良种"锦绣黄桃"。

邓运成就是带头种黄桃的"能人"。2011年，他担任平乐村党支部书记，率先流转了150亩地建示范园，"不怕冒风险的，跟我一起管理，种在谁家地里就归谁。怕风险的，一亩地我给500元租金。"

2014年，示范园黄桃丰收，亩产达1 800公斤，一斤能卖七八元钱。入股的村民尝到甜头后，纷纷在自家房前屋后种植黄桃树。到2016年，村里的黄桃发展到1 800亩。

对于种黄桃，朱圣洪一开始也拿不准主意。但转念一想，家里已经穷成那副光景了，种坏了不会更差，种好了说不准还能翻身。

2012年，在县乡送种苗、送技术等帮扶下，老朱种了140棵，第二年又种120棵，第三年再种100棵。他把树看得金贵，舍不得剪。2016年第一次挂果，1棵树才结了30来斤果。即便如此，也卖了2万多元钱。

劳碌半生，收入从未过万的老朱，尝到了生活的甜。

跟朱圣洪金贵"扶贫树"一样，彭夏英也"宝贝"着政府分给她的7只扶贫种羊。有些人把羊养大就卖了，她坚持养了3年。"政府送羊给我，我就要好好养，要脱贫就要养得多！"到2016年，"羊队伍"扩编到了50多只。

精准扶贫也得实事求是、因地制宜。

叶维祝到曲江村的头一年，没有搞产业，"不熟悉不能瞎搞，要发展有自己特色的。"村里有山泉流经，能不能做做水的文章？去江西石城、广昌考察后，他们认为白莲市场好，易加工、耐储存。

产业要想发展好，起点就得高。村集体流转了100多亩地试种白莲，组织合作社外联技术、加工、销售，内控种植过程。从莲苗的选购、投放有机肥、莲子的分选，叶维祝一一把关。试种当年见效，仅浙江一个单子就卖了19万元，回了本儿。

"甜香辛辣龙溪姜，赛过远近十八乡，嫩如冬笋脆如藕，一家炒菜满村香。"袁勇锋将产业锁定在曾是贡品的龙溪姜上。

龙溪姜有特色，但生性娇弱，种在地里容易病，采摘之后容易烂，很长一段时间，村民只是自用，形不成商品量。

袁勇锋带着村干部四处奔走，请专家支招儿，给生姜"强身健体"；成立合作社，深挖生姜加工潜力；找展会推介，打出品牌，还请来江西赣州市领导代言。姜虽"小"，也够劲儿。

2020年，北京相关部门到赣州市召开脱贫座谈会，袁勇锋参加。

发言结束，他又高声补充了一句："村民们发自内心地邀请大家到龙溪村看一看。"

与会专家笑着问："去龙溪，路怎么走？"

"飞机、火车、汽车都可以。"听到袁勇锋这个笼统的答案，会场响起了一阵笑声。

"给我们指指路。"有专家说。

"从北京飞到赣州机场，然后……我们可以接！"会场的笑声更浓了。

世上无难事，只要肯登攀。众志成城，一往无前，踏平坎坷成大道，是罗霄山片区扶贫故事的内核，也当是中国扶贫故事的精髓所在。

▌ 车轮滚滚

罗霄山脉南段，山势连绵险峻，山民为了谋生，硬是在群山峻岭间开辟了"茶盐古道"。

这条建于明末的古道，从湖南炎陵到江西遂川，全长约150公里，一趟行程需要半月以上，一走就是300年。

如今，古道仍在。走在长满青苔的石板上，似乎依稀能听到扁担"咯吱咯吱"的声音，但罗霄山区的老乡们再也不必承受跋涉之苦。

2020年9月，我们从炎陵搭乘K2386次列车，前往井冈山。这列绿皮火车运行于广西南宁到吉林长春间，途经九省一市一区，全程3 752公里，用时54小时14分。

粗略计算，刨去近6个小时的停车时间，列车平均时速不足80公里。与高铁动辄两三百公里的时速相比，的确不够快。

但这趟列车对生活在罗霄山片区的人来说，很特别。此前，这里多县不通火车。现在，花10元钱，坐1个小时火车，就能穿越群山，出湘入赣。

列车运行其上的衡吉铁路，从京广线的湖南衡阳引出，一路向东，穿罗霄山脉南端，在江西吉安接入京九大动脉。这段铁路2014年7月才开通，的确不够早。

但这段铁路对罗霄山片区而言，意义非凡。它打通了湘赣之间的客流物流信息流，延展了共享红色旅游资源的空间，更将罗霄山片区的发展导入了珠三角和长三角。

路一旦找对、打通，就有了加速的可能。

2018年，朱圣洪家的黄桃产量上来了，平均1棵树能产70斤。当年，就摘了1万多斤，卖了10多万元。2020年，他收了2.2万斤黄桃，其中600多箱是通过女儿的微店卖出去的。这让他很惊讶。

靠着黄桃的收入，朱圣洪还清了2013年建房的贷款和给女儿看病欠下的15万元旧账。这几年，如同"蚂蚁搬家"一般，他一点点捯饬着自家的两层红砖楼房。在陆续完成内装修、外装修后，他特意请人做了一块匾，挂在楼房檐下——"幸福黄桃树 脱贫致富情"。

"想说的话，都在这10个字里。"老朱咧开嘴笑了起来。

　　几年间，平乐村成了远近闻名的黄桃专业村。2018年，全村人均收入达到3万元。九成人家住进新房，七成人家开上了小汽车。

　　即便是海拔更高、产业基础最薄弱的坳头村也因黄桃而变。进村主干道旁，王健康改造撂荒深水田种下的10来亩"示范桃"已经硕果累累——带动全村发展了1 200多亩黄桃，果子最远卖到了越南；村民90%的收入来自黄桃；村集体每年都有10来万元的积累，公共设施和服务的开支宽裕了。"原来是没钱的人打牌，现在是没钱的人忙着做事。"

　　"靠一颗好桃子，让父老乡亲们过上好日子。"炎陵县委书记尹朝晖说，黄诗燕书记当年的话实现了。如今，炎陵黄桃年产值突破20亿元，仅这一个单品的收入就约占农产品收入的四成，全县4 000多个贫困户依托黄桃种植实现了脱贫。

湖南炎陵县下村乡坳头村村民在采摘黄桃（房宁　摄）

我们问朱圣洪，现在村里还有人砍毛竹卖吗？"毛竹得留在山上长着，要把山林保护起来。"他笑言。

春天，翠竹环抱桃花海；盛夏，绿树掩映黄金果。即便我们错过黄桃集中上市的时节，也能从老朱的描述中感受得到"炎陵黄桃，桃醉天下"。

曾经在竹海里挣扎着谋生的神山村人，也"上岸"了。

满山翠竹掩映下，白墙黛瓦的客家民居依山势错落。

"在山上，门口竖着国旗的，就是彭夏英家。"沿青石路蜿蜒而上。家家户户都做着旅游生意，打糍粑的，开民宿的，摆农家宴的，连最不起眼的也在门前摆着笋干、辣椒、茶叶等神山土特产。

2016年春节前夕，习近平总书记冒雪来到神山村，看望慰问乡亲们。自此，神山村有了名气，来的人越来越多。

彭夏英在女儿的帮助下，修缮老宅，从银行贷款，开起了神山村第一家农家乐"成德农家宴"。生意最好的时候，一天能接待八九桌客人，"家里原来连1万元存款都没有，后来一下子见到好几万元，心里很激动，就像做梦一样。"

神山村的"名头"不再是贫困村，而是江西省AAAA级乡村旅游点、中国美丽休闲乡村、全国文明乡村。

留在当地的人有钱赚，多年前离乡背井外出谋生的人们，在曾经路开始的地方再一次出发。

沈良秋贷款养了10来亩小龙虾。2019年，赶上夏季涨水，虾塘被淹，他痛心但没灰心："剩下的虾已经开始在塘里打洞了，扎下了根儿，不愁。"他又筹措了四五万元钱，投进虾塘。2020年端午节前后，小龙虾价格很好，他没舍得捞太多，如果自繁自养顺利，下一年就能出3季虾，还上贷款问题不大。

生活也变得慈眉善目起来。在沈良秋家桌子上放着几本菜谱，我们以为是他要学着做菜。他笑笑："我老婆烧菜不好吃，前段时间回来休假时买的，想看看。"就连孩子都不用他操心了，"孩子学习成绩还不错。"他很欣慰，盼着能替自己圆一个大学梦。

邝明全的儿子考上了株洲的大学，全家还圆了多年的安居梦。

在外打工20多年，"漂泊感"是邝明全最深的感悟。多年来，一家人一直租房住，"就像小船飘来飘去"。"钱"是击溃中年人体面生活的命门。两

罗霄山区篇：翻越罗霄山脉

个孩子的学费、四口人的日常花销、生意的基础投入……虽然赚得不少，但花销也大，邝明全总有一种紧迫感。

2015年，因为儿子要高考，邝明全举家从温州回到炎陵，遇到的第一个难题就是住。在20世纪80年代跟弟弟一起建的4间老房子早就破得不成样：距离地面1米左右的泥墙墙皮塌下来，墙角漏雨冲出一条条沟。

危房改造补贴了1.8万元，钱不多，但也帮他减轻了负担。他将多年打工攒下的20多万元全投到建房上，起了两层楼房。"新房建起来，感觉真的是回家了。连我儿子都说，他以后不用再盖房子了。"

房子盖好后，邝明全重拾老本行，带着四五个人搞装修工程。干了3年，终于挣够了装修的钱。

他家的小楼，在坳头村很惹眼。不仅外形洋气，内装修也很精细。平整光洁的墙面，不差毫厘的勾缝，小到一个开关面板都不凑合。这不仅是"慢工出细活"，更是房屋主人倾注了感情。在外给别人装修了无数套房子，

江西井冈山市茅坪镇神山村景色（黄慧　摄）

他终于能亲手营造自己的家，怎能不用心？

住在自己家，干着熟悉的工作，经管着地里的黄桃，供着儿子读大学，虽然挣得不如外面多，生活也并不轻松，但邝明全觉得很踏实。

而谭新华人生的"高光时刻"，发生在猷竹村——他办了一家大型的养殖场，生意做得风生水起。

养殖场位于猷竹村的荒山上。我们走进去，惊扰了正在饮水、休息的鸡群。扑棱棱，有的钻进树丛，有的飞上枝头。

"你家的鸡还能飞这么高啊！"我们惊叹。谭新华笑呵呵地解释，"太空鸡"确实比较健壮，那是2019年新引进的品种，长得快，肉质还好。驻村工作队帮忙联系了餐饮企业，卖得不错，一只鸡能卖到150元。

前几年，他牵头成立了猷竹新华种养农民专业合作社，将村里10个深度贫困户纳入合作社，每户认养100只鸡，合作社代养，年底人均分红2 000多元。"享受这么好的政策，希望能带动更多的人脱贫。"2019年7月，谭新华入党了。

刘洋民也有带动更多人脱贫致富的念头，只是他经历了更多的波折。

2016年，由于妻子突发重病成"植物人"，刘洋民辞了工作，带她回乡。妻子身边不能离人，需全天照看，他只能从事离家近、弹性大的工作。

一筹莫展之际，村里给他安排了公益性岗位，每月有2 000多元收入。后来，在镇帮扶干部的牵线搭桥下，他在家里做回老本行——加工电子元件，接洽了深圳和湖南永新的两家企业，尝试来料加工手机充电器的电子磁环半成品。2020年8月，他将家里的3间屋子改成车间，安排了6个工作台，就近招了10多个年轻女工，先培训，试加工。

我们到访时，这个"家庭小厂"还在试运行。绕线、装塑料片、锡焊、组装底板、电感测试、点胶固定……细小的材料在刘洋民的巧手下两三分钟就完成全套加工工序。这样的1枚元件，厂里1天能生产6 000个，1个的加工费为两毛钱。

因为招的工人技术还不熟练，返工率高，刘洋民还在亏本儿，但他认为这件事值得干，"电子产业是劳动密集型产业，现在东南沿海的相关产业都开始向中西部地区转移。我们本地劳动力多，以后规模扩大了，能吸纳更多的人就近就业。"

尽管眼下仍有万般难，刘洋民不抛弃、不放弃。"我得做给孩子看，自己也不留遗憾。"

不怕慢，就怕站，何况已经蹚出了路，开始了追赶。

曲江村把白莲种到了湖南湘潭，发展了400多亩基地，输出种子、农资和技术，回收加工莲子。从春到夏，半年时间，回收了2万多斤莲子，卖了100多万元。2019年，曲江村集体经济收入达125万元。

龙溪村有了生姜加工厂，加工的生姜片成了"明星产品"，不仅到村里旅游的人买，还卖到了北京、广州和深圳。

邝烈云不再为村里没钱做事、村民不好组织而犯愁了，"我现在满脑子想的都是乡村振兴。"

■ 未来已来

在茶陵县城的宋朝古城墙外的洣水河畔，有一尊铁牛，相传为南宋茶陵县令刘子迈命人建造，"抬铁数千斤，铸为犀置江岸以杀水势"。据记载，1945年，侵华日军炮击铁犀，仅毁一角。

20世纪50年代，毛泽东在与茶陵籍将军龙开富回忆往事时，曾说"茶陵的同志很勇敢，很会打仗，茶陵牛嘛！"

茶陵人身上确实有着牛一般劲直决烈的秉性。国破家亡时，"茶陵牛"昂头奋起，冲锋陷阵，英雄辈出。

我们能感觉到，这种气质、品格不止流淌在茶陵人的血液中。

在罗霄山片区，我们听到20多个普通人摆脱贫困的故事。不论男女，不论经历，他们的言谈举止间都攒着一股劲，说起种种悲苦，都如讲他人故事一般淡然。

在井冈山厦坪镇菖蒲村的红旗广场，一位50多岁、挂着双拐的瘦小男人常年给游人拍照。

他就是尹厚根，因幼时患小儿麻痹症致残。家里原本有兄弟三人，2006—2011年的5年间，哥哥、弟弟相继离世，嫂子、弟媳先后改嫁，留下两个年幼的侄女。他成了家里的"顶梁柱"，"除非倒地上死掉了，否则都要咬牙坚持下去！"

产业帮扶、就业帮扶、安居帮扶……一系列扶助之下，作为残疾人的尹厚根有足够的理由不做事，但他选择"折腾"。

他卖菜、养鸭、养蝎子、做家电维修，还自学摄影和电脑修图技术。尹厚根笑称，这么多年来唯一"无所事事"的时间就是生病住院"躺在病床上的那几天"。

红旗广场是当地的地标性景点，每天来游玩的人络绎不绝。尹厚根从中看到商机，申请贷款，又借了五六万元，购买了1 000多套红军服出租给游人拍照。赚到第一桶金后，他把屋前出租的简易棚收了回来，打算跟屋子联通，开一个小饭馆。

"国家政策越来越好，只要肯干，就有好日子，我一个残疾人都可以找到饭吃。"尹厚根说，他没什么留给孩子，就是精神上的不放弃。

脚下的路是自己走出来的，尹厚根更愿意把这条路踩得平一点、实一点，让更多人跟自己一道，把生活过得好一点。他正在打点行囊，准备去山东和河南考察项目，"想帮助更多像我一样的残疾人找到生活的希望。"

在罗霄山区，我们走过10多个村子，不论是贫困户，还是非贫困户，他们见到曾经驻点帮扶的扶贫干部，都亲如家人。

车还没开进坳头村，我们路遇一位村民，错车时，王健康按下车窗跟他打招呼，村民直愣愣地就喊出来："王队长，好想你啊。"走村串户，所有人见到我们，都笑得如熟人般亲切。甚至是村里的狗，见到我们这样的生面孔都不叫！

一位村干部打趣地说："村里的狗都认识王队长啦！如果王队长自己开车来，狗在二里地外就能听出来，跑村口候着了。"

巧合的是，在龙溪村，袁勇锋也受到同样的"待遇"——当地群众常开玩笑称他为"狗不叫书记"。

在罗霄山区，我们到访过4个县的博物馆、纪念馆，也穿梭于竹林山间，感慨这里拥有如此丰富的旅游资源，有如此厚重的文化底蕴。我们所畅想的，已经是干部和群众在做着的事。

黄洋界脚下、茅坪河边的井冈山市茅坪镇马源村，是当年毛泽东上茅坪"安家"路过的地方。这里旅游的热度不亚于茅坪八角楼。

村里有3座桥：功德桥、红军桥、趣味桥。功德桥是明、清时期土籍和客籍人共建的石桥，红军桥是90多年前红军常走的石桥，趣味桥是如今为发展乡村旅游新修的吊桥。

村党支部书记魏成芳说，这3座桥，见证着马源村的昨天、今天和明天，更串起马源村"三个同步"的小康路：群众与集体同步增收、家风与乡风同步文明、庭院与村庄同步美丽。

这里有"红军的一天"红色培训项目，有整洁有序的村容村貌，有舒适宜人的客家庭院。村两委把研学资源送到每家每户，实施星级评定和标准化管理。设立乡风文明积分银行，用分类的垃圾兑换积分，换购日常生活用品，实现村容村貌的"共建共治共享"。

马源村不仅是江西省AAAA级乡村旅游点，还入选了全国乡村治理示范村镇。

"一步登唔了天，一锄挖唔成井。"马源村把这句客家谚语当作乡村旅游的元素，扎扎实实地振兴着乡村。

夜宿坳头村，我们住进了一户两层小楼的民宿。房子是新建的，硬件设施比得上城里的三星级酒店。女主人收拾得整洁利落，一方院子种满了花，9月，正是翠菊盛放的季节。

女主人端出了自家晒制的黄桃干和果园里摘来的2斤多重的"梨王"，请我们品尝。

路灯的光投进院子里。"灯亮了，人的心里也亮堂了。"女主人说，2016年年底，太阳能路灯竣工。春节里，回村过年的人都觉得村里不一样了，大家舞起了"香火龙"。稻草扎成的龙身上，插满香火，满载"红红火火"的希望，在沉寂了20多年的冬夜山村里辗转腾挪、翻飞起舞。

说话间，有村民到来，想跟王健康聊聊除了种黄桃，在乡村旅游方面还有哪些思路；有村民拉着我们去他们家坐坐，尝尝新酿的黄桃酒；有村民悄悄在板凳上留下几个我们从未见过的野果"八月炸"。

夜渐深，月朗星稀，山林的气息愈浓。小楼旁，山泉潺潺，秋虫唧唧……

或许，这就是我们寻找已久的乡愁，一再回首的乡村。

（江先国　孟　雄　段金龙　孙　睿对本文亦有贡献）

武陵山区篇：
摆手越千年

文 高 杨 孙 莹

"哟，大山的子孙哟，爱太阳喽。

太阳那个爱着哟，山里的人哟……"

沿着十八弯的山路，顺着九连环的水路，目之所及，是土家族古朴庄严的摆手堂；耳之所闻，是苗族高亢嘹亮的飞歌。那些散落在苍茫山水间的吊脚楼，为大自然平添了一份人文景致。

止戈为武，高平曰陵。位于湖北、湖南、重庆、贵州交界地带，4个省份71个县（市、区）构成了武陵山片区。

用当地俗语来描述这里曾经的情景再合适不过——"前面酉水河，后面烂岩壳。田无一丘地皮薄，吃饭穿衣没着落。"

这里，集民族地区、革命老区和贫困地区于一体，是跨省交界面积大、少数民族聚集多、贫困人口分布广的集中连片特困地区，也是中国区域经济的分水岭和西部大开发的最前沿。

这里，满眼皆山。山连着山，山套着山，山环着山，山衔着山，一座座，一层层，一片片。乡亲们在石头缝里讨生活，每一寸泥土、每一粒种子都不肯放过，他们坚信，山同脉、水同源、树同根、人同俗，这里的庄稼一如这里的人民，坚韧而又顽强。

从1986年开始，30多年来，农业农村部倾全系统力量，致力于帮扶湖北省恩施土家族苗族自治州、湖南省湘西土家族苗族自治州等武陵山腹地地区，200多名挂职干部前赴后继，苍茫武陵、悠悠酉水见证了这一路的坎坷与艰辛。

手把手、心连心的帮扶，让这片茫茫大山发生了历史性变革，这里的一山一石、一草一木见证了血浓于水的深情。

在脱贫攻坚战即将胜利的时刻，我们来到武陵山片区，在瑰丽的碧波山岚和欢快的摆手舞中，见证历史与现实的重叠，仿佛打开了尘封2 000多年的竹简，伴随着深流的酉水和古朴的吊脚楼默默诉说着这里的前世今生……

▎那山

"土民赛故土司神，旧有摆手堂，供土司某神位，陈牲醴，供肴馔。至期既夕，群男女并入，酬毕，披五花被锦，帕首，击鼓鸣钲，跳舞长歌，竟数夕乃止。"

每年春天，龙山县苗儿滩镇捞车村惹巴拉宫的大摆手堂前，在沟通人神之间的神秘使者——梯玛的主持下，盛大的舍巴日就会拉开序幕。穿上盛装，唱响歌谣，人们围在一起跳起传承千年的摆手舞，欢腾的气息一波接一波在山谷间传递荡漾。

挖土、撒种、织布、种苞谷、纺棉花……在全身各部位肌肉的协调配

龙山县苗儿滩镇捞车村惹巴拉宫的大摆手堂（孙莹　摄）

合下，一系列扭、转、屈、蹲的动作组合再现了日常农事活动的场景，而日子也就在这一摆一转间倏忽而逝，转眼，已是千百年的春种秋收。

在土家族聚居区，每个村都设有摆手堂，供奉着祖先八部大神。就在捞车村不远处的里耶镇比耳村，村民如今最希望神灵庇护的，是脐橙的丰收。这里山上山下到处种着脐橙，当果实缀满枝头，果香溢满山间，就是一年中最幸福的丰收时刻。

"种橙子，卖不得，自己当饭吃？"最初引进脐橙时，种惯了苞谷、红薯的村里人两手一摊，对这填不饱肚子的水果直摇头。

"前面一条河，后山乱石窝，吃饭靠统销，住房蹲岩脚。"为了改变落后面貌，第一任村书记米显烈默默攥紧了拳头。这里可是龙山里耶！那个2 000多年前城墙环绕、马蹄嘚嘚的秦帝国洞庭郡迁陵县！"北有西安兵马俑，南有里耶秦简牍。"将近4万枚简牍啊，帝国的职官、历法、邮政、仓储、军需、法律、算术、宗教、农业无一不包，边陲县邑的社会百态由此重现。

拾起一片残瓦，它或许就曾见证过楚国的明月；捡起一截断砖，它或许就曾抵挡过秦军的长矛；捧起一抔泥土，它一定饱含着一次次城头易帜留下的血腥；掬起一捧清水，它一定荡涤着王朝更替时战车铁骑的火花……

辉煌的时代已然成为过去。"有女莫嫁比耳郎，坐月没有大米汤"，曾经全村200多名青壮年中就有80多名光棍，这样的现实着实让人扼腕。究其原因，就一个字，穷！

时间倒回1989年，人均耕地不足0.2亩的现状让米显烈一筹莫展。种不了粮食就种果树，木本作物一旦扎根，就会努力生长。

1个月的时间，米显烈三上龙山，五下吉首，凭借退伍军人身上那股不服输的劲儿，四处寻求致富门路，终于将目标锁定：脐橙。

寻钱找物，开山炸石，背土填窝，米显烈带头种植脐橙，立志要改变比耳村贫穷落后的面貌。30多年过去了，最初从湖南农科院引来的小树苗如今已长成叶茂根深的大树，里耶比耳脐橙也逐步走出了大山。

2009年，比耳脐橙专业合作社成立，吸收了960多名成员。全村90%的村民加入，贫困户100%入社。

抬头望山，山上种树。"看到那山顶没，都是脐橙。"多种一棵树，多收一树果，多赚一笔钱。缺土少地，村民们就背土上山，在石头缝里填土种树。根系倔强地延伸舒展，愈发愈牢地抓紧泥土，枝干用力朝着太阳的方向生长，越往高处，越发茂盛。

树上果子结得多，树下脐橙卖得欢。近几年，扶贫干部帮助村民学会了通过电商销售脐橙。10斤1箱，每箱68元，还包邮。相比当地2元1斤的价格，村里人直呼"想都不敢想"。经由庞大的物流系统，已经有200多万斤里耶脐橙走出大山，销往全国各地。

看着大家通过各种渠道赚钱，贫困户余家国着急了。小时候家里穷，没有机会读书，40多岁的他只认识简单的几个字，可不识字就没法打字，如何与买家交流？

"比耳村位于酉水河流域的富硒带，温度均匀、土质肥沃，是脐橙的沃养天堂。我们里耶脐橙果形椭圆美观、色泽橙红温润、口感甜而不腻，含有多种人体所需微量元素……"拿着手机进行语音售卖的村民正是余家国，没有想不出的办法，没有卖不了的脐橙。

以前，比耳村村民靠着篾刀子（编制竹器）、船篙子（下河捕鱼）、苞谷子（种植玉米）艰难度日，而今这一树树脐橙，让村民票子多了、车子多了、房子多了。

大山为龙山带来了脐橙，在与之相邻的永顺县，大山的馈赠则是另一种漫山遍野的果实——猕猴桃。

"隰有苌楚，猗傩其枝。"中国是猕猴桃原产地，一颗猕猴桃能提供一人一日维生素C需求量的两倍多，是当之无愧的"水果之王"。

1996年，永顺县开始发展猕猴桃产业，可是稀稀拉拉的果实把大家的致富梦一下子打碎。怎么办？学技术！2005年，水杨桃砧木嫁接技术启用，永顺猕猴桃亩产也由4 000斤提高到1万斤以上。看着急剧上升的数字，果农眼里渐渐都有了光，不仅要坚持种，而且要扩大规模种。

在永顺县高坪乡，有万亩连片的猕猴桃基地。

"北京都没有这么好的猕猴桃。"在基地冒雨分拣猕猴桃的果农一下子来了精神。怕我们不信又补充道，她在北京待过，比这小一圈的猕猴桃，一颗都要七八元钱。

高坪乡有易地扶贫搬迁户82户293人，如何引导搬迁群众发展优势产业，答案就是这小小的猕猴桃！

"金艳"为黄心猕猴桃，"米良一号"是绿心猕猴桃。在永顺，茫茫大山中"宝贝"多，早就藏着野生猕猴桃，"米良一号"正是由其嫁接改良而成，抗病性强、产量高，更适合当地种植。

"甜度高，口感好，个儿大。"高坪乡乡长万锋补充道。

"一年能买一辆中配的帕萨特。"问起收益，当地老百姓这样形容。

7个猕猴桃专业合作社、28个猕猴桃专业村，果汁、果酒、果脯、果王素……如今的永顺已成为我国南方最大的猕猴桃生产县，产业覆盖23个乡（镇）220个村8万多人，与贫困户建立了紧密的利益联结机制，带动8 000余户3.5万人增收。

"一株油茶一斤油，百亩油茶起新楼。"永顺的大山中，不仅有"金果"，还有"金油"。

山茶油，简称茶油，被誉为东方的黄金油，一直以来就是永顺当地百姓常用的食用油，山上600多年的老茶树如今仍年年开花结果。

山茶花开于秋季，果实成熟于次年花开时节。10月采摘季，花开满山，如繁星散落枝头，芳香素雅、沁人心脾。朵朵花间，是一簇簇饱满得快炸裂开的褐色果实，花与果同株共茂，并盛并存，因此有"抱子怀胎"的说法。

5季13个月的云滋雾养，赋予了茶果独特的内涵，每斤不低于50元的成本让其愈显珍贵。

往更高的山上走，就来到了湖北恩施土家族苗族自治州来凤县三胡乡黄柏村杨梅古寨。

大山深处云蒸霞蔚，中华蜜蜂徜徉其间，采百花，酿甜蜜。

"一年只取一次蜜。"这是苗族小伙儿姚俊的坚持。

改良传统活框蜂箱，减少蜜蜂的消耗，增加蜂蜜香味；发明九九养蜂法，一个人最多能管护1 000箱蜜蜂……在中国农科院专家的支持下，尚风寨蜂业有限责任公司负责人姚俊完成了多项技术革新。

2018年，公司以自然村落为基本单位，选取一位饲养牵头人，并按贫困户的饲养能力与自然承载能力，免费配送一定数量的中蜂蜂群。如此一来，贫困户摇身一变成了股民，每群蜂群由公司占股20%、牵头人占股50%、贫困户占股30%。

无需任何资金成本，不需承担任何风险，只要付出劳动，贫困户就可获得每群蜂群30%的利益分配。

飞翔在这片大山里的"小精灵"，又回馈了这里的乡亲。

▌ 那土

土家族自称"毕兹卡",意为"土生土长的人"。

这是一个古老而又年轻的民族。千百年来,土家族人在武陵山区繁衍生息,而直至新中国成立后,几经调查论证,才被确定为单一民族。

"福石城中锦作窝,土王宫畔水生波。红灯万盏人千叠,一片缠绵摆手歌。"这是一个只有语言而没有文字的民族,其历史就在曼妙的摆手舞和悠远的摆手歌中一代代口耳相传。

舞于山水间,歌飘武陵外。这是一片神奇的土地,处于富硒带的优势让出产的农作物蕴含着天地灵气。

在距离龙山县城南7公里的洗洛镇,我们见到了"百合王子"宋志国。

"以前大家都叫我'短跑王子'。"练体育出身的他有着健硕的体魄和幽默的灵魂。

"百合,生山中,春生苗,长一尺许,叶似蒜苗,青色,夏开红花。"在嘉庆版《龙山县志》的记载中不难发现,百合,也是这片土地的原住民。

20世纪60年代,宋志国的家乡大井村为了进一步优化百合品种,村供

▼ 龙山县洗洛镇风雨桥(资料图)

销社从江苏宜兴县引进卷丹百合6 808公斤，在小井、大井、坪中大队铺开40亩试种，次年单产就达到600公斤。

这里的土壤特别适合种百合！

1998年，父亲宋仁彦的百合产业缺人手。"上阵父子兵"，宋志国一琢磨，回到了故乡。自此，这个土家族小伙儿成了"百合二代"。

读过书、见过世面的年轻人有自己的规划。2002年，宋志国承包了40亩土地，并用18年时间将其发展到400亩，翻了10倍。

"只有微苦的百合才可以入药，甜百合只是蔬菜。"对家乡的百合信心十足，这是当地人透出的精神气。

"秋水仙碱"，龙山当地人人都挂嘴边，这个百合中富含的物质到底是个啥，我们一无所知。

"治疗痛风的药物，主要成分就是秋水仙碱。"宋志国一语道破。

球茎颜白如玉、鳞片肥厚、形态卷曲、抱合紧密，这是卷丹百合的特征。味微苦、食药两用，这是龙山百合的特质。

滋阴清热、润肺止咳、清心安神……作为蔬菜，鲜百合销往上海、南京等长三角地区，上海市场的占有率高达98%；作为药材，百合干片入驻成都荷花池、河北安国、安徽亳州、广州清平等中药材市场，市场占有率超过80%。

对于销售，宋志国有自己的小算盘。6月的百合鲜嫩、量少，从张家界荷花机场空运直达上海；秋季百合大量上市，则拼车直发。如果将鲜百合放到冷库，也能卖到第二年的五六月。

百合剥片，这是一项人工成本较高的劳作。既要保证品相的完好，又要及时剔除受损的鳞片。虽然烦琐又单调，但每剥1斤4毛钱的价格仍吸引许多留守老人到合作社工作。

丰收时节，120多人一起剥片，颇为热闹壮观。夕阳西下，怀揣着100元工钱回家，又是何等满足与幸福。

2009年，"龙山百合"注册为地理标志证明商标。从口头相称到正式定名，众望所归。

"百合办"，专门为百合成立的机构，11位工作人员一年四季都围着百合转。

品种对比、种球选择、疫病防治、水稻百合连作……小小一颗百合，需要做的事情真不少。

百合，成就了一条街。一家挨着一家，家家都做百合生意，随处可见堆成小山的百合干片和讨价还价的来往客商，这就是龙山的马路市场。

在面粉里加入百合粉，就制成了耐煮、润滑的百合面。想在竞争激烈、产能过剩的挂面市场争得一席之地，绝非易事。

"这面卖得怎么样？"

"30吨。"

宋志国用手比划出一个数，这是去年合作社卖出的面条。今年，他又从河南引入了一条新生产线，想着继续扩大规模。

百合茶、百合酒、百合饮料，这些是龙山推出的新产品。不久后，百合安神口服液、百合面膜也将陆续亮相。

400余栋百合干片加工烘烤房、40余座百合保鲜库、100余家百合加工企业，覆盖全县建档立卡贫困户1.2万户4.5万人，电商年销售额2 500余万元……

这所有的一切都建立在10.3万亩的百合种植面积之上！

靠着这片土地，百合百变，焕发出无限生机。

在这片神秘的土地上，还有一种美丽的植物——"凤头姜"。

来凤来凤，有凤来仪。酉水流经龙凤盆地，孕育了形似凤头、姜柄如指、尖端鲜红的凤头姜。温润的气候和富硒黄棕沙壤，造就了凤头姜无筋脆嫩、美味多汁的特质。

6—10月是仔姜采收期，10元1斤的田间收购价让姜农大呼过瘾。等到11月，大量老姜成熟，又是另一派丰收景象。

过去，一到农历腊月，姜农们就起出地里的凤头姜，挑起扁担，上四川、下湖南。回来时，背篓里便是满满的锅巴盐、五彩丝线等生活必需品。

凤头姜，见证了那段清贫的历史，也护佑了来凤一方百姓。

山还是那座山，水还是那湾水，如何让来凤县的姜农从土地上获得更大的收益，是扶贫干部苦苦思索的问题。

好土才能出好姜，大家一合计，向专业技术人员求助。

一边是500余年的种植加工历史，一边是实验性的土壤改良。面对未知，姜农们犯起了嘀咕。

专家们看出了姜农的担忧，于是承包土地，自己干给姜农看！

凤头姜有严重的连作障碍。姜瘟病，是让姜农最头疼的难题。

姜瘟病，学名生姜青枯病，发病快、死亡率高、无有效防治手段，多年来一直困扰着当地姜农。哪怕仅有一点点残留的病菌，都会对凤头姜产生影响，轻则减产，重则绝收。

土壤消毒、买种苗、施肥料、生物农药防控……在姜农最差的土地上，专家们硬是收获了5 000斤优质凤头姜。而这一亩的产量，早已超过了传统种植的平均水平。

惊讶的姜农纷纷来取经。土壤处理费用每亩2 000多元，姜瘟病没有了，产量翻番，连杂草都少了，每亩效益增加了三四千元。

会不会是偶然？姜农们还是不放心，毕竟贫困的生活经不得一丝风险意外。于是，专家又种了一年。有了第一年的基础，成本更低，产出更高。

不等了！姜农们主动找到当地干部："请专家来指导我们种凤头姜吧！"

两年的耕耘是值得的。在各方努力下，姜瘟病的防治效果在95%以上。

"凤头姜含姜醇、姜烯、姜辣素等，能增进食欲、健脾胃、温中止呕、止咳祛痰、提神活血、抗衰老。"

当这些专业术语从路边吆喝的姜农口中传来，专家们相视一笑。

山中育百草，土里存黄金。

包括百合在内，厚朴、黄柏、杜仲等15种中药材就是龙山土里的"黄金"。

在龙山县洗车河镇草果村，我们见到了46岁的宋宏成。贫困让他不得不在20出头的年纪背井离乡，深圳、上海、杭州、新疆，一路辗转，一路漂泊。

心安即归处。2006年，想稳定下来的他回到了家乡，与山外的世界不同，这里依然是几十年前的模样，父老乡亲的生活并没有太多改善。

守着宝地过穷日子，这怎么行？

草果村盛产通草。一番考察后，宋宏成组织成立了龙山县波波中药材种植专业合作社。

拿起一根，体质轻盈，洁白无味，中部有半透明的薄膜。可别小看这其貌不扬的通草，清热利尿、通气下乳，都是它的神奇功效。

给宋宏成放手一搏的勇气与信心的，除了家乡道地的药材，还有东西部扶贫协作项目的支持。

合作社种植617亩通草，两期共投入280多万元。当年栽，18个月后就可收获。错开时间，分层次种植，这样年年都能丰收。

通草的茎干是难得的药材，而留下的外壳也是制作机制炭的原材料。

变废为宝、合理利用，这是宋宏成的生意经。

10月是通草的采收季节，合作社成员纷纷来到基地工作。为了让路远的成员有个歇脚的地方，宋宏成在基地边上盖起了员工宿舍。

每天110元，这是合作社定的工资；当天结算，这是宋宏成定的规矩。

145户172人，合作社让草果村的贫困户有了工作，有了收入，更有了盼头。

■ 那城

"山沟两岔穷疙瘩，每天红薯苞谷粑，要想吃顿大米饭，除非生病有娃娃。"这民谣，道尽了武陵山的贫穷。

来凤县百福司镇舍米湖村是土家文化摆手舞的发源地。迎着小雨，顺着曲曲弯弯的石板路，我们来到了舍米湖民族文化中心。

"这石板路、这摆手堂，都是先辈留下来的。"舍米湖村书记彭平悠悠道来，我们的思绪也随着这雨后的石板路延伸到了远方。

"一脚踏三省"的舍米湖，在2014年有贫困户90户278人，于2018年全部脱贫。

鼓声响起，我们从沉思中被唤醒。眼前是一群身着传统青蓝色土布衣服的土家儿女，循着节拍，他们欢快地跳起摆手舞，9个主要动作统一流畅，浑然天成。

曾见过毛主席的彭昌松今年87岁，但凡村里有重大活动，他依旧一马当先，被誉为"摆手之乡不老松"。

人人都会摆手舞，这是每一个舍米湖村民的"傍身绝技"。

跳舞也能赚钱？村民你看看我，我看看你，一脸不可置信。

游客到舍米湖村，就是想看最正宗的摆手舞。

于是，一有机会大家就相约跳起摆手舞，寂静的小山村也渐渐走入大众视野。

相比舍米湖村的幽静，作为当地土司文化代表的老司城遗址仍诉说着当年的繁华。

"城内三千户，城外八百家。"八街十巷纵横交错，痕迹依旧；天然屏障灵溪河潮涨潮落，静静流淌。"五溪之巨镇，万里之边城"，由此可见一斑。

水井悠悠，马蹄嘚嘚。当时明月在，曾照彩云归。

忆过旧时城，再看今朝美丽新农村。

距离老司城50公里的芙蓉镇科皮村，是深度贫困村。1 279人中，429人为建档立卡贫困户，贫困发生率高达33%。

如何改变？产业、文化双管齐下。

不远处936亩水稻田中，放养着稻花鱼；左手边的山上种有638亩猕猴桃，100亩脐橙，600亩黄金茶……

"去年一头猪相当于一头牛啊！"村书记王付文感叹，深居武陵山腹地，没有受到非洲猪瘟的波及，养猪户大赚了一笔。

树崇德向善新风，树移风易俗新风，树遵纪守法新风，树诚实感恩新风，树勤劳致富新风；建起乡村夜校、农民培训中心和创业协会、乡村车间和一村一品基地、扶贫互助合作社、爱心公益超市。"五树五建"，这是科皮村的创举。

同为美丽乡村，恩施州来凤县桐子园村又是另一番景象。

车行桥、人行桥、茶园游步道、滨水栈道、观景平台……放眼望去，远山如黛，独峰而秀，茶园成片，绿树如荫。

桐子园曾是重点贫困村。2005年冬天，村里多方考察后，决定发展茶产业，可村民不认可。怎么办？村民代表、党员带头种茶、建茶厂。

茶，3年才能种成。这3年，带头人都憋着股劲儿。直到第一锅茶叶新鲜出炉，闻着四溢的茶香，大家心里的石头才落了地。回忆起这段往事，村书记刘春生感慨万千。

"没种过茶，谁心里都没底。最开始的200亩效益不错，后来就200亩、200亩地发展。"

茶树水淹不了，风吹不倒。如今，90%的村民都种上了茶，全村1 250亩耕地中，1 200亩变身为茶园，每亩地增收6 000元，在2017年整村脱了贫。

建筑，是人类文明的承载体，也是了解一个民族文化的捷径。"石匠怕打石狮子，木匠怕建转角楼。"

吊脚楼，这种古老的干栏式建筑，没有一颗钉子，抗震且易于搬迁，被称为巴楚文化的"活化石"。

临水而立、依山而筑。上层干燥防潮，是居室；下层空阔方便，是外间。节约土地、合理分配，作为土家族、苗族的传统居所，吊脚楼如一颗颗珍珠点缀在武陵山间，与大自然浑然一体。

"无瓜不成趣，无坎不成楼，不转不成楼。"在惹巴拉，到处可见传统的吊脚楼。土家语中，"惹巴拉"意为"美好和美丽的地方"。

武陵土家第一寨、土家织锦之乡、原生态民族民间文化博物馆……

当文化旅游和红色旅游越来越火，武陵山区愈发脱颖而出，为发展旅游扶贫提供了肥沃土壤。

在惹巴拉，连接3个村寨的风雨桥"连心桥"旁，旅游公司开辟了两个集中摊位摆放点，摊位交由村民经营，贫困户优先。

在800里武陵山脉的深远之处，龙山县最南端，有一座古城，名为里耶。

里，土家族语大地、土地之称。

耶，土家族语开垦、耕耘之谓。

里耶，土家人拓土耕耘、繁养生息之地也。

谁也没有料到，酉水河畔的这个小小边邑，竟封藏了如此多的历史奥秘。

护城河里的52枚秦简，开启了一个崭新纪元。随着一号井的考古发掘，将近4万枚简牍重见天日，一节节秦朝历史的片段得以"复活"。

湖北省恩施州咸丰县黄金洞乡的茶农正在采茶（资料图）

秦简一出，世界震惊。

如果说陕西兵马俑是大秦帝国的缩影，那么为其注入灵魂的，便是里耶秦简牍。

时间再拨回到1935年，任弼时、贺龙、关向应、萧克、王震等老一辈无产阶级革命家，带领红二、红六军团驻扎在龙山县茨岩塘镇，时间长达238天。这里是湘鄂川黔革命根据地的中心，是湘鄂川黔省的首府。中共湘鄂川黔省委员会、省革命委员会、省军区和红二、红六军团医院、兵工厂、供给部……茨岩塘，无疑是武陵山中的"遵义城"。

如今，龙山县正在打造全域旅游，武陵山文化传承的种子，在群峰云海间散布播撒……

■ 那人

家人围坐，篝火可亲。

摆手堂前跳起摆手舞，笑声随着歌声舞动飞扬。中场休息，来一杯藤茶，这就是当地人悠哉悠哉的生活。

翻阅《诗经》，"古茶勾藤"映入眼帘。原来早在几千年前，藤茶就已被智慧的先祖饮用并记载。

生长于海拔400～1 300米，喜阴湿，山地灌丛、林中、石上、河边都有它的身影。这是武陵山区人们世代饮用的一种饮品，叫茶，却不是茶。

属于葡萄科蛇葡萄属的藤茶又称莓茶，植物名为显齿蛇葡萄，是一种野生藤本植物，不含鞣酸、咖啡因，有茶之香醇，而无茶之刺激。

"三两黄金一两茶，藤茶浑身都是宝。"湖北酉凤来硒贸易有限公司负责人杨艺琼介绍道。

干练的短发、真诚的笑容、详尽的介绍……这位54岁的土家族妇女以其独特的感染力打动着每一个人。

于2017年从贸易转行做茶，并且是全家总动员，这在哪里都不多见。

31岁从澳大利亚留学回来的儿子主管电商，儿媳管理财务，女儿负责销售与品牌……就连82岁的老母亲都在公司帮忙。

养在深闺人不识，很多人并不知道藤茶。

于是，杨艺琼不放过任何一个推介藤茶的机会，参加产销会争取经销商，参加品鉴会认识茶商，走进社区结识消费者……

新冠肺炎疫情期间，杨艺琼也没闲着，坚持每天发抖音。2020年，公司70%的产品都通过互联网销售，收获了600多万元的战绩。

租农民的地，收农民的茶，安排农民工作，给农民分红。8个乡（镇）全覆盖，基地、工厂一体化，公司带动贫困户322人，人均年收入达到2万多元。

而几年前却是另一番景象。

"你能不能帮我把藤茶卖出去？"这是当地干部的诉求，也是茶农、茶企的心声。2018年是藤茶的低谷期，茶企的仓库里积压了几千吨货，茶农手里攥着白条。这也是农业农村部挂职干部杜建斌到来凤的第一年。

茶博会就要开始了，10天时间，杜建斌给恩施争取到了最好的展位。不只藤茶，恩施玉露、利川红纷纷惊艳亮相。

2019年下半年，积压的藤茶销售一空。

幕后工作要做，台前工作也不能落下。

"藤茶具有清热润肺、平肝益血、消炎解毒、降压减脂、消除疲劳等功效。它的植物黄酮含量是沙棘果的3倍、三七的9倍、蜂胶的45倍、银杏叶的110倍、杜仲的450倍……"

挂职副县长杜建斌来到消费扶贫直播间，做起了来凤藤茶的代言人。

2020年上半年，藤茶卖空；端午节前后，咸鸭蛋、皮蛋卖空；年前，腊肉、香肠卖空……

卖空固然令人欢喜，但进一步做好规划才能让生意更加长久。

种植面积不再增加，要建加工厂，保证应收尽收；要做深加工，打造品牌；要对藤茶分级，满足不同消费群体需求……

2020年年初，武陵山特色产品交易平台正式投入运营。

21家藤茶生产企业上报质量和数量，同时带着产品参加盲评。经专业人员测评，4小时后当场出结果，给藤茶定级的同时，给出批发指导价。采购商则根据各自需求，参照测评结果现场认购。

阳光交易，优质优价。4个小时，764万元。

山高多雾，寒凉多雨。唐崖茶，600年。

在咸丰，一群人干成了另一件与茶相关的大事。

红茶、绿茶、黄茶、白茶、奶白茶……来到咸丰县唐崖茶市，各色茶叶让你应接不暇。

2020年4月29日，唐崖茶市正式开业，目前已有30多家企业入驻。

梁正文，咸丰县茶叶协会会长。茶市一开，协会运转更加顺畅。

茶企进茶市门槛不高，茶市的最大功能是将企业聚集，品茶、斗茶，比学赶超的氛围由此浓厚。同时，资源得以整合和共享，哪里的茶叶好，哪里的需求量大，怎样做出一杯好茶，都能在茶市寻得答案。

有了稳定的"据点"，方便以茶为中心的人们坐下来切磋交流，这是之前想都不敢想的事。

循着茶叶清香，我们见到了这群在推杯换盏中推心置腹的协会成员。

张俊，标准的"80后"，退役后开始做茶叶，已有15个年头。作为绿园春茶叶专业合作社的负责人，张俊和40多名成员一起管理着合作社4万多亩茶园和两个加工厂。在他的带动下，1 000多户茶农"撸起袖子加油干"。

新冠肺炎疫情期间，为了不耽误茶叶销售，茶市专门开辟了杭州专线，直接将唐崖茶运往浙南茶市。一个春天，运输量就超过200吨。

不仅送往，还得迎来。

姚健，咸丰县茶叶局局长。2020年年初，一接到茶企请求，他就半夜带着批件去高速公路口接人、接器械，打通茶叶销售受疫情影响的"堵点"。

从路口直接到企业，14天的隔离时间，来者也不闲着，安心在企业做茶。隔离期结束后，再装满一车茶叶返回。

生产防疫两不误，咸丰茶叶的生产销售不仅没受影响，反而优于往年。

在咸丰县高乐山镇白岩村，我们见到了第一书记魏广积。

2016年年底，魏广积第一次来到白岩村。贫困发生率高达45%的白岩村几乎没有一条水泥路，基础设施非常差。年轻人都外出打工，只剩下老人儿童。

作为脱贫攻坚"尖刀班"成员，魏广积在摸清村里情况后，果断决定重启茶产业。

20世纪70年代的老茶园很多都荒废了，如何"变废为宝"，魏广积动了一番脑筋。

唤醒沉睡的老茶园，这是首要任务。

清理杂草、修剪枝条，一番劳作后，老茶树容光焕发。

无污染、香味足，老茶树伸展出的新茶叶受到市场青睐，价格较普通

茶叶翻了几番。

同时，合作社的茶叶基地也在按部就班地经营着。1 600亩茶园中，100多名村民在此务工。

2017年，村里茶厂开始修建，2019年正式开工。如今，茶厂不仅能将村里的茶叶全部消化，还可以帮助周边村庄加工茶叶。

靠着茶叶，2017年白岩村全部脱贫，群众满意度达到100%。

钱包鼓起来了，环境好起来了，村里又办起了乡村旅游。

2018年正月初一，白岩村游人如织，挤挤挨挨，人们暂离快节奏的都市生活，在青山绿水间放空自我。客人一波接一波，有的来了就不想走，且一住就是3个月。

绿水青山就是金山银山。如今的白岩村，人均年收入1.15万元。我们走进永顺产业孵化园，这里上演着促进产业扶贫的"父子档"。

在孵化园，我们见到了59岁的彭发明，人称"湘西柚子王"。

"柚子不愁销了，电商打开了大门。"

在儿子的帮助下，彭发明成立了湘西三农电子商务有限公司，把永顺全县的农产品集中销售，在中国扶贫网、京东等七大平台同时推出。

电商绝不只是年轻人的事，老爷子照样玩儿得溜。拿起手机，彭发明娴熟地打开页面进行操作。

线上线下一年销售额将近2 000万元，其中一半归功于电商。

在外做了几十年生意的王守功今年55岁，儿子王少甫武汉大学毕业后，决定回乡创业。2017年，大丰生态农业开发有限公司正式成立。

"条索紧细泛白花，醇厚甘美茶奇葩。神秘湘西多好物，土家儿女最爱她。"这个"她"，便是莓茶，也叫藤茶。

大丰莓茶，这是爷儿俩的事业。年轻人有想法，王守功全力支持。

莓茶隐茶杯，这是儿子王少甫的小发明。将茶包固定于纸杯底部，不仅能有效利用碎茶，而且方便取用，是办公场所的首选。

目前，永顺全县网络带货超过1.2亿元，有800多人专门从事这一行业。

1986年，农牧渔业部（现农业农村部）开始支持武陵山区。

200多人接续奋斗，选派的挂职干部都是部内精英，他们懂政策、懂技术、懂市场，正是武陵山区脱贫急需的人才。

95%的时间都在武陵，挂职干部真正介入到当地的政治、经济、文化、生活等各个方面。"我们能带来什么？"这是每个挂职干部的自问。政策、理念、经验、人脉……

大到全县、全州、全省、全国，小到一户贫困户、一家合作社，挂职干部事必躬亲。

山高路远，翻山越岭几天才能走出大山的日子已经结束，一圈圈盘山公路平坦又漂亮。

在武陵山区，过去判断一家富裕程度的最简单方式，是看其家里挂了多少腊肉。如今，香肠、腊肉已经成了产品，不仅自己管够，而且还远销海内外。

种瓜点豆，惜土如金。由言必称贫到话必谈产业，不离土、不离乡，照样奔小康。

产业需要定力，需要几代人持之以恒的坚持；扶贫需要毅力，需要一群人接力相传的坚守。

古道悠悠，摆手千年。尽锐出战，精准帮扶。山一程，水一程，武陵今胜昔。

农业农村部指导建设的武陵山区茶旅一体发展示范基地（陶传江　摄）

武陵山区篇：摆手越千年

滇桂黔石漠化区篇：
开在石头上的花

文 李 飞 李 鹏

　　"在石头缝里能活500年，你觉得我们像不像孙悟空？"娄德昌眯着眼睛，皱纹里满是沧桑，脸上神情安详。

　　他说得没错！听完他们的故事，我们觉得这就是齐天大圣。

　　娄德昌年近花甲，个子小，皮肤黝黑，身板结实。他的家在贵州省贞丰县银洞湾村。30年前，银洞湾地表面积的95%是石头，白花花的石旮旯里，除了三五株玉米和杂草，就什么都没有了。

　　银洞湾村窝在滇桂黔（云南、广西、贵州）石漠化区的腹地。

　　石漠化你们知道吗？也叫石质荒漠化，是由于人类过度开垦和降雨冲刷导致的水土严重流失现象，直观表现为山体岩石裸露、土层瘠薄。

　　石漠化问题研究专家认为，石漠化严重的地方，比沙漠还可怕，沙漠里还能长点梭梭草、胡杨之类的植物，而重度石漠化地区寸草不生，满山

石漠化山区裸露、半裸露的山体，喀斯特地貌发育显著（吕德仁　摄）

满眼都是石头，因此，石漠化还有个让人听了倒吸一口凉气的名字——地球之癌。

银洞湾的村民们就像孙悟空那样，食草觅果，夜宿石崖。不同的是，那孙猴子拔根毫毛，想变出什么就变出什么，可村民们把头发都愁白了，也变不出一担粮食。

1990年，银洞湾村人均粮食产量不到100公斤，是全国平均水平的1/4。换句话说，这里的村民每人每天只能吃一根半的玉米棒来充饥。

娄德昌告诉我们，他年轻那会儿，村里的女人只有坐月子时才有资格吃上一碗大米饭，男孩子要光屁股跑到十来岁才能穿上一条裤子。

银洞湾是一面镜子，照出了滇桂黔石漠化区的贫瘠。翻开这里的历史文献，随处可见的"瘠"字十分扎眼——"土瘠民贫""田瘠寡收""土瘠且性坚"……

将近400年前，徐霞客游历至此，唏嘘喟叹：俗皆勤苦垦山，五鼓辄起，昏黑乃归，所垦皆硗瘠坚硬平瘠之地。"

多年前，联合国教科文组织专家站在这里，摸着冰凉的石头摇摇头说："这是最不适宜人类居住的地区！"

这句话，娄德昌不服！祖宗的腰杆什么时候向石山屈服过？不管再穷再难，比石头还硬的村民不还是活下来了？

历史是人创造的。

1988年，我国岩溶地区开发扶贫和生态建设试验区在贵州设立，这片大地进入系统的"开发式扶贫"阶段；1992年，滇桂黔石漠化治理首次列入我国国民经济和社会发展计划；2011年，滇桂黔石漠化片区被列入全国14个连片特困区之一，成为之后10年扶贫攻坚的主战场；2015年，脱贫攻坚战全面打响，这里的扶贫开发进入攻坚拔寨冲刺期。

30多年，滇、桂、黔各族儿女用血与泪写就"绝地逢生"的战贫史诗！

■ 熬

在大石山区采访的那些天，我们听到不少情节类似的故事：穷山沟里姐弟俩，姐姐被塞进花轿，嫁给外乡素未谋面但掏得起彩礼的男人，换回给弟弟讨老婆的钱。姐姐撕心裂肺的哭喊声被欢天喜地的锣鼓声淹没，和

滇桂黔石漠化区篇：开在石头上的花

远去的花轿一同消失在山谷中。

这是"换婚",因为穷。

贫穷是什么?看一下《说文解字》的考究吧:"贫"由"分"和"贝"组成,"贝"意为财富,众人分割财富导致财富减少就是"贫";而"穷"意为"极""尽"。"贫穷"就是把财富瓜分到极尽。

土地是财富之母。石漠化则把"瓜分财富"演绎得淋漓尽致——在滇桂黔石漠化区,土地被纵横的石岭切割得支离破碎,人均耕地只有九分;不仅如此,降水被喀斯特地貌下的溶洞和暗河尽数吸干,人畜抢水喝。

瘠薄的土层加上降雨的冲刷,让这里成为水土流失的重灾区。当地流传的顺口溜,把石漠化区发展条件的恶劣讲得很清楚:荒山秃岭不见林,怪石盘踞不见田;河道断流不见水,重山阻隔不见路。

在一位老人的口述里,我们看到了石漠化片区几十年前的一个四季轮回:山大石头多,出门就爬坡,苞谷种在石窝窝,春种一大片,秋收一小箩……顺口溜好念,村民又饿又渴的日子难熬。

云南省西畴县江龙村,多美的名字。

过去,农民在石漠化山区艰难生存(资料图)

江龙村最美的春天，是村里人最难熬的时候。石坡上长出来稀稀拉拉的玉米，只够村民吃四五个月。秋收时，村民吃的是玉米窝头；立冬时，碗里盛的是玉米糊糊；过完年，玉米糊糊就稀成汤水了；正月一过，搪瓷碗被转着圈地舔得干干净净。每到这时，村民们又要背起口袋，到周边村里借粮了。

借粮哪有那么容易？在西畴，土地面积的99.9%属于山区，裸露、半裸露岩溶面积占比高达七成五，人均耕地只有少得可怜的七分半，日子再好过的人家也不会有多少余粮。再加上江龙村村民年年来借粮，却没个还粮的日子，虽说立下字据"借一还二"，却也没多少人愿意借。

时间长了，江龙村的名字没人提了，周围的山民只记得，山的那边有个穷得叮当响的"口袋村"。

"西畴西畴，从稀变稠。"一位老汉告诉我们，他早年间最大心愿，就是让碗里的饭从"稀"变"稠"。

在国家列出的14个连片特困地区中，滇桂黔石漠化区的少数民族人口最多、所辖县数量最多、人地矛盾最为尖锐，是贫困程度最深的地区之一。

石漠化区的土地，除了少得可怜，还极度贫瘠。

我们站在一处石头遍布的山坡上，伸出一根食指，随意往石窝里的泥土上一戳，就摸到了土下的基岩。

1981年，广西那坡县搞了一次土壤普查：耕作层厚度在18厘米以下的耕地，占全县耕地总面积的90%以上。一般来说，耕地的有效耕作土层厚度应当以25厘米以上为宜。

这片土地"瘦"到玉米连根都扎不下去！薄田上长出来的玉米，被老百姓形象地称为"稀麻癞"——玉米棒上的籽粒稀稀疏疏，就像"麻子""癞子"的脸。

1990年，那坡县的人均粮食产量是242公斤。这是什么水平？和1949年的平均产粮水平相当。苦熬苦干了40多年的那坡人，连一天三顿稀饭都换不来。老百姓实在熬不下去了。

"总不能活活饿死吧！"30多年前，那坡县银洞湾的几户村民聚在一起，合计着怎么搬出这片荒芜的石山。

"搬到哪里去？"

"管他呢！先搬出去再说，总比在这石旮旯里挨饿强！"

西畴县村民在石窝窝地里种玉米

怀揣着对"吃顿饱饭"的憧憬，几户人家变卖了家里值钱的东西，背起行囊，趁着夜色出发了。

然而没过多久，他们就垂头丧气地回来了。原因是家庭联产承包责任制在各村推开后，土地分到了户，外来户分不到土地，也就没了生存空间。

搬家行不通，村民们没办法，只好再回到石头堆里想办法。垦荒成了唯一的指望。

娄德昌是村里带头垦荒的人，他的讲述帮我们还原了当时的场景——村民一个个跪在石窝窝里，小心地拔掉杂草，生怕拔猛了会带出宝贵的土壤；然后更小心地用锄刀刨开泥土，塞进几粒玉米粒埋上。即便是碗口大的一抔土，村民们也不会放过。

这片荒石坡的下面是花江河，静静地流淌了千年，每到夏、秋季节，山谷飘落的花瓣就会把江面点缀成流动的花毯，然而娄德昌从未有闲心好好看一看河谷的美景。

在他眼中，庄稼才是最美的风景。跪下、弯腰、刨坑、埋土，往前挪两步，再跪下、再弯腰、再刨坑、再埋土，几个动作，村民们重复了几十上百万次，硬是在石骨嶙峋的荒坡上垦出一片庄稼地。

望着远远的花江河，娄德昌说："当时山上没有灌溉水源，我们每天走十几里山路，下到河谷去挑水，然后一瓢一瓢地浇在每个有土的石窝窝里。"

大伙就像照顾孩子一样照顾着那片山坡。

几个月过去了，绿油油的玉米苗从石缝里歪七扭八地破土而出！娄德昌眼睛亮了，他和全体村民一起，日日夜夜祈求别闹雨灾，盼着秋天开镰能多收几株玉米。

石坡能不能开花结果，还得看老天爷给不给饭吃。

雨，对于滇桂黔石漠化区的百姓来说，是梦想，也是梦魇；乡亲们最盼的是雨，最恨的也是雨；盼的是甘霖，恨的是雨灾。

"冬春见水贵如油，夏秋水灾遍地走"是这里的真实写照。石山区土层瘠薄，植被稀少，很难涵养水源，喀斯特地下漏斗还疯狂吞噬着地表水，因此在玉米生长期，村民们盼星星盼月亮，求着老天爷下点雨；而到了夏天，为了保住庄稼，村民们又磕头拜天，求着老天爷别降雨成灾。

凤山县也处在广西石漠化区。《凤山县志》中有不少关于雨灾的记载。据统计，1950—1995年，凤山县几乎每3年就发一次大水，每次大水过境，都会让村民一年的努力付之东流。民国年间，乔音乡遭受一场洪灾，县志中这样写道：乔音河聚万山洪，暴发年当夏季中；若里上林溪又会，人家住在水晶宫。这是石漠化区很常见的雨灾情形——夏季，玉米生长期里，大雨冲刷石山，山洪汇到河谷，就连河谷平地都难保住庄稼。

娄德昌最担心的事还是发生了。6月，一场狂风暴雨袭击了银洞湾村，石旮旯里的玉米苗被连根拔起，连同农民半年的心血，一起被卷进了山谷的花江河里。

"那天啥都没剩下！几个婆娘冲进雨里，站在石头上骂老天爷，骂到最后，瘫在石头上哭得死去活来。"娄德昌说，"一辈子种地，没收着几斤粮食，舍了脸去借粮，换不回一顿饱饭，狠下心来搬家，最后还是回到这石窝窝里来，没办法了，拼着最后一口气开荒，叫一场大雨给冲了个干干净净！"

"想不通啊！我们是造了多少孽，受这么大罪！是老天爷不开眼吗？"娄德昌摇着头，连连发问，"花江河就养活不了这几个可怜人？我们生活的这块地方，它真的就是一块绝地吗？"

▎凿

　　30多年来，在广西凤山县金牙瑶族乡的山顶上，每天总有一个汉子准时出现在那里，风雨无阻，赶牛放羊。

　　这个汉子名叫杜林强，患有先天小儿麻痹症，小腿细得像手腕一样。他无法站立行走，只能手脚并用地爬行，手掌上的茧子，磨得像砂纸，两块篮球皮绑在膝盖上，权当是鞋子了。

患有小儿麻痹症的杜林强和患有智力障碍的妻子、年迈多病的母亲生活在一起

　　"翘！"每天早晨，杜林强伸着脖颈一声吆喝，带着40多只牛羊出门了。埋头爬行的杜林强，就像羊群里的头羊。

　　悬崖峭壁上有段一尺来宽的泥巴路，几年前，他的一头牛曾从这里失足坠崖。

　　我们跟在杜林强后面，走在这条他往返了1万多趟的路上。

　　跪了一辈子的杜林强，肩挑着全家六口人的生活——除了照顾智障的妻子、多病的母亲，他还把3个儿女抚养成人。大女儿出嫁时，他一分钱彩礼也没要。

以他的情况，吃住靠政府兜底，女儿结婚多要点彩礼，也是说得通的。我们小心地问到这儿时，这个声音沙哑的汉子抬起头："我自己还能干，国家和女儿已经照顾我很多了，再伸手要他们的，良心上过不去！"

这就是大石山里的人，坚韧、自强、勤劳、善良，从来就不缺精神。

"你们缺什么？"每到一处，我们都会问。

"我们缺条件。"这是我们听到最多的回答。

缺地、少水、没路，是阻挡村民推翻贫困大山的最大障碍。

在壮语里，"那"意为"田"。那坡县里的"那坡"，意思就是"山坡上的田地"。

渴望，往往体现在名字里。在广西，地名中包含"那"字的地方有1 200多处，农民对土地的渴望是如此热烈而直白。

事与愿违的是，在那坡，叫得上名的山峰有952座，耕地的面积实在少得可怜。

放眼滇桂黔石漠化区，情况大抵类似。

20世纪80年代，那坡县城厢镇出了位有着"双面人生"的乡村教师李春国。平时，他穿上干干净净的中山装，文质彬彬地夹起课本去村里的小学教书；到了周末，他就半夜4点从床上爬起来，脖子上挂条毛巾，光着膀子，扛起钢钎去凿山。

"啧啧啧，这老李怕是教书把脑瓢子教坏掉咯，竟然要凿山修田？"在村民看来，整座山就是块石疙瘩，根本不具备开垦的条件，"我倒要看看他开的田能种出来几坨坨粮！"

李春国没疯，他找了块缓坡，打算"削峰填谷"，就是把坑坑洼洼的石坡整成平地，再用筐把泥土从河谷背上来，铺土造田。

他往手心吐了两口唾沫，抡圆了大锤砸向石头，碎石四溅，崩开的石渣把他的头发都染成了白色。

你们是不是也有同样的疑问：李春国吃着公粮，饿不着也冻不着，为什么要千辛万苦去凿山？

"我饿不着，可娃娃们饿，他们把碗底舔了一遍又一遍，我看不下去呀！"李春国说，作为一名党员，他想起个带头作用，让乡亲们看到石头开花的希望。

李春国做到了，玉米抽穗了，石头开花了。

村民们不敢相信，光秃秃的石岗竟真的变成了良田！

村民们开始相信，天虽不能改，地却可以换！

几年后，炸石造地、坡地改梯地、中低产田改造等补助政策相继出台，一场轰轰烈烈的"向石旮旯要粮，向石缝中要地"的运动席卷了大石山区。

一时间，云南各地纷纷设置中低产田地改造办公室，广西大力推动坡耕地水土流失综合治理工程，贵州各县成立坡改梯工程指挥部……

1989年冬，"轰"的一声巨响，那是西畴县木者村点燃了云南炸石造地的第一炮。

一块块巨大的岩石被炸碎，村民们蜂拥而上，把碎石垒成埂，把泥土填成平地。100亩，300亩，600亩，很快，一块块石埂梯田坐地而起，整齐划一、铺向远方。土跑光、水跑光、肥跑光的"三跑地"，在一个春天后，变成了保土、保水、保肥的"三保田"。

"这是村子有史以来最大的一块地啊！"饿了一辈子的老人王廷章哽咽了。那年秋天，村民碗里的窝窝头满得冒出了尖来。

在贵州紫云县白石岩乡的干水井村，有一口杂草掩盖的废石井，干裂的石碑上有一行模糊的碑文："人无神力，寸步难移；祈水在者，神必佑之"。

这口井建于嘉庆二十四年（1819年），当时，求水于神明是每个村民的精神寄托。

老人们说，西南的渴，渴得让人心痛。

滇桂黔石漠化区属亚热带湿润季风气候，年降水量集中在900～1 800毫米，按理说，这丰沛的降水足以满足一切农作物的生长。

然而，山上的庄稼却"喝"不上这救命的雨水。大部分降水在石坡上还来不及停留，就被地下密布的溶洞、暗河吸走了。

"打井不行吗？"我们随口一问。

村民说，他们试着打了很多口井，却没打出来过一滴水，就算在峡谷低洼处打下去200米深，多半还是够不到水。

"能不能修水库蓄水？"我们还是不解。

干部们说，党和政府也着急，但那时候哪有条件啊，在地质复杂的石山区修水库是水中望月——可望而不可即的事。

每逢春旱，各个县里应急办公室就会立即召集所有洒水车往山里送水，但远水终究解不了近渴，长长的队伍早早地就把车罐里的水接光了。

曾经，渴极了的牛羊拱开牲口圈冲向屋里，一头扎进水桶和人抢水喝。

"眼望花江河，有水喝不着。"在银洞湾村，下到河谷打趟水要花4个小时；就算到了家里，一桶水洒得也只剩下半桶，不够用啊！

村民掂了掂手中的钢钎，想出了一个最笨但又最聪明的方法——凿！在石头上凿出水池来蓄水！

娄德昌回忆，那时用不上水泥，村民就上山去寻找水平面上有大坑的石头，这种是天然储水的好坯子。

村民们没白天没黑夜地凿。夜幕降临，朦胧的月光斜洒下来，幽幽的山谷中看不清人影，只看到这边亮一下，那边闪一下，那是村民手中的钢钎凿在石头上冒出来的火星子，跳动的火星就像镜头上的闪光灯，记录着村民为水奋战的每一个夜晚。

后来，积蓄了财力的地方政府发动了大规模人畜饮水工程建设，为村民修水窖、水池提供水泥和补贴。一时间，滇桂黔农村大搞人畜饮水工程建设的场面成了大山里的一道风景线——轰鸣的卡车车队从山脚出发，往

石漠化山区随处可见的山腰水窖

山上送水泥、钢筋和沙石；村民在田边挖坑、砌砖、支模，到处一派热火朝天的景象。

太阳升了又落，月亮圆了又缺。转眼20多年过去了，夜色中，娄德昌带着我们爬上了那曾经传荡着"叮叮当当"凿石声的山坡。

"你看这些水池！"娄德昌指着山坡上映着粼粼月光的水窖，开心地笑了，"它们白天装太阳，晚上装月亮，多好！"

今天，水窖、泵站、塘坝、水渠等水利设施如一块块大山怀抱的碧玉，星罗棋布地镶嵌在滇、桂、黔山区的每一座山岭上。

古代的西南之所以被称为蛮夷之地，一个重要原因就是路难走。大山就像一把巨大的枷锁，把人们牢牢禁锢在了山里。

破局，还需修路。

我们看到，一个红色的、直径约2米的巨大"凿"字，被刻在了西畴县岩头村的峭壁上，崖壁一侧，是一段宽阔的水泥通村路。这条路的故事，村民们用了12年去讲述。

岩头村挂壁公路旁的悬崖上雕刻着"凿"字

岩头村就像它的名字一样，位于陡峭的石山之巅，这里峰连天际，飞鸟不通。

没有哪个地方的农民不希望家里的猪越长越肥，但岩头村村民却害怕家里的猪长肥——因为没有路，去镇里卖猪只能靠手抬肩扛。不到100斤的猪，村里的男人咬咬牙，能自己扛着下去卖，但是超过100斤就得雇人抬，而雇人抬猪的工钱抵得上卖猪钱的一半了。

村组长李华明摊开手："肥猪不如瘦猪值钱，你们说这是什么日子！"

早在20多年前，县里就想给岩头村修路，政府有关部门来人看了几次后，无奈选择了搁置再议。西畴大山里有1 774个村小组，比岩头村困难的还有不少，有限的财政要紧着最穷的救济啊！

与其坐等，不如自己修路。

2003年农历正月初六，就在其他村子还沉浸在过年的热闹中时，李华明和全村老少爷们来到村口，撸起袖子，扬起铁锤，凿起山来。

"你们村如果能通路，我就能用手心煎鸡蛋给你们吃！"山脚处的村民，不相信李华明能带着村民把路修通。

"困难是石头，决心是榔头。我就是砸锅卖铁，也要把路修上！"李华明咬牙说道。

开山要炸石，李华明让村民用绳子把自己吊起来，悬停在峭壁上打炮眼，脚下的万仞悬崖就这样凝视着他。

一锤又一锤，这一凿就是10多年。为了凑钱修路，村里有80岁的老人望着家徒四壁的房子，把早就为自己准备好的老寿木卖掉了。

村民们凿弯了多少根钢钎，李华明记不得了，但他能感觉到自己的头发越来越白了，饭量也越来越小了，从小养大的看门狗都老得走不动路了。

通车那天，头一次见到汽车的老人，挂着拐棍颤颤巍巍弯下腰去，伸手去摸车屁股下的排气管，然后一脸疑惑地问大伙儿："你们说这汽车它分不分公母啊？"

站在"凿"字底下，李华明得意地问我们，"你们说我们这条路修得咋样？"

我们说，这条路就像插入大山的钥匙，打开了贫困的枷锁。满头白发的李华明跳了起来，拍手称好。

1989—2020年，滇、桂、黔人民凿山开地、凿石筑窖、凿山修路，掀起了基础设施攻坚战、大会战——云南完成中低产田改造面积约3 000万亩；广西建成的宽度3米以上的灌溉水渠总长度为2.66万公里，超过了南极到北极的距离；贵州建成农村通组硬化路7.87万公里……

西畴岩头村村民凿石修路（李光聪　摄）

▍ 试

十日无雨则为旱，一日大雨便成洪。滇桂黔的生态，脆弱得经不起折腾。

历史上，滇桂黔位居西南边陲，拱卫着中华大地，历来为帝王所看重。尤其从明代起，封建王朝开始大规模在这里开荒、屯田，以期"耕除荒秽，变桑麻硗薄成膏腴"。

《凤山县志》记载，宋皇祐五年（1053年），凤山县境内有"烟户约二千余，丁口约八九千"；清朝雍正至道光年间，已经是"约万户以上，丁口约六万余"。几百年时间，人口增长了5倍；到20世纪90年代，西南地区的人口超载率已经普遍在30%以上。

"开荒开到山尖尖，种地种到天边边。"随之而来的，是越来越尖锐的人地矛盾。为了生存，村民只能拿起锄头，向更深的山区进发。

人进林退，林退土走，土走石进，石进人穷。就这样，脆弱的自然基底再加上人们的过度樵采，大石山区陷入了"越穷越垦，越垦越穷"的恶性循环，白色石斑不断扩散，一步步吞噬着绿色的山体。

"石头在长！"年逾古稀的老人脱口而出。

1980—1990年，滇、桂、黔的石漠化面积以2%的年均增长率快速增加，每年吞噬的土地约1 856平方公里，这相当于每年从地图上抹去一个县！

20多年前，刘超仁退休了，此前，他是西畴县兴街镇的一名小学老师。原本，刘超仁准备回老家江龙村享享清福，可江龙村山洪的暴发频率一年比一年高，粮食的产量一年比一年低，倒是这"口袋村"的名号越来越响了。

"这山连件衣裳都没有，还怎么护人周全？是不是这个道理？"刘超仁告诉我们，一味地垦山，就像喝慢性毒药，一时不痛不痒，却会折磨一生。

1985年，西畴县提出了"用30年时间绿化西畴大地"的目标，吹响了生态保护的号角；1988年，全国岩溶地区的开发扶贫和生态建设试验区在贵州毕节市建立。滇、桂、黔开始走上了生态建设与开发扶贫同步推进的新路子。

看着光秃秃的山顶，刘超仁没心情侍弄花草了，他决定响应政府号召，上山种树。他盘算着，一个人种树力量太有限，还得发动大家一起种树。

可村民们还在温饱线上挣扎，谁会跟他干这种"吃力不讨好"的事？刘超仁上门催问得多了，村民们开始对他没好气了。

"放着退休的闲日子不过，你这到底要闹哪样？我看你是饱汉不知饿汉饥！"背着口袋，准备出门借粮的糙汉子瞪起了眼。

"村民恼了，你放弃了吗？"我们问。

"没有。"

那天，刘超仁暗自发誓，一定要让村里的"饿汉"变"饱汉"。

第二天，刘超仁就把写得密密麻麻的入党申请书交到了村党支部书记的手里，他要"名正言顺"地带着村民大干一场。

那年，他58岁。

这个干巴巴的老人背着个旅行袋，走了好几个省找树苗，终于选到了心仪的树种——橘子树。回到家，他先在自家山坡上试种。第一次收获的橘子就卖出了10倍于玉米的价钱。

"能成！"刘超仁高兴极了，"这不就是一看二懒三皆空，一想二干三成功的事嘛！"

村民纷纷跟着刘超仁上山种树，光秃秃的石头山像变魔术似的，几年就全绿了。

自那之后，山洪再也没有光顾过这个山村。

我们问："您前半辈子教书育人，后半辈子植树造林，这两件事有关系吗？"

刘超仁想了想说："我这辈子，一直都在播种希望。"

江龙村先行先试的经验很快得到了政府认可，在县政府的推动下，西畴县探索形成了"山顶戴帽子、山腰系带子、山脚搭台子、平地铺毯子、入户建池子、村庄移位子"的"六子登科"石漠化综合治理模式——把"山顶恢复植被、山腰退耕还林、山脚台地改造、平地推进高标准农田、家

凤山县石漠化治理成效明显，山体已看不到裸露的岩石

中建沼气池、整村搬迁"统筹推进。

20世纪90年代，滇、桂、黔三省份双拳出击，以"生态+工程"措施综合治理石漠化，掀起了植树造林、封山育林的热潮，在农村大力推广节柴改灶、以电代柴、沼气池建设等措施，"山、水、林、田、路、村"综合治理的号角越吹越响。

至此，大石山区的发展思路越发清晰——生态改善与脱贫致富都要抓，绿水青山与金山银山都得要。山还是那样高，水还是那样长，大石山里的人们，却换了种活法。

历史上的贵州关岭县，曾经"牛"气冲天。

"关岭牛"在明朝崇祯年间就已经闻名全国，位列中国五大名牛，曾经在20世纪80年代创造了年出口15万多头的外销纪录。

然而，关岭兴也因牛，衰也因牛。越来越多的关岭牛，把石山上本就稀疏的草慢慢啃光了，村民一度要把牛赶到山尖儿，才能找到几棵矮草吃。

"农民不养牛养啥？"乡亲们不愿意放弃祖宗传下来的产业。可如何把养牛致富与石漠化治理结合起来？

关键在于改变"啃山吃草"的老路子。关岭县政府牵住"牛鼻子"，成立了国有投资公司，建起一栋栋现代化牛棚，并从广西引进了保水保土又耐旱的皇竹草。

皇竹草似乎就是为了这片石山而生的，再硬的岩石，只要有缝隙，它就能把根深深扎下去。茂盛的皇竹草，一长就是一人多高，不到3年，皇竹草的种植面积就推广到了数万亩。

山上种草，山绿了；割草喂牛，牛肥了；牛粪返田，草茂了。有产有业的村民富了，漂泊在外的人们返乡了，关岭的"牛气"回来了。

30多年来，滇桂黔石漠化区抓住西南战后恢复建设、西部大开发、扶贫开发、生态文明建设、脱贫攻坚战的历史机遇，把生态修复与产业发展相结合，蹚出了石漠化治理的"西畴模式""凤山模式""顶坛模式""板贵模式""晴隆模式"等"求美求富"的好路子，培育了核桃、花椒、火龙果、中草药、养牛等"治山又治穷"的好产业。

我们看到，祖祖辈辈靠生活于此的人们，依然在靠山吃山、靠水吃水，只是方式大不一样了。

滇桂黔石漠化区篇：开在石头上的花

经过治理的西畴石漠化山区层峦叠翠，再也见不到裸露的岩石

▌ 变

辛辛苦苦一辈子，为家里盖上几间像样的房子，几乎是每个农民最朴素、最真切的梦想。

住在漏雨的村民家中，围着塘火听他们讲过去的故事。我们感到，村民逐梦的过程是艰辛的，特别是二三十年前的大石山区，"住有所居"的梦想就像美丽的泡沫，一戳就碎。

地处云贵高原地震带核心区域、夏季山洪频发、交通闭塞、建材紧缺、建房技术落后……大把大把的原因阻挡着村民住上一栋好房子。

北方夏季看瓜菜时搭的窝棚你们见过吗？过去，苗族、瑶族常住的权权房就和它很像，权权房也叫茅草房，是用树枝交叉搭成人字形屋架，顶上再搭些茅草，就算"房子"了。

为什么西南地区是全国茅草房占比最高的地区？

除了穷，地方方志中还有一种无奈的解释——这是一种类似"物竞天择，适者生存"的智慧。过去，大石山区山洪频发，位置低些的房子容易被冲走，久而久之，有不少村民选择了"锅箱靠床"的茅草房，就算房子被冲走，再建起来也容易。

即便村民用好一些的材料盖起了楼房，那也是一楼养猪养鸭、二楼住人、三楼储粮的人畜混居吊脚楼，主人每天伴着猪哼声入睡。这种房子虽然能抵抗一定的涝灾，但是一到夏天便粪污横流、臭气熏天。

1994年，广西开始在自治区内推进"异地安置工程"试点工作，把第一批住茅草房的村民接进了水泥瓦房。

一位老太太小心翼翼地抚摸着新房雪白的墙壁，高兴地说不出话来。几天以后，政府的干部来回访，发现新房里老人没了踪影！几番折腾，干部们终于在老人破破烂烂的茅草房里找到了她。

"你咋又回这来了？好好的瓦房不住，非要来这受罪？"气喘吁吁的干部们又急又气。

"等大水把我这杈杈房冲塌了我再搬过去……那么好的房子，我还舍不得住……"老人坐在床角，喏喏道。

这是怎样一种深入骨髓的心酸！

这是在经历了多少次洪灾的摧残后才有的悲凉！

对于"一方水土已养不了一方人"的重度石漠化地区，搬，是摆脱贫困的最后希望。

继被列入全国14个连片特困区之后，2015年，《中共中央 国务院关于打赢脱贫攻坚战的决定》指出，滇桂黔石漠化区的扶贫开发已进入啃硬骨头、攻坚拔寨的冲刺期。

在贵州贞丰县的易地扶贫搬迁安置点"心安处"社区，办事大厅里竖立着醒目的两行字——我身本无乡，心安是归处。

这一栋栋崭新的白楼，承载了7 331名村民关于家的梦想。

从山沟搬进县城，从草房搬进楼房，村民的生活发生了180°大转变。尽管"心安处"社区给7 331名村民准备好了新房的钥匙，但不少村民思想的枷锁还没打开。

金窝银窝，不如自己的草窝。因为久困于穷，不少村民给自己画地为牢，只看到了眼前的顾虑：下山以后，买葱要花钱，吃粮要花钱，就连喝水也要花钱。

我们看到了这样的党员干部，他为了动员村民们从穷山沟里搬出来，顶着太阳，爬上了最偏、最远的山崖；一天下大雨，他在雨中昏倒了，村民把他送到医院的时候，血压仪上的数字把所有人吓了一跳——高压220！

在干部们倾听过7 331种不同的声音、遍访过每一座山头之后，村民们心里的一团火烧起来了，他们同意搬家了。

挪穷窝是好事，可接下来在社区发生的事是我们没有想到的。

"这是谁尿的！"楼道白净的墙面上，一摊黄色的尿渍格外扎眼，社区党支部书记张忠文生气了，刚刚入住的安置房就发生这种事，他决定严厉追查。

原来，在楼道小便的是一位60多岁的老农民，他住惯了山顶的权权房，习惯了在天地间如厕，根本没见过马桶，更不知道马桶怎么使用。

住进新房第一天，他憋尿憋了半天，可围着几个房间转了好几圈，只觉得哪里都干干净净的，也不知道到底哪个才是茅房。后来实在憋不住了，但他又舍不得尿在新家里，只好出门尿在了楼道。

得知真相的张忠文哭笑不得，这也不能怪农民啊，老人一辈子没下过山，怎么会知道冲水马桶怎么用呢？

不仅如此，很快，其他社区干部反馈过来类似情况：有的妇女习惯了"锅箱靠床"的茅草房，竟然把厨房认作是卧室，把床板搬到灶台旁住下；有的老人不识字，觉得一栋栋整齐的楼房长得都一样，下去溜达一圈就找不到家了；有的孩子五六岁了，还从来没用过卫生纸上厕所，大便完还撅着屁股找树枝。

张忠文召集所有社区干部、楼长开会——立刻去到各自所管片区的每家每户，把村民遇到的问题，无论大小，全部记下来！

基层干部们给我们还原了当时的场景：一连几天，原本工位排得满满当当的社区办公室里，却看不到几名社区干部，几乎所有人都来到了安置楼里，他们挨家挨户、手把手地教村民如何上厕所、怎样挤牙膏、怎么拧开煤气灶开关、怎么识别楼牌找到家……

社区的干部把帮助村民"快融入"做到了极致。除了配套一大批扶贫车间和产业园区来保障村民"致富有门路"之外，我们感到，社区花心思最多的就是让每个村民找到"家的感觉"。

楼下的花坛里,种的是从山上移栽下来的花草和树木,虽然村民上了楼,但是低头就能找到故乡的感觉;社区开辟了"烤火房",村民们能经常聚在一起烤烤火、唱唱歌,尽管告别了坝坝戏,村民们还是能找到围着火塘闲聊时的乡情……

村民变了,他们开始用心经营起自己的小家了,他们不再连夜偷偷跑回山上的老房子,而是亲手写上几副春联,用心地贴在新家的门框和阳台上。尽管村民还是会和摊主争个面红耳赤,只为能抹去买菜的两毛钱零头,但他们更愿意花10元钱买上两张领袖的海报,小心翼翼地贴在新家客厅的墙上。

5年时间,这片地区有358万人搬出了大山,搬进了新家;5年时间,358万把新房的钥匙,开启了358万种崭新的生活。

人们都说,多彩贵州、七彩云南、精彩广西。滇桂黔石漠化区虽曾极度贫穷,却也极其美丽。

这片大地上,壮乡与苗岭相连,彝山和瑶寨相依,20多个少数民族用山歌与舞蹈演绎着西南山区的千年文明。

贵州的晴隆县,培育出了一个少数民族同胞寄托乡愁的乐园——阿妹戚托小镇。

"阿妹戚托……哟!"

"阿妹戚托……哟!"

"啪!"双脚一抬一落间,脚掌叩击地面传出了清脆悦耳的舞步声,这是彝族姑娘出嫁时,全村老少一起唱跳的"阿妹戚托"歌舞,只要歌声响起,就预示着彝寨有了喜事。

乔迁新居,就是天大的喜事。

阿妹戚托小镇居住着从三宝乡整乡搬迁过来的6 000多名村民。政府在规划设计小镇时,充分考虑了村民融入和文化传承问题——小镇依山而建,很有西江千户苗寨的味道,每栋房子上都有特意设计的"虎"和"牛"的图案,那是彝族和苗族的精神图腾;移民新区的芦笙场、游方长廊、文化街等民俗区配备齐全,斗牛、对歌、篝火舞的乡俗在这里得到了传承。

夜幕降临时,阿妹戚托就会把它的美肆意展示出来。

每天晚上，阿妹戚托的万人广场上鼓声擂动、芦笙响起，90多位衣着民族盛装的彝族、苗族姑娘，就会在闪烁的灯光下惊艳亮相，如蝴蝶穿花般在广场上翩翩起舞。

每晚，阿妹戚托小镇广场上都会上演篝火晚会

广场外围，是来自全国各地的游客，大家摩肩接踵，高举手机争相拍照。

唱着民族歌，跳着民族舞，乡亲们的幸福生活成了别人眼中的风景。对搬到这里的村民来说，小镇不仅是美丽的AAA级旅游扶贫示范区，更是灵魂的归宿。

最后，广场中央燃起了熊熊篝火，游客们放下手机，和素不相识的村民们挽起了手，成百上千人围成一个个同心圆，大家在如海如潮的歌声中不停变换队形，聚似一团火，散似满天星。

这场面让我们想起了西南地区一年一度盛大的歌圩节，我们被这场民族狂欢深深地感染和震撼：镜头下，这么多张幸福的笑脸，这么多双紧扣的手，都在火光照映下凝结为美好生活的精彩瞬间。

鼓，敲开黎明；火，照亮黑暗；芦笙，吹响幸福。

滇桂黔石漠化区的战贫历程就像一部荡气回肠的史诗。

30多年前，这里草木不生、人畜枯槁，是一片"受到诅咒"的险恶绝地；30多年后，这里山清水秀、宜业宜游，成了孕育着无限希望的生机之地；30多年间，生活于此的人们如孙大圣与石斗法、坚韧不拔，历经九九八十一难取回致富真经。

1万多个日夜，滇桂黔石漠化区有超过800万贫困人口甩掉了贫困的帽子。

这，是发生在西南大地上真实的脱贫攻坚故事；这，是书写在滇、桂、黔发展史上的减贫奇迹！

贵州贞丰"一江两岸育三果"（北盘江两岸石漠化山区种植百香果、火龙果、金芒果）助农脱贫增收

新疆南疆篇：
播在戈壁上的梦

文 冯建伟　刘一明　韩　超　刘硕颖　杨　惠

"过去，只会在戈壁滩上放羊！"从羊倌到年收入过万的护林员，克里木江像照顾自己孩子一样精心侍弄这片果园。

"谁不想住新房子，开小汽车，天天吃手抓肉！"以前挣钱没有门路、打工缺技术的克里木江，如今有了新目标。就连过去生活艰难时天天喝的糊糊，现在也成了调剂生活的新口味。

克里木江家所在的依也勒干村，就位于天山脚下的新疆克孜勒苏柯尔克孜自治州阿克陶县皮拉勒乡。"依也勒干"在维吾尔语里是宽阔平原的意思。过去，克里木江和依也勒干村群众守着这美好的祈愿，熬着缺水少种的穷日子。

在雄鸡版图的鸡尾处，东西绵延上千公里的天山把新疆分为一南一北。在天山以南、昆仑山以北的广大地域就是南疆。

南疆，古老、遥远而神秘……

云烟迷眼，剑气寒秋的《七剑下天山》里，这里是奇侠辈出、快意恩仇的江湖；

西汉时，这里是曾经的西域诸国，张骞出使流芳千古；

盛唐时，丝路漫漫、驼铃叮当，龟兹乐舞迷人眼；

新中国成立后，电影《冰山上的来客》带我们领略神秘的帕米尔风情；

新时代，丝路驼铃仍不绝于耳，"新丝绸之路经济带"向西开放的桥头堡矗立于此。

季羡林先生曾说，世界上历史悠久、影响深远的中国、印度、希腊等

文化体系汇流的地方只有一个，就是中国新疆。

新疆一盘棋，南疆是"棋眼"。

这里，有着极致的美丽，世间所有颜色描摹不尽它的惊艳。

巍巍雪峰的高度、茫茫戈壁的广度、帕米尔高原的厚度和塔克拉玛干的浩如烟海，在千年的风云际会里，荟萃积淀了多民族的厚重文明……

但是，这里也有着极致的贫穷。极寒、极热、干旱、沙尘、洪涝、冰霜……生存条件艰苦恶劣，贫魔长期肆虐这片土地。

被称作"南疆四地州"的喀什、和田、阿克苏、克孜勒苏柯尔克孜自治州，正是地处于此。集"老、少、边、穷"于一身的南疆，是全国"三区三州"深度贫困地区之一。

这里，虽物产多种多样，但生态环境恶劣、资源匮乏，基础设施落后，贫困代际传递现象严重。

贫困如梦魇般长期困扰着这片土地和这片土地上的人民，"南疆四地州"辖区内33个县中有26个是国定贫困县，284万贫困人口生活在这里。这里，是新疆乃至全国扶贫工作中难啃的"硬骨头"。

战胜贫魔，就是南疆群众千年的梦想！

引水、修路、种果树、搞养殖……依也勒干村群众靠着党的政策，在戈壁上建起了4 000亩优质果园，克里木江和村里116名贫困户村民经过培训学会了果树管理，当上了护林员。

依也勒干村的转变经历，只是南疆3 247个贫困村的脱贫故事中的一个。

1979年，改革开放的春风最先拉开了农村扶贫的序幕。

在国家支持下，相继历经开发式扶贫、"八七"扶贫攻坚、新农村建设扶贫开发，南疆贫困群众在解决温饱的基础上，增加了收入，缩小了发展差距。

2013年，"精准扶贫"的号角吹响，世居于此的维吾尔族、哈萨克族、柯尔克孜族、汉族等多民族群众既有摆脱贫困最深切的渴望，也有战胜贫困最执着的豪情。

他们水乳交融，亲如一家，鼓足干劲，像石榴籽一样紧紧抱在一起，坚韧不屈、乐观向上……

产业扶贫、易地搬迁、转移就业……他们凝聚起前所未有的精神和干劲，脱贫攻坚决战在南疆大地展开。

■ 南疆小院里的变迁

东起嘉峪关，西含新疆全境，除了记载地理，便是介绍西域历代的隶属、建置沿革和风俗物产……

故宫博物院里，成书于清乾隆四十七年（1782年）的地理志书《钦定皇舆西域图志》，似乎并没有多耀眼。

不过，书里有个地名我们今天怎么也绕不过，"托克库尔萨克"。换了时空，如今，它是喀什地区的疏附县。

"托克，饱也；库尔萨克，大腹也。地丰，于稼人能饱食，故名。"说的是，那时候的疏附县是能填饱肚子的地方，地丰人富。

不过，30年河东、30年河西，更别说距离成书已经过了七八个30年。今天的疏附，还富裕吗？

带着这个问题，越野车从喀什机场一路向南，穿城而过，直奔疏附。

车窗外的苍凉、古丝路的厚重，兑着家国的豪情一起翻涌。

把地图拿远一点看，即便不是边境城市，这里也已是新疆的西南部，960万平方公里的最西端。

"这个地方过去是真穷，老乡们家里往难听了说，跟人畜不分居也没啥区别，土墙土院，里面既是家也是田，甚至还是养殖场……"路途并不遥远，只是10月的天已被"凉意"笼罩，加上司机的"吐槽"让人有些惆怅。一会儿到了地方，得是个啥样儿？

终于，街角一块醒目的大红牌子出现了：托克扎克镇阿亚格曼干村欢迎您。

这是南疆行的第一站，习近平总书记考察过的地方。

驶上村子的主干道，眼前却不是刚才说的那样，柏油路、太阳能灯，红顶白墙的房子在两侧码得整整齐齐，怒放的万寿菊艳得夺人眼……

司机回过头嘿嘿一笑，眼神里满是"逗你玩儿"的得意劲儿。

随行的扶贫干部手一指，车在一户人家的院门前停下，主人阿卜都克尤木·肉孜早已等候在那里。

44岁的男主人，中等身材，颜值绝对算得上"亚克西"。来不及寒暄，就被他的笑声裹挟进了小院。

头顶上的绿荫遮天蔽日，刚进门就觉得，一路上的"凉意"变成了凉爽。"这是我自己种的葡萄，很甜，等会儿尝一下。"阿卜都克尤木非常自信，似乎是要人一进门就觉得，这户人家的日子甜。

茶几、水果、坐垫早已摆好，就着吃喝的工夫，主人讲起6年前的盛景。"2014年总书记来到我家，就坐在这里和我聊天，鼓励我努力工作，和乡亲一起致富。哪能不受鼓舞嘛，我激动得很，从此以后就响应政府的号召，发展'三区分离'庭院经济。"

阿卜都克尤木拿出老照片，感慨以前家里的光景，这才和司机说的人畜不分居对上号。

过去，小院是土坯墙、土圈舍，满院子的树枝、草料、杂物、垃圾和畜禽粪便。

对现在的生活，阿卜都克尤木感触很大："三区分离，庭院整洁多了，生活环境也更好了。人畜分离，疾病没了传播渠道。走，带你们去看看。"

喀什疏附县阿亚格曼干村新貌

院并不算大，是居住区。绕过影壁一样的隔断，后院的种植区才缓缓打开。一座温室大棚坐落在右手，几台农机停在对面。再往后面走走，养殖区里，10头肉牛在砖砌的圈舍里埋头吃草。

看得出，阿卜都克尤木最上心的是那几头牛，它们也是一家人收入的"大头儿"。养肉牛1年能赚大约5万元，大棚种植花卉收入约3万元，搞农机社会化服务收入1万元，9亩土地流转收入0.5万元，一家三口年收入总共9.5万元，以前的"土院子"如今成了"金院子"。

"现在我们整个地区都是'一户一设计''一户一方案'，引导贫困户整治庭院，全地区24.6万户具备条件的贫困家庭，通过整治庭院户均增加了1亩地。集中连片发展一个棚（一畦菜）、一片园、一架葡萄'三个一'庭院产业。"郭渠江是喀什地区扶贫办副主任，这两年走村入户，想得最多的就是院子怎么整。

阿亚格曼干村拆除了不少危旧土坯房和土棚圈，统一规划整理复垦连片土地753亩，村民的庭院里土地多了350亩，建起了171个蔬菜大棚，现在又种植了100多万株花卉苗木，只要敢想肯干，群众脱贫增收总是有新渠道。

从阿卜都克尤木家的小院出来，80岁的玉苏甫·阿布都拉早就等不及了，让我们一定到他家去看看。

"放心，你就是不请，我们也要去！"村干部一句话就把玉苏普老人哄高兴了。

阿亚格曼干村有个百年传承的手工艺——编扫帚，如今还注册了商标品牌"瓦日斯"（意为"传承"）。

一进院门，屋前的立柱上，一把把形制精美、颜色各异的小笤帚就让人爱不释手。妙的是，这些作品还没有人的手掌大！

玉苏甫的妻子布依巴古丽·阿人都克尤木正是这手工艺的传承人。"过去可不是这样，就扎大个的笤帚，不值几个钱，还经常卖不出去。村里前年成立了合作社，我扎的笤帚被当成工艺品卖到了全国各地，最便宜的还卖15元！"

2014年，玉苏普被确定为建档立卡贫困户，那时候全家六口人年收入总共才3.5万元。村里的合作社成立后不久，就实现了脱贫，收入也翻了倍。

"现在每周扎笤帚就能赚1 500元，加上养肉鸽补贴家用，全家一年能

喀什地区疏附县阿亚格曼干村的布依巴古丽·阿布都克热木正在扎笤帚

收入8万元钱，平均下来每人每年也有1万多元。"

阿亚格曼干村"访惠聚"工作组的漆增伟，像是用了小扫帚，快速地清理出了数字："合作社还采用'互联网+'直销模式，把笤帚销往全国各地。瓦日斯合作社成立后，带动全村226户家庭实现就业，日产笤帚7 000把，全年利润500多万元。"

发展经济不忘红色传承，阿亚格曼干村以习近平总书记考察为契机建起了爱国感恩教育基地，借助农家乐、田园采摘、民宿体验等旅游载体，发展乡村旅游。

"你们下次再来就更好了！"玉苏甫对我们依依不舍。

▌从昆仑山流到家里的清甜水

天色般蔚蓝的湖水，宽阔的湖面上倒映着远方的雪山，如镜般没有一丝波澜。站在疏附县塔什米里克乡的盖孜河东岸，你就能看到这样的景色。

巍巍昆仑，泽被苍生。

千百年来，数不尽的冰雪融水自昆仑山脉涌出，注入盖孜河和克孜河，河水一路势不可挡，冲刷着河岸的沙石奔涌向东……

64年前，伽师县江巴孜乡依帕克其村的伊米提·艾山还是一个16岁的小伙子，从那时起，他开始帮家里干活。

年轻的肩头扛起了扁担，两头挑着大水桶，伊米提瘦削的身影每天早上都会出现在离家2公里外的涝坝旁，舀满两桶涝坝水，晃晃悠悠地挑着全家一天的生活用水往回走，到了家，两整桶水也洒了一小半。

什么是涝坝？说白了，就是露天的小河沟、小池塘。

在过去，伽师人民在丰水期将灌溉农作物的河渠水引入涝坝，再从涝坝把水挑回家饮用。

每到枯水期，涝坝里就要长期存着一潭不能流动的"死水"，水边生长着各种水生植物，水面上漂着些杂草和树叶，蛙叫虫鸣，人畜共饮，水质浑浊。

挑回家的水，有时是绿色的，有时候是褐色的。伊米提知道，这水不干净。

每次挑水归来，伊米提都先把水放置沉淀，过段时间再用一块滤布把水过滤一遍。"永远也不想喝这种涝坝水了，滤过之后还是又苦又涩。"

但又有什么办法呢？涝坝水曾经是当地唯一的水源。

那时候，村子里的人不但经常得伤寒、痢疾，有的人还会生一些怪病。伊米提直到现在也难以忘记，村里有的老人脖子上长了个大肉瘤，还有的人不过40岁就腿脚弯曲变形，难以行动，甚至还有很多年轻人不孕不育。

这是来自水源的疾病，不仅仅在江巴孜乡，而是整个伽师县都存在的怪病，是困扰着伽师人民的"心病"。

这涝坝水，伊米提一喝就是几十年，不过，事情终于有了转机。

为了解决各族群众喝水的问题，在党中央的关怀下，1995年，伽师县开始实施防病改水工程。

"这里没有可靠的地表水源，伽师在克孜河下游，沉淀了很多上游冲来的物质，浅层地下水的硫酸盐普遍超标，部分区域氟化物、砷也超标。我们只能打很深的机井，找深层地下水作为饮用水源。"在伽师搞了大半辈子水利工作的韩慧杰，现在是伽师县农村供水总站站长。

防病改水时期，韩慧杰一行人在江巴孜乡打了无数个勘探孔，都没检测到一处达到饮用标准的水，江巴孜乡附近完全没有"好水"。在喀什地委的协调下，伽师县将江巴孜乡的供水位置选在了隔壁的疏勒县。

1997年，来自疏勒县洋大曼乡机井中的水通过自来水管流入了伊米提家，57岁的他总算是不用再去挑涝坝水喝了。

接下来的10年里，伽师县打出了30余眼机井，全县人民彻底告别了涝坝水，从拉水、挑水到自来水直接入户，饮用水水质和用水方便程度都得到了极大改善。

其实，打深井挖地下水并没能真正解决伽师人民的饮水安全问题。

"这自来水变得越来越咸了。"通了自来水不过两三年，伊米提就发现水龙头里流出的水变了味儿，越喝嗓子越发干。

这是怎么回事呢？

韩慧杰指了指挂在墙上的《新疆地震烈度区划图》。原来，伽师县处在地震断裂带上，大震小震不断，震一次，地下水位就变化一次，水质就恶化一次，打一眼机井，两三年左右时间，水质就不行了。

十几年前，技术条件不行，发现打一口井只能用几年，伽师的水利工作者们也没有更好的办法，只能在水厂装备更好的过滤机器，并打更多的新井。到了2018年，全县共计开凿了62眼饮用水机井。

虽然打了不少机井，但抽出的地下水水质不稳定，通水几年后，有些地区的水质没变，但更多地区的水中硫酸盐、氟化物却开始超标。伽师人民的饮用水还是没有达到安全标准。

村里得怪病的人虽然越来越少了，但由于长期喝这种安全不达标的水，伊米提身边很多村民的牙齿上长出了黄黄的氟斑，一些村民开始渐渐出现脱发及其他健康受影响的轻度病症。

长期以来，伽师各族人民病在"水"上，穷在"水"上，也盼在"水"上。

为解决饮水安全问题，2014年的第二次中央新疆工作座谈会把伽师县群众饮水安全问题列入国家重点民生工程。

专家和技术人员们走遍了伽师县，经过多轮论证、现场勘测、地区县反复研究，决定从盖孜河上游东岸引水，从根本上解决伽师县各族群众长期以来饮水安全不达标的问题。

2019年5月，总投资17.49亿元的伽师县城乡饮水安全工程，正式开工。

一时间，整个伽师县上上下下都忙碌了起来，一节节管道被吊车放入挖好的沟渠，技术人员们弯着腰对特殊材料制成的管道进行焊接，各村的村书记带着工人对接管道，引水入户。

2020年，昆仑山脉的公格尔九别峰亦如千百年来一样，将甘甜清凉的冰雪融水注入盖孜河中，但水流这次却没有如以往般立刻跃向下游，而是注入了那如镜般宁静的湖泊。

其实，这并非什么天然湖，而是刚刚建成不久的人工沉砂池。

冰凉的雪融水经过809万立方米的沉砂池沉淀后，进入总水厂，处理后，跨越3个县域，通过总计1 827公里的干、支管线，流入伽师县的千家万户中。

1 827公里，各个干、支管线若是拼起来，距离比北京到重庆还要远。

水，是当之无愧的生命之源。

2020年，在脱贫攻坚关键之年，伽师县城乡饮水安全工程完工通水，经检测，各项指标均达到国家饮用水标准。

这个国家级深度贫困县的47万群众，终于彻底告别了饮用水不安全的历史，喝上了期盼已久的"健康水"。

"做梦也没有想到这辈子还能喝到这样清甜的水。"伊米提老人家厨房、卫生间和院子里各有一个水龙头。水龙头流淌出清澈的饮用水，如今已经80岁的伊米提老爷子，手里洗着西红柿，笑得合不拢嘴。

喝上了健康水，伽师人民在脱贫这条路上，再也没有后顾之忧！

目前，新疆已经实施农村饮水安全工程项目400余项，所有贫困人口饮水问题得到解决。南疆67个地处沙漠腹地、偏远高寒山区的不通水村全部

伽师县江巴孜乡依帕克其村村民喜迎"健康水"

通了水。

"夏季吃河水，冬季化冰水"的历史彻底结束了，新疆农村自来水普及率在90％以上。与2005年相比，水介质传染病发病率下降了80％。

■ 把群众放心里换来的信任

2018年的春节长假还没有过完，新疆维吾尔自治区政协农业和农村委员会副主任委员库热西·哈吾力再次打起背包，奔赴千里之外的喀什地区伽师县。这次，他要走马上任英买里乡阿亚克兰干村驻村第一书记。

这次担任驻村第一书记，与2014年他在自治区"访惠聚"工作中担任疏附县布拉克苏乡乌润巴斯提村驻村工作队长不同，主要任务是脱贫攻坚，时间3年。

放下行李，顾不上旅途劳顿，库热西带领驻村工作组同事就开始挨家挨户登门走访，给群众拜年。当晚，他们只能在冷如冰窖的村委办公室里将就解决住宿问题。

阿亚克兰干村有6个村民小组518户2 108人；人均耕地面积3.49亩；有建档立卡贫困户194户780人，是深度贫困村。

"我们村一直就这样，你就别白费功夫了！"走访中，库热西他们听到不少群众抱怨，更多的是群众的不信任。

"下大力气抓好'领头羊'，充分发挥传帮带作用，坚持不懈抓好社会稳定工作，才是带领村民走向美好生活的根本之策。"第一次全村党员大会上，库热西斩钉截铁地讲出了自己的想法。

为提升村干部能力素质，激发他们干事创业热情，库热西带领村两委研究实施"三有两评"工作机制：重点工作有计划清单，工作结束有完成清单，村委会有困难诉求清单；每半月召开一次工作队员帮带村干部点评会，村民代表每月评议一次村干部。

"村里的工作不就是上班盼着下班，不出错误就是万事大吉！"村干部阿布都外力·艾买尔以前一直抱着混日子的心态干工作，却不知道自己消极态度早就被群众看在眼里。

两个月过去了，在评议会上，村民们你一言我一语，可真是没留情面。阿布都外力如坐针毡，他自己的"三有两评"工作连续两个月测评满意度垫了底。

"实在是羞愧难当！"阿布都外力暗下决心重塑在村民心中的形象。

他在重点工作中多次主动请缨，对待群众呼声更是有求必应，经过一段时间的不懈努力，阿布都外力工作排名终于开始往上升了。

"开展'三有两评'和传帮带工作机制后，村干部主动学主动干，群众和干部关系也越来越密切了。"老党员艾则孜·热合曼欣慰地讲道。

"村干部工作拖拉，村民对村干部不信任，是干群关系不紧密的重要原因。"为方便群众办事，库热西坚持工作队和村两委开门办公，并在村委会设立"村民接待室"，由工作队员和村干部轮流值班，还将值班表和联系电话贴到公告栏。

"在以前，村民有急事跑两三趟还找不到干部。现在不管啥时候去，村委会都有人，办事正方便。"村民买买提·热西提对于"村民接待室"竖起大拇指，"现在对干部，我们是满心的'也仙期'（维吾尔语，信任的意思）！"

曾在县上打临工的阿布都外力·依米被拖欠2 000元的工资未结算，原本自认倒霉的他抱着试一试的心态走进了"村民接待室"。

"你说的事，我了解后，尽快给你一个满意的答复！"库热西二话不说就带领2名村干部多方核实，跟企业协商，最终阿布都外力拿回了被拖欠工资。

"群众的事不怕小，就怕不细。把实事做好，把好事办实，让村民少跑腿，帮群众解难题，才能赢得群众信任。"库热西常常挂在嘴边。

3年下来，库热西和工作组接待群众来访256人次，化解矛盾纠纷100多件，解决群众困难诉求156条，办实事、做好事350余件，赢得群众的信任和点赞。

深度贫困是阿亚克兰干村的顽疾，传统产业带动能力弱，增收空间有限。库热西来驻村前，就开始为给村民寻找增收产业查资料，找专家论证，进行市场调研。

阿亚克兰干村曾经有种植新梅的传统，但是管理不善、不成规模，过去种植新梅的村民并没有挣到钱。

库热西与村两委、工作队多次研究，决定把新梅产业做大，打造成脱贫致富的支柱产业。

起初，他在征求贫困户种植新梅项目时，很多村民都持反对意见。对于村民的质疑、观望，库热西并没有气馁。

农牧民夜校、周一升国旗仪式、技术人员宣讲、入户走访，他抓住一切机会，向村民宣传种植新梅的优势、市场前景及销路。

组织25名村民外出学习新梅种植管理技术，邀请林科院专家、林果技术团队开设"田间课堂"，手把手指导果农苗木种植、嫁接、追肥、病虫害防治等关键技术。

功夫不负有心人！

2019年，阿亚克兰干村2 100亩经过科学管理的新梅喜获丰收，销售额

400多万元，仅此一项人均增收2 000元，全村一举摘掉了贫困村帽子。

2020年，全村新梅收获950吨，销售额突破700万元，村民人均增收3 400元。

与此同时，驻村干部和村两委深入开展"解剖麻雀"式入户走访，制定"一户一策"帮扶计划，着力在扶志与扶智上下功夫，确定"自主创业＋外出就业＋N"的多渠道就业模式，为村里培养泥瓦工、木工、腻子工等农村实用人才100余人，帮助921名富余劳动力实现稳定就业。

腰包鼓了，心气顺了，村民们的笑容挂在脸上，变化表现在家里。这两年，村里已经有60多户村民购买了小汽车，还有村民在镇上和县城购买了房子。

喀什地区伽师县英买里乡阿亚克兰干村新梅种植户光荣脱贫

看到村民争先恐后买小汽车，库热西高兴在脸上，着急在心里。他召开村民大会，劝解大家"手头有钱，先用于明年的扩大再生产，等明年再挣钱了，再买车也不迟……"

2014—2019年，阿亚克兰干村累计脱贫180户747人；2019年，全村农民人均纯收入9 307.34元，村集体经济收入15万元，退出贫困村序列；2020年，剩下建档立卡贫困户14户33人全部脱贫摘帽。

阿亚克兰干村整体脱贫，库热西驻村3年也即将结束。他对自己的工作有一个总结：虽然从事农村工作多年，但这3年收获最大，是一次对基层奉献的补课。看着村民们奔小康，自己幸福感无以言表……

■ 神秘的"沙漠桃源"达里雅布依

从和田地区于田出发，沿着克里雅河畔新通车的沙漠公路一路向北，驶往塔克拉玛干沙漠。

驱车百十公里，沙漠之中显现出一片生机，这就是传说中沙漠孤岛——达里雅布依。

于田县是国家级深度贫困县，达里雅布依则是该县161个贫困村之一。

达里雅布依，那么遥远，那么神秘。

达里雅布依，在维吾尔语里是沿河而居的意思。很久以来，达利雅布依村民们都住在克里雅河的尽头，在沙漠更深的地方。

很长时间里，外面的人都不知道在沙漠之中还有这样一个村子。这块被中外考古探险家称为"世外桃源"的绿洲，因与世隔绝而鲜为人知，达里雅布依也因此充满神秘色彩。

如今，达里雅布依逐渐揭开神秘的面纱，循着烤包子和羊排的味道，我们来到达里雅布依小镇。

在水草丰茂、宜居宜牧的克里雅河畔，听村民讲着过去的故事。

老村子交通闭塞，生存条件恶劣，村民们靠放牧为生。往沙漠深处看，仿佛还能瞅见他们曾经住过的，用红柳枝或芦苇简单扎起、涂有薄泥墙面的"笆子房"。

他们喝着含氟量较高的苦咸水，点的是煤油灯，直到2002年，才用上光伏电。

月维罕·毛力下阿姨回忆，"笆子房"一到冬天就漏风，冷得不得了。平时生了病，只能自己硬扛过去。若是生了重病，得找摩托车沿着河岸骑上200公里，去县城看病。车子若是状况良好要开8个小时，若是坏在半路就得花上一两天时间走出来。

每天，都得去捡柴火回来烧饭，村子里放牧，肉倒是可以供应，但是没有菜吃。月维罕买菜得去县城，一次性买很多耐放的白菜、土豆回来。由于距离县城太远，也没有公路，生活非常不方便，隔壁家的小孩在县城上中学，一两个月才能回来1次。

太阳西射，黄沙漫漫。沙漠之中的村落逐渐外迁。

随着脱贫攻坚的深入，于田县于2017年在距县城90多公里处修建了基础设施齐全的达里雅布依小镇。

"最后的沙漠部落"完成整体搬迁是在2019年9月。

达里雅布依，那么耀眼，那么美丽。

走在小镇之中，满眼是家家户户院前种满的橘黄色小花。路面平坦，一座座白墙灰顶的二层小楼整齐地排列。

月维罕说，现在的生活变化太大了。

新家宽敞又舒适，不仅不花钱，还距县城近一半路。村子里配套的幼儿园、小学、卫生院、超市一样也不少。

在以前，月维罕根本想象不到未来会这么美好。

为确保人均收入达到国家脱贫标准，达里雅布依乡易地搬迁点进行了多项基础设施建设，已完成通水、通电、通路、通广播电视、通宽带，并已建设完成水厂、银行和邮局，配备基础设施完善，正常投入使用。

达里雅布依，那么独特，那么迷人。

大漠为底，映衬着家家户户整齐的房子，成了一道别有韵味的风景线。

现如今，达里雅布依的沙漠风光是这里最好的招牌。

古道漫漫，沙路绵长。如果现在还有过路的驼队，达里雅布依的住宿环境和条件会令这些旅人眼前一亮。

走进新居，干净整洁，茶几上放着馕和各种水果，绒布面的沙发和花纹时尚的落地窗帘格外显眼，家中电视、冰箱、热水器等一应俱全。

这里是帕坦木汗·买买提力家。

通过沙漠旅游产业，他们家里脱了贫。仅2019年一年，村里就来了2 000余名游客，通常他们都先去老村子观光体验，再回新村吃饭住宿。在这个村里，几乎每户都有一间客房，留作旅游民宿用。

过去，帕坦木汗家专门养羊，每天都能听到百十只羊"咩咩"地叫，

和田地区于田县达里雅布依小镇新貌

搬迁之后他把家里的羊托管给村里的大户，腾出手来在新建的小镇上开起了一家商店和一个农家乐小饭馆，招待了不少慕名而来的游客，一个月能挣上4 000多元。

天然草场之上，远远地能看见胡杨林矗立在画面的尽头。大漠风光里蕴藏着的奇妙景观，如今有更多的机会展现给来到这里的游客，也充盈着当地村民的钱袋子。

搬到沙漠小镇，只是村民们幸福生活的开始。

达里雅布依，那么香甜，那么诗意。

天苍苍，野茫茫，风吹草低见牛羊。长期以来，达里雅布依乡以发展畜牧业为主，有天然草场106万亩，天然胡杨林67.7万亩。

一只、两只、三只……和田羊正成群结队的在河边喝水。

这里放牧点水草丰富，牧民祖辈均以放牧为生，放牧经验丰富。因循着这种地理环境和人文经验，近几年村里加大和田羊养殖培训力度，安排专职放牧员。

这样一来，农户们切实的有了效益，实现了增收，也一定程度上解放出来了一部分劳动力，进而通过转移就业增加收入。

秋草泛黄，但总能看见梭梭树连线成面，与大芸相伴相生，在地里坚强地唱着属于它们的沙漠之歌。

昔日的荒滩正因为他们染上了盎然的绿色，农民们的口袋也跟着富了起来。2020年开始，达里雅布依乡动员贫困户贷款发展产业，动员搬迁户种植梭梭，既可以防风固沙，又可以增加经济收入。

大芸学名肉苁蓉，是一种中药材，有"沙漠人参"之称。梭梭和大芸产业在达里雅布依乡已经开始发展起来，预计年产70吨，可增收420万元，可持续收益3～5年。

大漠新家的生活正在一步步变好，教育、住房、饮水、基本医疗、供电、通信等服务得到根本解决。达里雅布依小镇里的农民群众在脱贫奔小康的道路上奋力前进，迸发出新的生机与活力。

晚风拂面，极目远眺，大漠里的天空显得更为广阔，胡杨静静地伫立在沙地里，但沙丘仿佛过不了这一夜，又要有新的形状了。

穿过了大漠的达里雅布依小镇，正从"塔克拉玛干沙漠肚脐"的"小小绿洲"变成和田地区的"大大招牌"，正带着穿越千年的梦想继续前行……

■ 双手奋斗来的日子"亚克西"

和田，一个遥远而熟悉的地名，因盛产和田美玉而广为人知。

然而，和田的环境恶劣和深度贫困，也像美丽的石头一样广为天下知……

地处塔克拉玛干大沙漠南缘。干旱和风沙，长期纠缠这片土地。

行走在和田，感受着空气中极微弱的水分子，寒风从耳畔刮过，带来了一股不一样的味道。原来，旁边是一家养鸽场。

走进洛浦县和天下鸽业有限公司的厂区，一排排整齐的鸽舍有序地排列着，鸽舍上写着的"北京援疆"令人心头一暖，鸽舍里落满了数万只洁白的和平使者，发出的声音震耳欲聋。

和天下鸽业，是洛浦县委、县政府在2018年整合北京市对口支援资金建成的和田最大的良种鸽繁育基地。如今，已经建成2个种鸽繁育厂，6个种鸽繁育合作社和15个商品鸽养殖合作社，有8.2万对祖代鸽，7.5万对父母代种鸽。

鸽场职工麦力克苏力坛·艾比都拉正忙着搅拌饲喂鸽群的饲料。她用略带新疆口音的普通话激动地述说着她的脱贫故事。

家住和佳新村的麦力克苏力坛·艾比都拉有两个孩子，以前她和丈夫在家务农，农闲时候出去打零工，一年下来只能挣6 000元钱，想要维持一家四口的生活很不容易。2014年，她家成为建档立卡贫困户。

2018年，和天下鸽业成立后，村委会的扶贫队员介绍她和丈夫一起来养鸽场工作，经过培训，她负责鸽子饲养，丈夫负责开车运输。

如今，小两口每月的工资收入有5 000元，摆脱了贫困的麦力克苏力坛·艾比都拉开始憧憬更美好的小日子。

10月的南疆，气温已经不太高，需要穿上大衣来抵御寒冷的气温。

开车两个小时，从洛浦来到策勒，一路上的新疆地域风景令人些许遗憾路程的短暂。

经过一番周折，终于见到了养殖户托合提肉孜。

托合提肉孜是2014年的建档立卡贫困户，家里缺少土地，当地的气候环境也不太适合种植，他就选择了养羊。全家靠着他放牧20来只和田土羊维持生活，但是由于缺乏技术，产羔率低，搭上人工养羊基本不挣钱。

2019年6月，在乡政府的号召下，他们开始养多胎羊。

合作社贫困户每人能发3只已经怀孕的扶贫多胎母羊，托合提肉孜一家有三口人，领了9只多胎羊。

现在，这些羊已经生产了两次，每次都生的是双胞胎，两年三胎保底能产5只羊羔，只需要交还1只给合作社，剩下的羊羔都归自己。

托合提肉孜把生出的母羊羔继续养大，用学到的扩繁技术扩繁，把公羊羔卖往市场，到现在已经卖了5万多元钱。他又用这钱买了一部分多胎羊，继续扩繁生产。

托合提肉孜学会了滚雪球式发展，现在，他家圈舍里已经养了50多只羊。看着圈舍里的小羊，正欢快地吃着饲草，托合提肉孜笑得很开心。

"孩子现在在上学，妻子在服装厂工作，一家有了稳定的收入，终于脱贫了！"托合提肉孜脸上堆满了满足的笑容。

在和田县英阿瓦提乡扶贫产业园里，一栋栋厂房整齐地排列着，身着蓝色工装的员工佩戴口罩，在扶贫车间内忙碌地工作着，整个流水线有条不紊，车间里环绕着缝纫机的"嗒嗒"声。

布尼萨是个漂亮的维吾尔族姑娘，她一边手里干着活一边聊天，技术娴熟，令人惊叹。

布尼萨一家六口，她是家中长女，由于家境贫困，她完成初中学业后就出来工作了，虽然多了个劳动力赚钱，但是家里生活还是不易。

2018年，英阿瓦提乡扶贫产业园建成后，给当地提供了很多的就业岗位。布尼萨听说要招工，便自己报名来到了厂里干活。

经过一个月的培训，她做起了缝纫工，每个月能赚800元钱工资。一年以后，由于她技术好又细心，布尼萨调到质检岗位，每月工资2 000元。家里有了固定可观的收入，一家人的生活也在悄悄变化。

和田地区和田县英阿瓦提乡扶贫产业园的服装厂车间内，员工们正在剪裁工装

说到这里，布尼萨笑了："家里还有两个妹妹在上学，我想用挣的钱供她们读书，学好知识，努力考上大学。我在工厂也认真学技术，这样以后我们都有知识、有技术，赚钱就容易了。"

走出工厂，园区里配套的幼儿园传来歌舞声。原来，除了保证就业和工资外，扶贫产业园内还配备了公共服务配套建设，不仅有职工餐厅、医务室、超市、办公室、盥洗室等，连托儿所也有，为员工提供了方便的工作环境，也为有小孩的职工免去了后顾之忧。

下班时间，从园区里三三两两走出回家的员工们，愉快地边走边聊，一起走向温暖幸福的家。

天山巍峨，见证宏图，天池明澈，镜照古今，这里离党的光辉最近。

2014—2019年，在脱贫攻坚战略下，在各方不懈努力下，"南疆四地州"251.16万人脱贫、2 683个贫困村退出、16个贫困县摘帽，贫困发生率由2014年的29.1%下降至2019年的2.21%。

2020年年底，脱贫攻坚拔寨攻城，南疆最后10个贫困县彻底摘帽，千年的梦想终于成真！

2021年，中央财政资金40.95亿元支持"南疆四地州"，专项用于巩固脱贫攻坚成果和支持实施乡村振兴战略。

区位、政策、资源、援疆多重优势叠加，中央有决心，南疆有信心，在"建设美丽南疆，共圆祖国梦想"的伟大征程上，团结奋进、砥砺前行，向着乡村振兴，再出发！

乌蒙山区篇：
决战乌蒙山

文 李丽颖　孙　眉

1985年，乌蒙山腹地。

正是春末夏初，贵州毕节地区赫章县海雀村的300多户农家却户户断炊断粮。

安美珍，全年没摸着一点儿油腥，瘦得好像一把枯骨架了个脑袋；王永才，一家5口人已断粮5个月，只能靠吃野菜过活，最后为了救命，不得不贱卖家里唯一的耕牛；王朝珍，裙子烂成一条条布，几乎掩不住胸腹，一见外人，只能难堪地自嘲："真没出息，光条条的不好意思见人！"

……

海雀村映照出乌蒙山人民生活之困苦。

山连着山、山环着山的乌蒙山区，贫困也在此如环相连。因集聚乌蒙山地区最贫困的人口，这里被称为乌蒙山集中连片特困区，涵盖云南、贵州、四川三省毗邻地区的38个县（市、区），其中，国家扶贫开发工作重点县占84%。

这里土地贫瘠，靠天吃饭，耕地巴掌宽、尺把长；不少乡亲住在深山区、石山区，栖身于几间茅草屋，不遮风、不挡雨，不通水、不通电，生活粗陋而原始；因交通不便，出来一趟要五六个小时，不少孩子上学要独自来回跋涉十几公里，不少乡亲小病拖，大病扛，没钱治，也无路治；年轻人只能爬出大山，向外找寻生路，徒留孤苦伶仃的老人和孩子独守大山。

贫困面大、贫困程度深、贫困现象复杂、贫困类型综合，可以说，乌

云南巧家县药山镇洗羊塘村村民搬迁前的生活环境

蒙山区是全国扶贫攻坚战中的难中之难，坚中之坚。有人甚至用"牛皮癣"来形容乌蒙山区贫困的根深蒂固的程度。

但乌蒙山民的骨头更硬，从祖辈流传下来的山岩般的血脉精神支撑着这片大地上的人，让乌蒙山区不曾中断与贫困的战斗。1988年，全国第一个"开发扶贫、生态建设"试验区在毕节地区建立，从此，揭开了中国扶贫开发的大幕。

进入21世纪，中国脱贫攻坚战一步紧似一步，步步攻坚克难。2015年，乌蒙山脱贫攻坚战役全面打响，为绝处求生、绝地突围，乌蒙山民力拔穷根，创造了一个又一个世纪奇迹！如今，记者行走在乌山赤水间，走近那场没有硝烟的战争，走近一个个拼搏热烈的鲜活人生，倾听属于乌蒙山的传奇故事——

■ 生机

乌蒙山下，赤水河畔，有一个小镇叫生机镇。名字虽为"生机"，实则没有"生机"。典型的喀斯特岩溶地貌，让山里的水都顺着溶洞流走了。

山、地、畜、人渴得直喘气。

从海拔1 930米的罩子山到海拔530米的河谷，12个村160多个村民组散居在山间沟谷，七星关区生机镇镰刀湾村正是其中之一。村子处于绝壁高山的包围之中，外人不得进，村民也出不来。然而这不是桃花源，而是贫困村。

贫在哪里？贫在吃了上顿没下顿，贫在屋破难以遮风挡雨，贫在天险之地生活无望。困在哪里？困在山下有水喝不得，山上地旱谷不收，困在高山绝壁拦住人们的求学之路、交流之路、生活之路。生机人世世代代被困在绝壁天险之中，然而，他们从未停止对出路的向往。

1955年，毕节专署农田水利局的技术员来到此考察，人们奔走相告，翘首以盼，然而得到的还是一句令人绝望的话："条件太差，既打不出井也引不到水。"还是摇头，还是否定，为何明明名为"生机"，却始终看不到生机？天命如此吗？

"这个沟打得成！"绝望中，水利员徐荣的一句话如石落静湖，惊起一波涟漪。

一点希望都不放弃，时任生机公社党委书记张仁福大手一挥，决定凿穿绝壁，修渠引水。"有了水，就可以种稻谷，吃上白米饭。决不能一代一代穷下去！"

1956年腊月二十，一个镰刀湾村民永远铭记的日子，正是这天，全村村民出动，誓要打通这绝壁山，誓要引出渠水！

说是打，其实是抠。60名青壮年扛起钢钎，背上錾子，拿着锤子一头扎进了大山，开始在"猴子走路都要打趔趄"的悬崖峭壁上"大动干戈"。

一根寻常粗细的绳子拴住腰身，面前是坚硬无比的岩石，脚下是百丈的深崖，建设者们就是这样一锤一凿，千锤万凿，钢钎与岩石碰撞出火花，碎石簌簌直落悬崖。

坚硬的石头是打沟过程中经常碰到的难题，人们只能腰系绳索，挂在半空中打钎放炮，用黑火药炸出工作面后，一匹崖，两头打，一点一点地抠出沟渠的雏形。

最有技术、打钎最厉害的人，一天也只能抠出10厘米左右。

沟渠里的水缓缓地流淌着，阳光透过树叶，丝丝照射在如今可容三人通过的渠道上。我们陪着刘明昌老人，静静地坐在沟沿上，回忆这段可歌可泣的英雄往事。

84岁的刘明昌老人是当年参与开渠的村民之一。

一件厚厚的棉袄,一顶破旧的解放帽,这是刘明昌最常有的打扮,就像长在他身上一般,陪着他度过一个个春夏秋冬。当老人用颤颤巍巍的手摘下厚棉帽时,我们震惊了,四周的风也更静了。只见老人头上有一条长长的疤痕,大概有10多厘米长……

"放炮咯,放炮咯,周围团转的人快点躲起,躲好没?点火了哈!"20多岁的刘明昌离爆破点近,躲避不及,被一块碎石直直砸中脑袋。刘明昌等伤者被人一个一个接力背下悬崖送到医院,而和他一起工作的刘明志没能坚持到医院就离世了。

奋斗的途中总有凶险,攻坚的路上伴随着牺牲。在生机镇,这样的绝壁天渠有10条,每一条渠的背后都有着令人难以忘却的回忆和荡气回肠的故事。

水,是生机人的敬仰。从水资源的极度匮乏到开山辟渠,再到安全饮水巩固提升工程全面铺开,生机人安全用水的梦想才真正实现。

有了水,人不渴了,产业也活了。如今,全镇6.8万亩土地,种植水果近5万亩,蔬菜1万多亩,烤烟2 000多亩。群众增收致富的路子越来越宽,党员干部的劲头越来越足。赤水河畔的生机镇,就像它的名字一样,处处生机勃勃,遍地是风景。

"什么样的生活才是有生机?"生机人一定会告诉你,水和路是最大的生机。

毕节织金县猫场镇台子村丫口组的王兴友老人过上了梦想中的诗意生活,晨起种花采茶,晚来漫步赏景。

这一切得益于当地的扶贫攻坚政策。村里先是修了通村路,再是修建了通组路。条条都是柏油大路,不会再有雨天黄泥满脚,不再有寸步难行!

道路像是一把钥匙,打开了束缚村民发展的枷锁。不少公司到此承包土地,村委抓住机遇,把土地流转起来,鼓励村民参与公社。一时间火花四溢,整个村子活起来了。

山上一株株茶树初绽绿芽,一棵棵樱桃渐露红蕊。山下一座座大棚拔地而起,里面有菜、有花、有皂角。

贵州省毕节市七星关区橙满园社区果园内，村民正察看夏橙的长势

曾经，山里的岁月是寂寞而漫长的，而如今，这些树果成为大山对村民们的回馈，变成老年人打发难熬寂寞时光的慰藉。

"我从2017年开始在这打工，这一干就几年，现在我们主要的工作是吊黄瓜，有时间就再摘点花、摘点茶，这就是手上的活儿，不用挑、不用扛，特别适合我们这些老年人。我和我老伴两人一个月赚五六千元完全没问题。"说完，王兴友哈哈大笑，我们也为他的"事业逢春"欣喜不已。

老人又同我们讲起他老屋翻新的事。"我家以前是危房啊，靠着危房改造计划，现在我家已经是两层小楼房喽，装修得很漂亮！"两位老人还有他们的儿子栖居在两层小楼中。虽然儿子双腿有残疾，不能行走，但这没有妨碍他们对美好生活的向往。晨起，父亲和母亲上山劳作，儿子就在家中煮好饭菜，等待劳作的父母归来。

倘若时间尚早，夫妻俩要么推着儿子去村里新修的垂钓中心钓鱼，要么相携漫步在村里新修的沥青路上，去观景台赏景、赏月，这或许就是传说中的归园田居吧！

交通、水利等基础设施的建设在扶贫攻坚中起了先导的作用，犹如一根根毛细血管，伸入贫瘠的肌肤，给乌蒙山区带来了新的开发机遇，给广大农村带去了生机。

只见广袤的乌蒙大地上，处处有欣欣向荣之景，时时显生机勃勃之态！

曾经的"混子"石连双，现在已是3个孩子的父亲，如今他是村里的养殖大户，养殖蜂、鸡、鱼，可谓"海陆空"皆有，整天忙得不亦乐乎；同村的罗思琴虽中年离婚，但政府安排的公益性岗位和摘辣椒的工作，足以让她自足自立；张青义在种猕猴桃之余，还修建养殖基地，今年即将出栏80头猪，预计收入有几十万元，他是我们镜头中笑得最灿烂的一个……

■ 突围

路，是烂泥路，一到雨天，满地泥泞，寸步难行，外面的人进不去，里面的人出不来。房，是烂瓦房，不能遮风避雨，每次下雨时总是外面下大雨，里面下小雨。

更可怕的是没有水。箐口村地势较为平坦，无高山裹挟，同时也无水可引。人们只能靠一条腿，一双肩膀，一根扁担，两只水桶，步行到2公里外的长沙村挑水喝。

村里的年轻人不得已外出谋生，青壮劳动力的流失使满山遍野的坡地就这样荒废，老人们看着土地荒了，种不了粮食，心里比谁都疼！

2016年，大方县猫场镇箐口村，全村498户2013人，其中贫困户205户678人。如果不身临其境，恐怕无法理解箐口人的苦衷：因为贫穷，孪生兄弟分家时，因争一张破烂的餐桌而打得头破血流；因为贫困，箐口姑娘个个往外嫁，当地单身汉一大把。

这一年冬天的一个午后，大方县猫场镇的干部们聚在一起，为箐口"把脉"。箐口发展的步子越来越沉重，接下来的路该怎么走？这何止是箐口之问，这也是整个乌蒙山乃至全中国之问。

干部们认为，基层组织涣散是主要"病因"之一。

沉疴下猛药，顽疾施重拳。箐口要发展，村两委班子必须要"换血"，选好"头羊"，带好队伍，建强支部。

十几年前，张凌离开箐口上大学时，学费是乡邻5元、10元、30元凑出来的。猫场镇党委书记王炳发在电话中恳切地说："箐口村现在还是一个国家级二类贫困村，贫困的根源，是没有一个真正懂市场的人带领老百姓发展，希望你能够回来报名参加箐口村村委会竞选，带着大家早日摆脱贫困。"这个电话让原本已在贵州创业成功的张凌回到了家乡。

张凌决定回家乡。他认为箐口村贫穷的根源有3点，一是产业没有选准，二是精神没有焕发，三是人没有组织起来。这3点不改变，村子很难脱贫。

产业是一切发展的先决条件。箐口村以前有个硫黄厂，因而常下酸雨，日久山上不长树，只长茅草。既没绿水，也没青山，这样的条件想要发展，真是难上加难。

不如种植猕猴桃！箐口村海拔在1 500米左右，山地日照时间短，适宜种植猕猴桃，且当地的微酸性土壤正适合猕猴桃生长。

张凌去动员伯伯、叔叔："所有的资金我来投，你们管种管收就行了。"他挨家挨户去宣传，终于组织起32户，种植猕猴桃270亩。

如何令村民焕发精气神？张凌决定加强组织作风建设，整顿村委作风问题。他向先进村取经。安顺市平坝村塘约村以"党建引领、深化改革、组织起来、共同致富"为根本的发展模式，在短短两三年里就把一个"穷山村"变成富饶美丽的"小康村"。看到这儿，谁人不激动。古有刘备三顾茅庐，今有张凌"三顾塘约"。张凌一次又一次拜访塘约，制定"三建七改十不准"村规民约。

只有干部群众心齐气顺，才能铆足劲求发展。张凌自己办过公司，他和村支书李兴国商量后决定，创办村集体公司，把全村人组织在公司里，走"村企一体"的道路。

张凌注册了一个公司，叫"新梦想种植专业合作社"，正如公司的名字一样，合作社承载着箐口村男女老少的脱贫求富梦。

当年红军长征时，经过群山起伏、谷深山陡的乌蒙山片区，靠双腿一步一个脚印徒步翻越，留下"五岭逶迤腾细浪，乌蒙磅礴走泥丸"

的英雄壮举。即便党和红军已经处于非常困难的境地，毛泽东依然充满信心：真正的铜墙铁壁是什么？是群众，是千百万真心实意拥护革命的群众。

脱贫攻坚是一场战争，人民群众的战争。从这个意义上讲，群众的思想和力量被发动起来，脱贫就有希望，致富就有盼头。

"以党建把老百姓组织起来，实行村社合一，村两委带领群众抱团发展，通过整合土地资源和林地资源，发展市场型的特色产业，让村民有更多的收获。"厘清了发展思路，箐口村开始把百姓发展为生产的合伙人，而不是单纯的劳动力，走"村社一体化"的发展道路。

箐口9个村民组，每个组建1个合作社，村里再另建1个养殖合作社、1个工程队和1个运输队。一个公司把这10个合作社、2个队统一管理起来。村里成立了老年协会，还有残疾人创业协会——张凌的弟弟张梁也加入其中。

一步步开拓前进的箐口村，成规模地扩展猕猴桃、樱桃、李树、养蜂、养鸡等产业，并同步推进村庄建设，其变化之大之快，让人惊异。300多个外出打工的村民也回到了家乡。

2019年年底，箐口村在鞭炮声中整村脱贫。

但箐口村的故事并未结束。箐口村采取"党建引领、村企一体、抱团发展、共同富裕"的发展模式，让每一个老百姓在付出后都能获得回报。受箐口村启发，猕猴桃种植目前已成为大方县10个乡镇数十个村集体合作社的主导产业。在此基础上，大方县在乡镇一级组建合作联社，还组建了大方县猕猴桃产业联合总社，同时成立总公司。已担任箐口村党支部书记的张凌，被任命为大方县猕猴桃产业总公司总经理。

磅礴乌蒙，万物生长。乌蒙山民断不开与山的羁绊，那就转过身，观察山、揣摩山，寻找大山的特点与优势，因地制宜地发展特色产业。

乌蒙山区里的很多人是从土豆开始认识世界、感受生活的。在饥困的岁月里，土豆是赖以生存的救命粮。

在昭阳区靖安镇西魁梁子，有一片颇为壮观的土豆基地。地还是那片地，但用不一样的方式，却种出了产量和效益。

在西魁土豆专业合作社办公室，一幅标语十分醒目："党支部搭台、合作社唱戏、贫困户脱贫。"3句话道出了西魁梁子土豆种植的秘诀。

靖安镇在松杉村成立4个土豆种植合作社的基础上，建立了党支部，以党组织为统领，把以前散、小、弱的生产经营方式转变为规模化、统一化、专业化，实现了党支部引领合作社全覆盖、规模化种植全覆盖、良种良法全覆盖、贫困户全覆盖。

合作社发展到哪里，支部就建到哪里。"支部上山、党员下地"，每位党员都有包保户，都有责任田。

"单打独斗没有出路，只有抱团发展才能致富。"松杉村委主任曾正江一句话道破天机。"党支部+合作社"就是党支部引领合作社走、合作社跟着产业走、农户跟着合作社走，实现支部领富、能人带富、群众致富。

松杉村西魁梁子种植土豆，每户贫困户除了土地流转费，还可以得到

昭通昭阳区马铃薯基地

产业扶持金直接入股分红，同时也可以在合作社打工，每天有80元的工资。这笔账不算不知道，越算越惊喜。通过土地流转、股本入股和给合作社打工，贫困户稳定脱贫。

人心似火，内生动力一旦调动起来，带来的是翻天覆地的变化。要变，要寻找适合发展的道路；要快，要大踏步赶上时代的步伐！

乌蒙山片区的四川凉山州美姑县摘掉了"穷帽"，当地特色的美姑山羊功不可没。美姑山羊产业被确定为当地脱贫攻坚战役中的主导特色产业，当地还创造性推行了"借羊还羊"的扶贫模式。

如何让贫困户也能养得起黑山羊？美姑县整合各类产业发展资金购买基础母羊，投放到有饲养条件的贫困户。黑山羊母羊一般一年产两胎，一胎少则两三只，多则五六只。饲养一年后，每只母羊一般都能给贫困户带来六七只小羊，再按照"借一还一"的比例，偿还40斤以上的后代母羊给县畜牧局。县畜牧局再借羊给其他贫困户。"借羊还羊"，在美姑县形成滚雪球式发展模式。

拉木阿觉乡罗布采嘎村于2015年11月率先启动"借羊还羊"产业发展模式，全村90%以上的农户都养殖美姑山羊，所有的贫困户都养上了黑山羊。贫困户石一觉吉领到3只基础母羊。领回家后，当成宝贝喂养，第二年，3只母羊产羔羊18只，养活了16只，归还3只给畜牧局，出售5只，存栏11只，实现收入5 600元。

2017年，石一觉吉依托"借羊还羊"，全家脱贫。

一借一还中，贫困户没有本钱买羊的难题解决了，不断产生的效益全归了农民，致富的信心和成就感一点一点建立起来！

乌蒙彝族人崇拜鹰。在凉山州最大的广场——火把广场上立有一根石柱，高高的柱顶上是一只鹰的雕塑，展开双翅，蓄力欲飞，那姿态充满了向上的力量。我想起了在乌蒙山走访时听到的歌曲：不怕致贫因素多，勤干能把贫困脱，穷村变成金银窝。

■ 搬迁

乌蒙山区那些歪歪斜斜地立在山间的危旧房屋，直接反映出了贫困群众生活的困窘。"望房兴叹"，乌蒙山民一生中最渴望而又无望的，便是房子。

在老百姓眼里，最直观的小康生活是安居乐业。在广大农村，几千年遗留下来的传统观念中，房是成家立业的标志。房定则心安，房子是中国农民身上卸不掉的重担，是小康路上绕不开的拦路虎。

位于支嘎阿鲁湖畔的贵州织金县茶店乡山林村，这里山清水秀，风景秀美，大自然的鬼斧神工在创造雄奇风光的同时，也阻断了村民们寻求发展的道路，这里山高坡陡，耕地面积狭小，是一个"藏得住人却养不好人"的地方。

山林村一间低矮的泥坯房里，周明琴与丈夫陈正明正为要不要搬出祖祖辈辈居住的山林村而苦恼、纠结。昏暗的泥土房里，周明琴的声音低沉："县政府来人说，我们要整村都搬，搬去住单元楼房，我们家符合搬迁条件，不用出一分钱，你想不想搬？"

想啊！怎么能不想？搬出去就意味着不用在仅有的2亩土地里刨食，意味着儿女可以在县城里上学，将来能考一所好大学！可是我这手怎么办？陈正明坐在灶头边喃喃低语。

周明琴明白丈夫的顾虑，手慢慢抚上丈夫残疾的手臂，"我晓得你在顾虑什么，我都打听好了，你不要担心，像我们家这种情况，政府会给我们专门安排工作的，儿子女儿也给安排到县里面的好学校。"

陈正明猛地抬头，一脸难以置信的表情。"真的？真的有单位不嫌弃我？那我们一定要搬！不为我自己，就为我们家儿子姑娘能去个好学校读书，再苦再累的活我都愿意干！"一个家庭的未来走向，就在这短短几句谈话间定下了。

2018年的秋天，陈正明一家轻装简行，迎着清风和晨曦，向平远新城出发。客车在柏油大路上行驶着，渐行渐远，身后的小乡村逐渐变小变模糊，载着他们一家奔赴全新的家，全新的生活。虽然去城里的路有四五十公里，且颠簸异常，但只要走过这段路，困苦的过去也就离他们越来越远，孩子就不用每天走2公里的山路去上学了。陈正明满心光明。

陈正明、周明琴一家搬进的易地搬迁安置点是由织金县32个乡镇最偏僻、最贫困村落的贫困户搬迁到此组建的，距离县城只有8公里，辖惠泽、惠民、恒大3个社区，建有住房109栋，共4 814户22 438人搬迁入住。

陈正明、周明琴一家搬到惠民街道。新家里，沙发、衣柜、炉具以及

毕节市织金县易地扶贫搬迁安置点惠民社区

电视、冰箱等家用电器一应俱全，都由社区提前免费配齐；社区里，篮球场、小公园、健身器械、卫生所、图书室，应有尽有……

从一种生活转变到另一种生活，不适应是在所难免的。很多搬迁群众担心，"搬到城里后，是不是连坐个板凳都要钱？"心里难免有恐慌和不安全感。为了让群众打消这些顾虑，一系列就业、教育、卫生、文化等公共服务设施被精心妥善配置，在方便群众生活的同时，也让从大山里搬出的群众真正实现了"农民变居民、务农变务工、农村生活变城市生活"。

织金县结合搬迁户就业、创业的需求和意愿，统筹整合公益性岗位、园区企业、单位物管、对口协作等资源，千方百计扩大就业。整合公建门面、农贸市场等资源，创建"扶贫微创园"，扶持搬迁居民开设便民超市、便民餐馆和经营摊位。推行"支部+企业（合作社）+群众"模式，引进公司入驻安置点，定岗式、定向式、订单式开展就业技能培训。用好对口帮扶优势资源，以社区党组织为纽带，打通省内外市场，让搬迁户真正实现劳动致富！

周明琴安置好家后，开始在公益岗位就业，成为一名楼栋长。每天，她爬上爬下，仔细了解每一户的就业情况，为他们登记造册，带领贫困户参加就业培训，去定向的工厂就业……

残疾的陈正明也就业了，被安排在儿子就读的织金第十小学当保安。能近距离地看到儿子，还能赚钱，对他来说，没有比这更好的事了！

"安得广厦千万间，大庇天下寒士俱欢颜。"进入新时代，中国政府响亮地提出，扶贫路上一个不能少。要切实做好贫困群众的"两不愁、三保障"工作，保障贫困群众的吃、穿、住、就学和就医问题。看似最简单，但最简单的需求往往就是老百姓安身立命之根本。

但对于乌蒙山贫困片区来说，要解决这样的问题，堪比上青天，一个字：难。尤其对于那些失去了生存条件的高寒贫困山区来说，易地搬迁显然是一条挪穷窝、断穷根的好办法。实践证明，易地搬迁是贫困群众斩断穷路的最有效的方式之一。

在乌蒙山的历史上，有过一位了不起的人物，她就是曾统领南国、威震四方的彝族女杰——奢香。她的丰功伟绩在《明史》中有记载，民间有关她的传说更是不胜枚举。今日乌蒙一带，彝族人皆以奢香后代的身份为荣。

奢香古镇就建在奢香的家乡——大方县，古镇既是易地扶贫搬迁安置点，也是大方县的文化旅游景区，是恒大集团结对帮扶大方县建成的精准脱贫项目。

古镇有浓郁的彝家风情，红墙青瓦，楼宇逶迤，曲径环绕。古镇移民安置区内的住宅楼，比大城市里的居民楼还漂亮。龙国权将我引进他宽敞的新居后，骄傲地问道："都是全新的，你住的地方有我好吗？"

龙国权的老家在安乐乡青松村，兄弟三人挤在父母留下的五间破草房里。龙国权有两个孩子，全家四口人的居住面积只有20平方米。龙国权前些年在外打工时受伤致残，无法挣钱养活家庭。他做梦也想不到这辈子能住上紧靠县城的房子，还修得这样美观敞亮。

"现在好了，全家人有新房住，孩子能在家门口上学，我在古镇的一家烟草公司上班，一个月3 000多块钱工资，妻子也能外出打工，全家人的生活有了保障。我老家还有几亩苞谷地，每亩能产三四百公斤，又有几千块钱的收入。比起以前，现在的生活知足了！"龙国权脸上一直挂着笑容。

一路步行到古镇中心，扶贫微工厂、街道服务中心、希望小课堂、居民住宅等社区配套设施一应俱全。珠绣、服饰、漆器、蜡染、农民画、竹艺、箱包等扶贫车间、扶贫微工厂，帮助搬迁群众实现在家门口就业致富。历史文化与彝族文化相互融合形成的奢香古镇，现已走上"文化＋旅游＋易地扶贫搬迁"的独特建设发展路径。

▼ 走"文化＋旅游＋易地扶贫搬迁"的独特建设发展路径打造的奢香古镇

天黑后万点灯光亮起，古镇被笼罩在五彩光芒之中，我不禁感叹：一座奢香古镇，圆了多少乌蒙山区贫困家庭的梦想。正是一搬跨了百年，一夜换了人间，一瞬进了天堂。

▌ 希望

"小雨伞，真淘气，爱和雨点做游戏……"冬日的暖阳把四川越西县大花乡瓦尔村幼教点的教室照得里外通透。屋子里，孩子们跟着老师的节拍晃着脑袋，一字一顿地念着儿歌。整齐而稚嫩的童声，让整个村庄都欢快起来。

彝族姑娘阿苏伍支木从2015年开始在村幼教点当老师，见证了孩子们从不会擦鼻涕、听不懂普通话到养成良好卫生习惯、学会礼貌用语、能用普通话交流、唱儿歌、背古诗的蜕变。

为了帮助民族地区的幼儿过好国家通用语言关，从根本上阻断贫困代际传递，2015年8月，四川凉山彝族自治州启动实施"一村一幼"计划，以建制村为单位，一个村设立一个幼教点，组织开展以双语教育、习惯养成教育为主的学前教育。

"好！真的很好！"34岁的吉作作落满脸笑容，简单的普通话说得磕磕绊绊，5岁的三女儿孙建英充当了小翻译。吉作作落从小没读过书，只会说几句普通话，也不认识汉字，这让她觉得到县里买点东西都不方便，更别提出去打工了。但让她高兴的是，她的女儿们从小就会说普通话，能识字，特别是从幼教点毕业的二女儿雄英莫，如今已经上了三年级，学习一直很好。

乡瓦村幼教点的另一位老师魏玲告诉记者，在彝区，很多孩子接触到的语言环境非常单一，家里的长辈也不太懂汉语，一般只会教孩子们彝语。"如果不经过学前教育，彝族学生一般到四年级才能初步掌握汉语。而村级幼教点的开设，让更多孩子在小学前就开始接触普通话教学，为这些孩子以后上小学打下良好的汉语基础，能让孩子们更快地进入小学阶段的学习。"

20世纪，四川大小凉山彝区"一步越千年"，从刀耕火种的时代直接跨入社会主义社会。老百姓普遍没有学前教育的概念，加上家庭贫困等原因，

四川越西县大花乡瓦尔村幼教点

往往是"羊放到哪儿，娃娃就带到哪儿"。接受不到良好的学前教育，学生便难过通用语言"第一关"，继而严重影响小学、初中学习。听不懂老师上课、难以融入学校环境，久而久之便会厌学、辍学，进而导致代际贫困。

在魏玲看来，"一村一幼"首先解决的是孩子们的语言关问题。在教学中，她和同事阿苏伍支木先用动作加汉语，辅以彝语的方式和孩子们交流，让孩子逐渐听懂普通话、学会说普通话。"如果幼教点不开班，很多彝族孩子就会不上学，长大后就会跟他们的祖辈一样，被困在大山里。如今有了幼教点，孩子们能更好地学习知识，也能有更多的机会走出大山，开阔眼界。"

教导孩子们勤洗手、勤洗脸，从小养成良好的卫生习惯，培养健康文明的生活方式，也是幼教点教学的重点。不洗手、不洗脸、席地而睡、人畜共居，曾经是凉山部分彝族群众长期养成的生活习惯。"一村一幼"计划将养成良好生活习惯作为重要目标，老师每天要做的第一件事就是检查孩子们的个人卫生。如果有孩子没有洗手、洗脸、梳头，老师就教他们，同时要求每个孩子回家后敦促父母养成讲卫生的好习惯，通过"小手拉大手"的方式，把讲卫生、爱清洁的习惯带到家里去，推动养成好习惯、形成好风气。

在采访中，不少家长笑着告诉记者，孩子们都非常认真地对待老师的要求，不仅每天要求家长给自己洗脸、洗手，还会监督家长洗脸、洗手。学生巴足阿沙木的母亲说："我家的这个女儿自从进学校读书后，回到家里，不光自己爱洗手、洗脸，还要求我们也要勤洗手、洗脸，我家现在比以前更讲卫生了。"

如果说住上好房子、过上好日子是看得见、摸得着的硬件工程，养成好习惯、形成好风气则是更深层次的攻坚克难。"一村一幼"计划从娃娃抓起，并通过他们去带动、影响家长，其效果是持久的、长远的。

娃娃是未来，在学前文化教育上奋起直追的凉山州也是在追着希望。

悠悠凉山州，还有很多有关"追赶"的故事。

从四川喜德一路追到广东东莞，吉克尼布用了3天。

吉克尼布要追的是3个女孩。不久前，她们刚刚从初中部辍学，其中两人前往广东东莞打工，一人去陕西西安打工。

按照州里的统一部署，县里于2019年1月对镇（乡）下了死命令：适龄学生必须实现零辍学，外出打工的，必须在2019年新学期开学前全部找回，重新入学。

作为喜德县两河口镇呷多村党支部书记的吉克尼布立即和镇驻村干部罗洪木商量："赶快追人。"

借来一辆私家车，吉克尼布和罗洪木一刻也没耽误，立即上了路。呷多村海拔2 000多米，路在山间盘旋，几个溜烟，车就下到了河谷。眼前的路，一下子拉直了些，吉克尼布在心里吆喝："快些，再快些！"

第一晚到昆明，第二天入贵州。第三天下午，终于到达广东东莞，一看里程表，2 300公里。

他们要找的本村女学生，一个叫吉克伍呷，一个叫阿古学英，都不满15岁。

吉克尼布见到两个小女孩，心里很是激动。但两个小女孩都一脸倔强，指责他多管闲事，甚至怒气冲冲地说："我们在挣钱，不读书是我们的自由，关你什么事？"

吉克尼布语重心长地讲起了自己的经历："书读少了，这是我一辈子的遗憾。我们那时太穷，没有条件多读书，你们现在多幸福呀，党和政府请你们回去读书。"

"法定年龄就应该待在学校，继续读书，这是国家义务教育法的规定。"

"你们是祖国的未来，也是凉山的未来，改变凉山，改变我们村，要靠你们。"

"你们回去继续读书，多学知识，将来能找到更好的工作，发挥更大的作用。如果现在辍学了，将来一定会后悔的。"

吉克尼布将道理掰碎揉烂，一点点注入女孩们的心里。女孩们的脸上慢慢有了笑容，终于答应回去复学。

几天后，另一个到陕西西安打工的女孩也被吉克尼布接回了村。3个女孩在迎新春的鞭炮声中回到学校，回到原来的班级，开始新的学习生活。

吉克尼布身材敦实，脸膛黑里透红，他一谈起追学生的事，大大的眼睛就闪着光亮，在他看来，这件事，虽然历经艰辛，但他觉得"值"，因为孩子就是大凉山的未来。

这只是凉山州千千万万个"劝返"故事中的一个。在凉山州，控辍保学是实现"义务教育有保障"面临的最严峻问题。2019年，通过学籍信息筛选、乡镇全覆盖核查、派出所户籍比对等办法，凉山州核实全州还有6万多名辍学学生，约占同期全国辍学学生总数的1/10，其中有建档立卡贫困户家庭子女2万多人。到2020年5月20日，这些数字已全部清零。

这背后，是全社会的艰辛努力。凉山州制定出台《凉山州义务教育控辍保学"一方案三办法十制度"》《凉山州控辍保学"一个都不能少"工作方案》。实行"六长"责任制，即从县长到乡镇长、村主任、校长，人人有责任。通过县级领导包乡镇、乡镇干部包村、村干部包村民小组、小组干部包户，教育局领导包学校、学校领导包村小、班主任包班、科任教师包人的"双线八包"工作机制，使每户人家、每个学生都有责任人，堵住了失学、辍学的漏洞。

贫困，一度是造成学生辍学的主要原因。为了不让一个孩子因贫辍学，凉山州实行15年免费教育政策：免除全部学前幼儿保教费，免费提供营养午餐；免除全部义务教育阶段学生学杂费、作业本费和教科书费，免费提供营养午餐；为义务教育阶段家庭经济困难寄宿生发放生活补助；免除全部普通高中学生学费，免费提供普通教科书；对海拔在2 500米以上的义务教育阶段学生发放取暖补助。

越是贫困地区的孩子，越是需要爱和教育。与越西县文星小学一街之隔的是当地规模最大的易地扶贫搬迁集中安置点。根据就近入学的原则，文星小学超过85%的学生是搬迁户，其中，建档立卡贫困子女有1 313名。

就读四年级的学生莫色阿米就是其中之一，2019年年底，她因为易地扶贫搬迁，来到这所新学校入读。"我喜欢音乐，学校有专门的教室，还有音乐老师教唱好听的歌曲。"新学校圆了莫色阿米的音乐梦。

记者来到学校时，音乐老师杨华正带着四年级五班学生唱校歌《文星之歌》。她告诉记者，很多孩子之前没有摸过钢琴，没有乐理知识，但现在每星期有两节音乐课，已经能看懂简单乐谱。

文星小学不但有音乐、美术教室，还有书法教室、科学教室、网络教室，各种功能教室一应俱全，为学校教育教学活动的开展提供坚实保障，

凉山州越西县文星小学学生正在进行课间体育锻炼

也让孩子的生活变得更丰富多彩。

15岁的吉木依古木上六年级了，他一接触美术课就爱上了画画。美术老师邱阳说，虽然一周只有两节美术课，但能看出孩子对画画的热爱。吉木依古木有一个画画本，只要一有空闲，她就在上面涂涂画画。

"教育为公，以达天下为公。"教育之所以伟大，是因为能让每一个平凡而普通的人平等地看见这世间的美好。对于贫困地区而言，教育更是最持久有效的扶贫方式。脱贫攻坚为学生提供了更多面向未来的选择，从学前教育开始，为孩子们提供良好的学习和生活条件，让孩子们不再受家庭条件的制约，不会因为家庭贫困而上不起学。从学前教育到高等教育全覆盖的教育扶贫体系，为孩子们提供了实现个人志向的平台，在完成九年义务教育之后，有志上大学的孩子可以通过自己的努力进入中学，在这里接受完备的高中教育，为高考做准备；若是想参加工作，可以进入职业中学，学习与当地产业联系密切的专业技术知识，掌握一门技能，为日后工作做好充分准备。

教育是改变落后面貌的利器。助学一人，脱贫一家，影响一村。教育是从内部瓦解深度贫困堡垒的最有效途径。贵州10所职业院校连续3年从地处乌蒙山区的国家级贫困县——毕节市威宁县和赫章县专门招收贫困家庭应、往届初、高中毕业生，组建成全免费的"精准扶贫班"——"威宁班"和"赫章班"，帮助6 000名学生带动家庭脱贫。

王超是贵州装备制造职业学院汽修专业的一名高职学生，来自乌蒙山腹地威宁县石门乡。他于2016年进入贵装进行中职阶段学习。"最开始我啥也不懂，在中职学习了3年，我学到很多很实用的技能，电路、电器出了问题我都会修。"王超自信满满地说，"当初要是没有来学校读书，我可能像父母一样务农或像一些小伙伴一样外出打工，从事单纯的体力劳动。现在有技术傍身，我对未来更有信心了。"

说到未来，乌蒙山的孩子眼里发着光，脸上挂着笑，内心溢满幸福。

让贫困不再回来，从"骨子"里拔掉穷根，这些孩子就是有生力量。琅琅的读书声回荡在群山间，乌蒙山的未来充满希望……

西藏篇：
让世界聆听西藏

文 李 炜 李竞涵 王 田 李 鹏

"太阳啊霞光万丈，雄鹰啊展翅飞翔。高原春光无限好，叫我怎能不歌唱……"

壮美的西藏，从不缺乏歌唱。数百万年前，大陆板块的抬升，赐予藏地独特的高原美景。生活在这里的人们，以高亢悠扬的歌声，歌唱苍穹、太阳、雪峰和奔涌的雅鲁藏布江。

然而，大自然有多壮美，就有多残酷。

进藏第二天，感受过空气稀薄带来的肺部紧缩，见识过翻越5 000米高峰时的剧烈耳鸣，体味过缺氧、失眠后的头痛欲裂，我们才真正意识到，高海拔意味着什么。

在严酷的自然环境中，行走、交谈甚至呼吸，这些原本再平常不过的事情，都变成了挑战。不光是人，从内陆地区开过来的汽车也好像有了"高原反应"，动辄不听使唤，遇到个小山坡，都得轰着油门才能冲上去。

对西藏人来说，大自然的残酷远不止于眼前所见，更在于发展上的"卡脖子"——喜马拉雅山和喀喇昆仑山-唐古拉山这南北两道高墙，将暖湿气流阻挡在外，造就了寒冷干燥的气候和漫长的严冬，西藏年平均气温高于10℃的天数，大部分地区不到50天，最高的也不到180天；占全国12.8%的广阔国土面积，被重重雪峰分割成一个个小口袋，只有"口袋"底部那一点温暖河谷才适宜农耕；重点生态功能区和禁止开发区分别占67.8%和37.6%，脆弱的生态系统和深度贫困纠缠在一起，使这里成为全

美丽的冈仁波齐峰

国贫困发生率最高、贫困程度最深的地区，成为全国唯一的省级集中连片深度贫困区。

在雪域高原，湖水旁行走的每一头牦牛，草原上盛开的每一朵格桑花，都拥有顽强的生命力。在这片土地上生活的人，也从没有因自然的严酷放弃追寻幸福。而他们，走出极度贫困究竟需要多久？

"雪山啊闪金光，雅鲁藏布江翻波浪。驱散乌云见太阳，幸福的歌声传四方……"

序曲拉开，高亢的歌声刺穿贫穷的阴霾。

翻身道情

走过茫茫的雪原，才知太阳的炽热。

经过漫漫长夜，才会拥抱黎明的彩霞。

从克松庄园到克松村、再到克松居委会，在"西藏民主改革第一村"克松村的村史陈列馆里，一段过去的故事鲜活地呈现在我们眼前。

"即使雪山变成酥油，也是被领主占有；就是河水变成牛奶，我们也喝不上一口。"曾在农奴间传唱的苦涩歌谣，道尽了西藏数百年封建农奴制的沉沉黑暗。当时，占西藏总人口95%的百万农奴，不仅终生处于极度贫困，甚至连自己的生命都由不得自己做主。

那个时候，克松村还叫克松庄园，是旧西藏统治最黑暗、最残酷的农奴主庄园之一，农奴们被当作"会说话的牛马"。一位叫其美措姆的老妈妈，三代都是农奴，母亲在马棚里生了她，她又在牛圈里生了女儿。这一辈子，她早记不清挨过多少打骂，也记不起自己和女儿的确切年龄。

幸福也许只有在来世吧，饥寒交迫中，其美措姆安慰自己。

终于，到了1959年，格桑花迎来了春天，雪域高原换了人间。民主改革的烈火熊熊燃起，烧掉了地契、卖身契，也烧掉了压得"其美措姆们"喘不过气的枷锁。他们围着火堆唱啊，跳啊，尽情享受生来第一次的自由。

这时，16岁的少年索朗多吉看见父亲欧珠拿起一块木牌，重重地插进土地里，然后从田地里捧起一抔土，不住地亲吻。因为那可不是一块普通的牌子，而是代表着他们第一次有了属于自己的田地。

这一次，克松村共有59户302名农奴分到了属于自己的土地、牛羊和房子。几个月后，村里选举成立了西藏第一个农村党支部——克松村党支部。60多年后，克松村变成了克松居委会，克松人依靠种饲草、建大棚、搞旅游，年人均收入近2万元。

"现在的变化真是天翻地覆。"坐在自家小院的树荫下，70多岁的索朗多吉喝了一口酥油茶，感慨地说。几十年间，他不仅从农奴的孩子成为退休干部，看病有医保，还住上了200多平方米的二层小楼。

似乎觉得语言不够直观，索朗多吉干脆带我们参观起了自己的家。楼上楼下共10间藏式房屋宽敞明亮，整洁干净的院子里，栽下的果树已是果实累累，阳台上鲜花正艳，高原暖融融的阳光倾洒进来，给树叶和花朵镀上一层流金，定格成一幅隽永美好的画面。

■ 迁徙新声

一曲曲呀啦索天高地广，一朵朵雪莲花装扮故乡。

太阳的故乡天高地广，这就是我心中，心中的西藏。

虽然从封建农奴制一步跨入社会主义，但西藏发展的基础实在太弱。

早在远古时期，高海拔高寒、地质灾害频发的西藏，就是"危险"的同义词。《舜典》中记载："窜三苗于三危。"其中的"三危"，就是西藏。1930年的《西藏始末纪要》这样形容进藏的道路："乱石纵横、人马路绝、艰险万状、不可名态。"

曾经有位女记者回忆自己的经历，某年11月，她徒步4天进入西藏墨脱采访，却碰上大雪封山，道路和电话全部中断，她被困了将近5个月，直到第二年3月冰雪解冻，才走出墨脱。

"山顶在云间，山脚在江边，说话听得见，走路要一天。"作为中国最后一个通公路的县城，墨脱曾经被称为"高原孤岛"。当地人辛酸而深刻的回忆，则大多与"背夫"这种职业有关。通公路前，小到一针一线，大到钢筋水泥，都是要靠背夫翻雪山、过塌方、穿峡谷运进来。背夫们风餐露宿，生死难卜，只为赚一斤货物几块钱的酬劳。

除了交通不便，10余万生活在极高海拔地区的人们，更面临着风湿、高原性心脏病等高原性疾病的威胁。平均海拔5 000米的那曲市双湖县，成年人患风湿病的比例高达55%，多血症患病比例达45%，高血压患病比例达40%。在全国人均寿命不断增长的今天，双湖县的人均寿命只有58岁。

要发展，先得解决"一方水土养不活一方人"的问题。

搬！从"孤岛"里搬出来，从高海拔搬下来！

如果说墨脱是"高原孤岛"，那么位于雅鲁藏布大峡谷里的墨脱县鲁古村就是"孤岛中的孤岛"。从村里到墨脱县城，途中要翻越海拔4 000多米的嘎隆拉雪山，足足需要7天时间。

18岁之前，鲁古村的藏族青年贡桑没有洗过澡，没见过马路和汽车。他的生命轨迹更是早早就定好了——像父亲和哥哥一样做背夫，靠一把力气搏命赚钱。

转机发生在2003年，作为西藏易地扶贫搬迁工程的一部分，鲁古村整村搬到了林芝市米林县。外面的世界一下子向贡桑打开了大门，他在村里的澡堂洗了第一次澡，第一次见到来来往往的汽车，第一次种起了车厘子，第一次开办了自己的藏式旅游民宿……

18岁之后的贡桑，开启了与父辈截然不同的人生。2017年，他脱贫摘帽，又花30多万元买了一辆货车，现在偶尔跑跑运输。

"过去想都想不到今天的日子。"我们坐在贡桑的新家客厅，藏式茶几上摆着热腾腾的酥油茶，在袅袅热气中听他讲起过去的故事，恍如隔世。

与父亲相比，贡桑8岁的女儿益西卓玛更为开朗，我们猜，这也许是因为她上过学、能说一口流利的汉语。谈起自己将来的打算，小女孩黑白分明的大眼睛中透着自信和坚定："我长大要当老师，教给更多同学知识。"

不同于贡桑，白玛70多岁的人生中已经历过两次刻骨铭心的迁徙——一次向北迁，一次往南走；一次是为生计所迫，一次是为了过上好日子。

20世纪70年代，为解决人口集中、牛多草少的问题，时任那曲市申扎县县长的洛桑丹珍把目光投向了藏北无人区。那片人迹罕至的荒原曾被人称作"天地相连的尽头"，说是"背上背的叉子枪都能划着天空咔嚓响"。为寻找生存领地，洛桑丹珍带队，开始向荒原进发。路途艰苦而危险，有时，几天喝不上水，只好口含生肉；有时，熟睡中一阵大风就把帐篷吹跑。

好在罪没有白受，他们发现，无人区确实有不少水草丰茂的地方。于是在1976年，一场牧民和牛羊的大迁徙，浩浩荡荡地开始了。终点，就是那片荒原——后来成立双湖县城的地方。

白玛时任嘎措乡书记，带着300多名牧民和3万多头牲畜，走在这支挺进藏北的迁徙队伍里。他们顶风冒雪足足走了3年，"有的人鞋子丢了，只能光着脚继续走，把脚都冻坏了"，总算在300多公里外的一片草场落了脚。

就因为这件事，乡里人都佩服白玛。他们说，白玛是一头好的"领头牛"，如果不是他领着，我们走不过这里的暴风雪。

到了新家，能活下去了。要活得好，却很难。

没路，没水，没电，牛羊圈都要现垒，连石头，都要一块块背上海拔5 000米。

坐在贡嘎县宽敞明亮的新居里，白玛向我们回忆起那段胼手胝足建立家园的历程。这时，白玛的妻子过来倒酥油茶，我们注意到她的大拇指总是弯着，当地干部告诉我们，这是高原风湿病导致的。

双湖县平均海拔5 000多米，是我国海拔最高的县，被称为"人类生理极限试验场"。这里每年8级以上大风天超200天，空气含氧量仅为内地的40%，高原病多发，贫困发生率一度高达35.67%。

2019年，西藏极高海拔生态搬迁项目正式开始实施，双湖县嘎措乡"毫无悬念"地在首批搬迁名单之列。白玛和乡亲们将从高原"生命禁区"，搬到海拔3 600米的贡嘎县森布日极高海拔生态搬迁安置点。

这次，白玛却犹豫了。他不舍得一砖一瓦建立的家园，不舍得家里的牛羊，想起几十年前的旅途艰辛，他更担心自己这把老骨头能不能再承受一次。

为了打消这些顾虑，那曲市专门成立了生态搬迁指挥部，挨家挨户做工作，讲搬迁后的政策，描述外面的生活。终于，白玛点了头，带头打包起自家的行李，在他的带动下，乡里人纷纷投入第二次迁徙的准备工作中。

2019年12月29日，40多辆大客车拉着嘎措乡的人们出发了，年纪最大的80多岁，最小的是被父母抱在怀里的婴儿。

白玛没想到，这次路上只花了两三天时间，而且是舒舒服服地坐着车，吃得好、喝得好。他也没想到，新房子这么宽敞这么好看，一开水龙头就有"哗哗"的自来水，冬天再也不用凿冰取水了。他更没想到，留在家里的牛羊，也都有人想着，村里专门成立了合作社，统一选派青壮年留守放牧。

人往南迁，羊往北走，书写了一段藏北无人区从开发建设到回归生态的变迁史。

尼玛县荣玛乡是西藏首个高海拔地区生态搬迁试点。2018年6月17日，太阳还没升起，几十辆大巴车已经从荣玛乡出发，载着1 000多名牧民，向着千里之外的拉萨出发。人们搬到更适宜生存的地区，将这片家园归还给高原精灵藏羚羊。

一路上，已有身孕的嘎玛德措笑得合不拢嘴，她不住想象，即将入住的房子什么样？自己的宝宝将在怎样的环境中出生？

穿过广袤旷野，绕过湛蓝湖泊，车子终于抵达了拉萨堆龙德庆区荣玛乡高海拔生态搬迁安置点。出现在眼前的新家，美丽又亲切——依山而建的藏式二层楼房错落有致，彩色的果热装点着屋檐，大大出乎嘎玛德措的想象。

然而很快，第一个问题来了，过去嘎玛德措取暖、做饭都是用牛粪生火，她不会用煤气，不会用卫生间，怎么办？荣玛乡乡长肖红强想了个"笨办法"，手把手上门教，不只是嘎玛德措一家，肖红强还记得刚开始，牧民们"水管爆了、电器坏了、家里没电了，都找我们。"

嘎玛德措的问题解决了。而上过一年小学的尼加尼玛头脑更灵活，他不仅快速地适应了新生活，还敏锐地发现了搬迁带来的商机——装修。"我也没学过，就在别人做的时候边看边学，过了几个月就学会了。"尼加尼玛自豪地对我们说，2020年，那曲市投入1 962万元扶贫资金建设了一批扶贫门面房，对有经商意愿的高海拔搬迁群众招租，他第一个就报了名，开起了自己的装饰装修店，刚开业两个月就赚了两万多元。

不过，眼下对尼加尼玛最要紧的事，是供四个孩子好好读书。自己因为没上过学吃过的苦头，他是不想让孩子再尝了："将来他们只要能考上，不管读到哪里都要供下去。"

村民仁旦曾一家在拉萨市堆龙德庆区极高海拔生态搬迁安置点的新家合影

创富交响

献给您，献给您一条洁白的哈达。

这里的歌声带给您欢乐与幸福，吉祥的美酒浸满真诚与祝福。

在西藏，海拔是一个非常重要的概念。我们每到一处，都要先问，这里海拔多少？海拔越高，空气含氧量越低，生存条件也就越艰苦，甚至连植物的特点也有很大区别。

在海拔超过4 000米的地区，人就是最高个子的生物。那里没有树，连草都是贴着地生长的。

"低海拔地区是种什么长什么，养什么活什么，但西藏发展扶贫产业，一定要做到因地制宜，要不然就会出现'高原反应'。"为了说明这一点，西藏农业农村厅计划财务处副处长旺玖给我们讲了个故事。

几年前，藏南地区一家养牛场从内地引进了50多头黑白花奶牛，品种优良，日均产奶量80多公斤。但一进藏，奶牛就出现了"高原反应"，不仅产奶量下降，死亡率也很高，最后只剩下10多头。

也难怪，高原的气候常阴晴不定，让人难以捉摸。往往前一秒还是艳阳高照，下一秒就落下米粒大小的冰雹；明明刚才还热得穿半袖，下了一场雨就恨不得套上棉袄。这样的气候，什么样的庄稼能长大？什么样的牛羊能养好？

"这是喜马拉雅紫茉莉，10月就能收获了。"在米林县南伊村藏药种植基地，指着一片看上去不太起眼的草本植物，桑加曲培告诉我们，这是他成立的扎贡沟藏药材合作社种植的主要品种，也是村里贫困户致富的希望。

米林，在藏语里的意思是"药洲"。据史料记载，公元8世纪时，藏医大师宇妥·云丹贡布在山清水秀的贡布药乡（今米林县）开办了第一所藏医学校，培训基地就在扎贡沟。如今，千年扎贡沟年平均降水量675毫米、平均气温8.2℃，良好的气候条件，不仅滋养了雪莲、贝母、黄牡丹等3 000多种珍贵的藏药材，还点燃了藏地特色产业的星星之火。

西藏白朗县万亩有机枸杞生态观光产业园

　　2007年，桑加曲培从西藏藏医学院毕业，自己开起了诊所。但在行医过程中，却苦于优质藏药缺乏，常感觉所学的藏医药知识没有用武之地。于是，他干脆抓住米林县农牧局技术培训的时机，学起了藏药材种植和市场推广。2013年，牵头创立扎贡沟藏药材合作社，经过7年多的发展，如今已有52亩种植基地、38户社员，年收入近40万元，5户贫困户在这里打工。

　　在基地，我们见到了忙着管理药材的人们。几乎每个人背后都有故事：只有一只手的达友，是家里七口人中的主要劳动力，过去只能靠卖奶渣、酥油勉强维持生活，加入合作社后，达友学会了种植藏药材，每年仅打工收入就有5 000多元，去年还在合作社分红6 000多元；南伊村最后一个脱贫的米热，过去是有名的"懒汉"，村里发展藏药材产业以来，米热在村干部和技术人员的指导下，开始订单种植白灵芝等藏药材，2019年收入1万多元……

　　而在未来，这一个个故事将连点成线、连线成面。"那里将建设一座藏医药博物院，再加上附近的8家藏医药生产加工企业、2家藏药材种植合作社以及米林县藏医院、藏医学院，我们将打造一座'药洲小镇'。"米林县委宣传部部长李月平指着不远处的一片建筑介绍说。

如果说献哈达是藏族最隆重的待客礼仪，那么，藏药、青稞等特色农产品，就是西藏馈赠世界的珍贵礼物。

你见过黑色的青稞吗？

在山南市隆子县，每到金秋时节，常能见到大片的黑青稞，这当中还有个美丽的传说。传说在公元712年，金城公主和亲吐蕃时带了许多作物种子，在经过隆子河谷时，黑青稞种子不慎从公主的"邦典"（藏式围裙）中掉落，经过千年的种植，成为独特的地方品种。

也许是美丽的巧合，也许是农民千年间的选择，黑青稞的确是一种非常适宜当地盐碱性土壤种植的品种。这里种出的黑青稞，做成糌粑口感细腻、麦香浓郁，深受藏区和不少内地消费者的喜爱。

"农民种地产青稞，但由于没有销路，大部分是自给自足。"怎样让好品质带来真金白银的效益？在热荣洛旦农畜产品加工合作社负责人洛旦看来，合作社就是要做"桥梁"，把地方的特色产品卖出去，变成农民实打实的收入。去年，合作社累计为周边89名建档立卡贫困户分红达7万元。正是在这一家家合作社和企业的带动下，隆子黑青稞从一个美丽的传说成长为市场化的产业，全县黑青稞种植面积从1.3万亩提高到3.3万亩，每年创收1000多万元。

当然，故事的发展并非总这么顺利，有时也难免有些小插曲。

"小时候家里穷，粮食都没得吃，哪有人种辣椒。"1949年出生的平措加布是土生土长的朗县聂村人，也是全国劳动模范。他告诉我们，朗县位于林芝市西南部，雅鲁藏布江穿境而过，全年日照充足，昼夜温差大，很适合辣椒生长，当地农民种辣椒已经有800多年的历史。但西藏自治区成立之初，吃饱肚子才是第一要务，村里几乎没人种辣椒。

直到20世纪90年代，平措加布发现，种辣椒有赚头！"当时辣椒亩产3000多斤，青稞只有七八百斤，我们可以去不种辣椒的村子，一袋辣椒换一袋粮食，既有粮食上交，自家还能赚点钱。"那几年，他常溯雅鲁藏布江而上，沿着峭壁间的羊肠小路，走到318国道沿线，去周边的村子卖辣椒。在他的带动下，村里种辣椒的逐渐多起来。近些年，随着市场经济的风吹进高原，效益高的辣椒也越来越受村里人欢迎。

"种多了，有一年农民的辣椒就卖不出去了，还有人为这事到乡里去闹，嚷嚷着说，让我们种辣椒，现在卖不出去怎么办？"平措加布带我们走进他的朗敦辣椒专业合作社，在浓郁的辣椒面气味中回忆道。也正是这一年，平措加布带头成立了合作社，最开始只是为了收购村民卖不出去的辣椒。如今，靠着生产辣椒面、辣椒酱等农副产品，合作社年销售额已达200多万元，带动3户贫困户脱贫。

"辣椒卖不出去，农民着急，我们更着急。"朗县副县长阿沛次仁快人快语，他告诉我们，其实近两年还有一次辣椒滞销的事件。2018年，为推动脱贫致富，县里动员农民发展辣椒产业，全县辣椒种植面积一下子由2 000亩增加到4 000亩，但因为多年来辣椒产量一直保持稳定，猛一下子翻番后又没有完全打通销路，农民的辣椒滞销了。

"火烧眉毛，就是想先要把辣椒卖出去。所有县领导都要包村，所有公职人员包户，帮农民卖辣椒。"阿沛次仁还记得，那会儿不管去哪里，车子后备厢都装着满满当当的辣椒，坐在车里，辣椒味儿都钻鼻子眼。全县党员干部动员了所有资源，几乎是见人就推销，总算把滞销的辣椒都卖出去了。

"这种推销方式只能是应急之举，要真正把产业做起来还是得打通销路。"痛定思痛，人们明白过来。于是第二年，朗县专门引进劲朗食品加工有限公司，把鲜辣椒加工成佐料、辣椒酱等特色产品。现在，全县的辣椒产量仅靠这一家企业就能完全消化。次仁自豪地说，2019年，朗县辣椒种植面积又翻了一番，达到8 000亩，不仅没有滞销，还出现了供不应求的情况，优质辣椒在市场上能卖到每斤十几元："前几年遇到问题都找市长，现在都去找市场咯。"

▌ 寻宝小调

是谁带来远古的呼唤，是谁留下千年的祈盼。

难道说还有无言的歌，还是那久久不能忘怀的眷恋。

西藏最美的，不只是蓝天、白云、雪山，更为绚烂多彩的是千年传承的特色藏族手工艺。从鎏金屋顶上的精雕细刻，到堪称视觉盛宴的唐卡，从工艺复杂的藏式编织，到防虫防腐的藏纸，东西南北的风汇到一处，汇聚成消融贫困坚冰的春风。

在西藏，从民居到寺庙，从房屋装饰到家具摆设，几乎到处都能看到藏式木雕的身影。繁复的花纹，艳丽的色彩，精湛的手艺，无不让人叹为观止。而其中的佼佼者，就是扎囊虱雕。

"虱雕"的名字，源自一粒青稞雕刻的虱子。传说在300年前，哈岗庄园里有一个吝啬的管家和一位手艺高超的雕刻师。一次，管家故意刁难雕刻师，让他雕一个动物，如果观者以为是真的就有赏，否则就要砍断他的手。雕刻师将一粒青稞雕成一只虱子，放在庄主的茶几上。庄主发现后便训斥管家："茶几上怎么会有虱子？"听说真相后，庄主将雕刻师视为奇才。后来，这位木雕师的传承人到了扎囊县扎其乡，收徒授艺，虱雕手艺也由此流传下来。

从传说中，也可见虱雕工艺的精细。"选料、构图、绘画、雕刻、抛光、着色，每一步都不能有半点差错。没有耐心，做不出好作品。"在扎囊县虱雕工艺园，我们见到了60岁的虱雕技艺第六代传承人白玛占堆，岁月在他的皮肤上刻下深深的痕迹，黝黑的脸庞笑容很少，只有说到虱雕作品时，整个人才像是活了起来。

白玛占堆的父亲是虱雕技艺的第四代传承人，但由于生计所迫，他起初并没有子承父业，而是选择以木匠为生。直到25岁，在村里人的鼓励下，为了不让虱雕技艺失传，白玛占堆决心把这门手艺传承下来。

一旦下了决心，就什么困难也阻挡不了他的脚步。当时很多虱雕老艺人已经不在了，找不到师傅学习，他就求人搭拖拉机去拉萨，去各地，先后找了三位老师学手艺；虱雕作品留存少、创作没有参照物，他就去罗布林卡、布达拉宫、敏珠林寺，仰着脖子一看就是一整天，专门琢磨雕梁画栋中的虱雕技艺。

终于，白玛占堆出师了，他雕刻的作品受到市场的欢迎。于是他成立了娘热阿妈藏式家具厂，在附近的村子招收了20多名待业青年做徒弟，让他们有一门致富的手艺。事业越做越大，2012年，白玛占堆成立了扎囊县扎其虱雕工艺合作社，还专门针对贫困农民开设培训班。现在，在合作社学习虱雕技艺的有80多人，其中近一半是家庭困难户。

前后教过这么多徒弟，话不多的藏族青年丹支给白玛占堆留下的印象最深。丹支是扎其乡罗堆村的贫困户，和有精神疾病的母亲相依为命。2013年，15岁的丹支来到虱雕工艺园学习，虽然寡言老实，但学习却十分努力，学成后就留下工作，每年收入都能有七八万元左右。去年，丹支不仅靠这门手艺脱了贫，还盖起了新房子。白玛占堆高兴得很，专门雕刻了5张藏式沙发床和4张藏式桌子送给丹支，庆祝他的大喜事。

60岁的白玛占堆接下来还有很多计划："我希望能把工艺园发扬光大，将虮雕工艺传承下去，让更多人有一技之长，让贫困户有持续致富的产业，让我们的下一辈、下下辈人都知道西藏有这么惊艳的技艺。"

高原上的人们相信，格桑花能给他们带来幸福。而在追寻幸福的途中，藏地千百年传承的文化，正开出一朵朵"格桑花"，为藏族儿女描绘出一个又一个新的梦想。

在扎囊县残疾人创业基地，我们见到了24岁的罗布旺堆，如果不是先听说了他的名字，几乎很难想到这是个藏族青年。他的皮肤不见高原人常有的黑红色，反而很白皙，每次说话前都会露出一个略显羞涩的笑容。

基地内的制作车间很大，被分成校服组、藏式服装组、藏式工艺品组、绣花组等几个区域。罗布旺堆所在的藏式服装组正在赶制一批藏袍的订单。他告诉我们，家里五口人，劳动力只有他和妹妹。因为他听力不好，过去

罗布旺堆在赶制藏袍

只能靠妹妹在外打工养活全家，他心疼妹妹，又没有办法。

2018年，罗布旺堆获得到基地务工的机会后，学得格外用心。功夫不负有心人，他迅速掌握了要领，现在已经是个熟练工了，每月工资有4000多元，去年家里已经脱贫。但罗布旺堆还不满足，他希望妹妹不用那么辛苦："要学好手艺，将来靠自己的双手开一家服装店，让父母弟妹的生活更好。"

扎囊县扶贫助残服饰加工有限公司总经理琼达告诉我们，氆氇是用手工织成的毛呢，古代西藏盛产羊毛，不产棉花，藏族妇女几乎都会编织氆氇，藏族人用它缝制藏袍、藏帽、藏靴。"现在我们用改良后的现代化技艺生产氆氇，性能更优越，耐磨不易起球。"琼达说，现在在基地工作的像罗布旺堆一样的残疾人有33名，他们不仅不用靠补助生活，还能自己赚钱贴补家用。

在西藏山南，提起"泽帖尔"，几乎无人会觉得陌生。"泽帖尔"是藏族手工生产的最高级羊毛织品，又称"哔叽"。"泽帖尔"质地柔软、持久耐用、冬暖夏凉，旧时，用上等哔叽制成的服饰曾是专门供给达赖喇嘛和西藏高官的专属品，其生产技艺有上千年的悠久历史。

随着时代的不断发展，各类现代纺织产品不断涌现，"泽帖尔"这门民族传统技艺濒临灭绝。到了2007年，掌握"泽帖尔"纺织技艺的仅有5人，年龄最小的也已经80多岁了。眼看民族技艺将永远消失在历史的长河中，很多人看在眼里，急在心里。巴桑，这个来自山南市乃东区的藏族汉子更是心急如焚。

2008年5月，巴桑发动当地7名农民，成立了山南地区第一个农民专业合作社——乃东区民族哔叽手工编织专业合作社。合作社专门聘请了5位80岁以上的高龄手艺人，寻找和制作编织工具，回忆精羊毛选料、加工、染色和毛哔叽编织工艺流程，并向招收的贫困户学员手把手地传授"泽帖尔"纺织技巧。

两年后，一批学员掌握了泽当毛哔叽的手工编织工序和技能，合作社注册了"泽帖尔"商标，非物质文化遗产"泽帖尔"被救活了！如今，在合作社长期稳定就业的贫困户已经从最初的9名增加到现在的105名。

这就是魅力无限的"泽帖尔"。

又何止是"泽帖尔"？

作为雪域高原孕育出的神奇而独特文明的一部分，"泽帖尔"重返大众视野不是特例。近年来，藏纸、唐卡、藏戏，藏医、藏药等众多藏传文化瑰宝，也都逐渐从传统走向现代，焕发出了新的光彩。

在与布达拉宫隔河相望的拉萨慈觉林村，受益于大型藏文化史诗剧《文成公主》的上演，村民们白天务工务农，晚上参加演出，每月可增加收入三四千元；在日喀则的老阿妈民族文化手工业发展有限公司，藏族姑娘次央将家庭贫困的中老年妇女组织起来，生产邦典、藏装、藏靴、藏被、藏式毛毯、藏式卡垫、旅游产品等，年均销量 5 000 件以上，年纯利润 200 多万元，人均年增收 2 万多元……

一刀一凿，人们将雪域千年的文化传承刻进历史的年轮；一针一线，珍贵的传统文化瑰宝将告别贫困、圆梦小康的彩色梦想织进藏地儿女的心里。

■ 热土晨曲

回到拉萨，回到了布达拉。

在雅鲁藏布江把我的心洗清，在雪山之巅把我的魂唤醒，爬过了唐古拉山遇见了雪莲花。

美丽而神秘的西藏，让多少人心生向往，被多少人列为"一生一定要去一次的地方"。然而有那么一群人，他们进藏的旅途中没有风花雪月的浪漫。

西藏有一种独有的花，叫狼牙刺。每年 4 月底至 5 月初开花，因为花朵呈紫色，常被内地游客误认为是薰衣草。当地人告诉我们，这种花比薰衣草顽强得多，在条件恶劣的沙地上也能绽放出最美的色彩。

"每年狼牙刺要开花的时候，伍老师就要来了。"贡嘎县农业农村局工作人员段云芳说。

她口中的"伍老师"叫伍国强，是湖南浏阳人，2014—2020 年，前后 5 次赴贡嘎援藏。每次进藏，同一班飞机的其他旅客箱子里装的是个人用品，伍国强装的却是湖南蜂王和五花八门的作物种子。这是他要带给当地农牧民的"礼物"。

2014 年第一次进藏时，伍国强的目标就很明确，要给当地农民找到一项致富的产业。为此，他在农业农村局的后院搭了一座简易温室大棚，一个个品种试着种——黄小玉西瓜、水果黄瓜、黑花生、湖南辣椒……但受制于高原气候，效果一直不太理想，愁得"头发都白了不少"。

皇天不负有心人，春季盛开的狼牙刺激发了伍国强的灵感——这是一级蜜源植物啊！

其实贡嘎当地一直有农民养蜂，但技术等方面都比较缺乏，不成规模，也不见效益。伍国强调研之后，就动了教农民养蜂的念头。为了摸清高原养蜂技术，他在农业农村局后院养了两箱蜜蜂。蜂蜜成熟了，就送给同事和周边的居民吃，人们都感叹"从没吃过这么甜的蜂蜜"。

技术摸清了，伍国强开始大规模推广。每天天刚蒙蒙亮就出发，天黑透了才回去，把贡嘎县所有的乡、镇跑了个遍。

"有一次，我和伍老师去红星村推广养蜂技术，他把仅有的一套护具给了我，结果采蜜时自己的眼睛不小心被叮肿了，还一点都不在乎，直问我蜂蜜甜不甜。"作为伍国强的搭档和助手，段云芳被他那股痴迷劲儿深深感染着。

拜访伍国强期间，我们走进贡嘎县杰德秀镇的一家店铺，60多岁的巴桑站起来迎接我们。他是蜂农扎西达杰的父亲，皮肤黝黑发亮，笑容带着高原上特有的淳朴和热情。店里摆着好几桶蜂蜜，里面装着自家生产的狼牙刺花蜜，巴桑用勺子舀出一点给我们品尝。口感清甜细腻，还能回味到水果的甘甜，不同于我们吃过的任何一种蜂蜜。

巴桑告诉我们，这家小店能开起来，多亏伍国强。"过去家里主要种青稞，一亩地只能赚几百元，虽然也试着养养蜜蜂，但只有两三箱，赚不到什么钱。"自从伍国强带来了更好的品种和技术，家里的蜜蜂养殖规模扩大到60多箱，还在镇上开起了店。巴桑告诉我们："这样一桶蜂蜜160多斤，零售价每斤30元，勤快点的话，一年卖蜂蜜能赚9万～12万元。"

"我来到这里，就是希望将贡嘎当成自己的家乡来建设，领着大伙真正改变现状，做到脱贫而不返贫。"在自己的工作日记里，伍国强这样写道。

这里的人早把他当成了朋友和亲人。段云芳告诉我们，每次伍国强确定进藏日期，将航班号发到朋友圈后，下面就会出现几百上千条齐刷刷的"欢迎"，都是乡、镇农技人员和农牧民的留言。

"且把他乡作故乡"的，又何止伍国强一个？

2016年以来，各兄弟省、区连续选派8批干部17万多人次，在西藏所有村（居）开展驻村工作，落实扶贫项目9 272个，投入帮扶资金29.6亿元。

高原的风向哪里吹？高原的人往何处去？

这片热土不仅见证着进藏的喜怒哀乐，还见证着越来越多年轻人的回归。

在山南市加查县电子商务中心，我们见到了正在准备直播的洛桑卓玛。直播间内，打光灯、专用声卡、耳机、麦克风等各种设备一应俱全。卓玛熟练地拿起面前陈列的藏式特色产品，向观众逐一讲解。

直播结束后，穿着黑色高领薄毛衫、浅色紧身牛仔裤的卓玛坐在了我们面前。她身上既有藏族姑娘独有的健康美和原始生命力，又充满年轻时尚的气息。让人吃惊的是，这位1996年出生的女孩在当地已经是小有名气的"网红带货主播"了。

最初，卓玛从事电商行业纯粹是机缘巧合。2018年，她在四川读完大学后，正巧赶上加查县组织电商培训，于是就报了名，和其他几名同龄人到了遥远的湖北宜昌，参观电商企业、观摩创业大赛，还学习怎么与粉丝互动。最让她难忘的，是自己第一次"出了镜"，穿上藏族民族服饰边唱

卓玛在为藏族特色农产品直播带货

边跳，短短几分钟就让带货主播涨了1 000多粉丝。年轻的藏族姑娘兴奋不已，好像一下子找到了自己喜欢的事情。

现在的卓玛已成为加查县电商中心的签约主播，去年第一次直播就卖出了五六千元的虫草。但是卓玛还有更远的目标："以后我打算一直把这行做下去，向更多人介绍家乡的产品。"

进藏之后，我们发现，西藏有树，而且还有柳树。

西藏的柳树有一个好听的名字——"唐柳"。传说是当年文成公主进藏时，为解思乡之情，专门从长安带了树苗，到拉萨后亲手种下的。

经历了数不清的风霜雪雨，这些柳树顽强地活了下来，枝干已不复祖先的纤细秀丽，而是强壮如松柏，盘旋着拧成麻花似的向上生长，个头只有二三米，但极有耐力，耐寒、耐旱、耐风沙。

也许，恰是在最艰难的环境里成活下来的，才是最健壮、最顽强的。在雪域高原上，栽下去的树，种下去的庄稼，要么就不能活，只要活了，那就是历经怎样的风雪摧残也能活，而且会释放出更为蓬勃的生命力。

高原上的人也是如此。他们走过漫漫长夜，历经百转千回，却始终没有放弃对这片土地的热爱，没有放弃从连绵雪峰间刨出富足生活的希望。

高原的风还不停，歌仍在唱。

我们相信，生活在那样高海拔的地方，一定会迎接更多的风雪磨砺，但也一定能享受到更加炽热的阳光的照耀。

滇西边境山区篇：
怒江！怒江！

文 李朝民　刘 杰

■ 序章

"怒江的水来自哪里，

来自茶马古道你的脑海里；

母亲的爱来自哪里，

来自云雾山村你的怀抱里；

怒江的月亮来自哪里，

来自高黎贡山你的梦里；

母亲的太阳来自哪里，

来自碧罗雪山你的眼睛里；

怒江，怒江，怒江大峡谷。"

……

《怒江大峡谷》这首歌，描绘的是中国西南边陲，一个令习近平总书记牵挂的地方——云南省怒江傈僳族自治州。

这里，担当力卡山、高黎贡山、碧罗雪山和云岭山脉4座大山并肩高耸，独龙江、怒江和澜沧江3条大江奔流不息，形成了"四山夹三江"的地理奇观，被称为"地球褶皱"。

这里，居住着55.7万人，90%以上是少数民族，包括傈僳族、怒族、独龙族、普米族等22个少数民族；62%是新中国成立后直接由原始社会过渡到社会主义社会的"直过民族"。

这里，贫困与山区犹如"孪生兄弟"，98%以上土地为高山峡谷，贫困发生率曾高达56%，是全国"三区三州"深度贫困地区的典型代表，是中国脱贫攻坚大决战中的"上甘岭"。

怒江之贫，贫在"地势"，山高谷深、狭窄陡峭、江河纵横，看天一条缝，看地一道沟，出门靠溜索，种地像攀岩。

怒江之困，困在"交通"，它是全国唯一的无高速公路、无机场、无铁路、无航运、无管道运输的"五无"州（市）。

怒江之难，难在"直过"，4个主体民族中就有3个"直过民族"，全州29个乡（镇）中有26个是"直过区"。

怒江之坚，坚在"叠加"，集山区、边疆、民族、宗教"四位一体"，世界上大多数国家、地区共通的致贫原因，怒江都有。

受特殊的自然、历史、社会、交通等多种因素制约，怒江州始终未能摆脱千年之困。贫困与落后如影随形，各族人民头上那顶写着"绝对贫困"的帽子，一戴就是半个多世纪。

直到21世纪初，展示在世人面前的，仍然是激流翻卷、夺路狂奔的"野性怒江"：江水之上，是一根根从历史深处穿越而来的溜索，还有一条条颤颤悠悠、记录岁月的吊桥……

滑坡、塌方、泥石流……怒江大峡谷以它特有的语言向人类求救：为大山子民寻找一块新的栖息之地，重建幸福家园。

党的十八大以来，党中央、国务院十分关心怒江儿女。

2015年1月，习近平总书记在昆明亲切会见贡山县独龙族干部群众代表时，提出"全面实现小康，一个民族都不能少！"

2014年1月、2019年4月，习近平总书记两次给独龙江乡亲回信，鼓励大家"更好的日子还在后头"。

2017年2月21日，习近平总书记饱含深情地提出，怒江是全国4个贫困重点地区之一，要采取一些超常的办法推动脱贫。

一场由国家力量推动的伟大脱贫攻坚决战，在怒江打响，为怒江实现"日月换新天"注入强大的外部动力——

加大资金投入。中央和省级财政整合资金，持续增加对怒江州的扶贫资金投入。据不完全统计，2014—2019年，中央和省级财政投入怒江州的扶贫资金约330亿元。

聚合帮扶力量。实施东西部扶贫协作以来，广东珠海市累计投入帮扶资金13.6亿元；作为怒江的定点扶贫单位，中交集团、三峡集团、大唐集团3家单位累计投入帮扶资金21亿元。

突破发展瓶颈。通过整合资源，先后投入234.2亿元，推进高速公路、国省道改扩建以及乡（镇）、村组公路建设，行政村公路硬化率达100%，"过江靠溜索"的历史一去不复返。

上下同欲者胜。

多年来，怒江州委、州政府坚持以习近平总书记关于扶贫工作的重要论述为根本遵循，以脱贫攻坚统揽经济社会发展全局，紧紧围绕"两不愁三保障"目标，突出"六个精准"，实施"五个一批"，推进"志智双扶"，全力攻克深度贫困堡垒。

截至2020年11月底，怒江州脱贫攻坚取得决定性成就，实现"一步跨千年"：26.96万建档立卡贫困人口全部脱贫，4个深度贫困县全部摘帽，创造了具有世界意义的"独特实践"。

2020年年末，我们踏入怒江大峡谷。在欢快的歌声中，勃勃生机扑面而来。在决胜脱贫攻坚的不懈实践中，可歌可泣的人和事，以奋斗为实的主色调，绘就了一幅色彩斑斓的历史画卷。

▌ 旗帜

位于怒江州最北端的贡山县，有一片秘境，名叫独龙江乡。这里生活着怒江州最为特殊的"直过民族"——独龙族。

独龙族总人口约7 000人，是我国人口较少的一个民族，也是云南省人口最少的民族，使用独龙语，没有本民族文字。

驱车从贡山县城前往独龙江乡，车外云雾弥漫，前方是一眼看不到头的层峦叠嶂。司机师傅说，即便在贡山当地，也有很多人从来没有到过独龙江大峡谷，因为太险了！

进山后，我们扎进了原始森林，手机信号时有时无。路面虽然平整，却曲折蜿蜒，一边是高黎贡山，一边是万丈深壑，令人直犯嘀咕。偶尔经过塌方现场，总有工人正在奋力抢修。

经过三四个小时车程，我们有惊无险地抵达独龙江乡政府所在地孔当村。视野迅即开阔许多，道路宽敞整洁、建筑特色鲜明，人气骤然高涨，俨然一座繁华的现代化小镇。

眼前的一切很难让人相信，就在20世纪90年代中期，独龙族群众还过着"砍刀开路、攀藤附葛"的艰辛生活。高山大川阻隔，每年一半时间大雪封山，这里一度成了遗世独立的"孤岛"。

独龙江乡的巨变，离不开一个人，那就是高德荣。

1954年，高德荣出生在独龙江乡一个贫苦家庭。在小学、初中同学的记忆里，高德荣小时候背《毛主席语录》最积极，而且能说会道，是班里的文艺活跃分子。

20世纪独龙江人马驿道（资料图）

18岁那年，高德荣考上了怒江州师范学校。那时，独龙江乡通往外界的路还是一条狭窄的人马驿道。在冰融雪化的开山季节，他背着食物和铺盖，沿路步行3天，终于搭上一辆大卡车，又在车斗里颠簸两天半，才到达学校。

在校期间，高德荣表现优异，毕业后便留校担任团委书记。尽管前途一片"光明"，高德荣却在4年后主动辞职，回到独龙江乡，成了巴坡完小的一名普通教师。

"独龙江很落后，家乡更需要我。"高德荣说。

回乡后，凭着能吃苦、觉悟高、干实事的特质，高德荣一步一个脚印，从小学教员走上领导岗位，先后担任独龙江乡乡长、贡山县副县长、贡山县人大常委会主任与县长。其间，他不是带着群众架桥修路，发展产业，就是到上级部门联系项目，争取资金。

1996年，时任贡山县副县长的高德荣和当时的县财政局局长一起赶赴财政部，争取到了项目资金。

不久后，独龙江公路开工了。高德荣组织了一支由独龙族群众组成的工程队，负责最后的5公里。白天，他跟队员们一起修路；晚上，他和队员们一起睡工棚。每天天不亮，他第一个起床生火煮饭，饭菜做好后才叫大家起床。

1999年，投资1亿多元、全长96公里的独龙江简易公路正式通车，终结了独龙江不通公路的历史。除去大雪封山，从乡里到县城的路程由7天缩短为七八个小时。

7年后，高德荣当选怒江州人大常委会副主任。这本是一件大好事，高德荣却高兴不起来。

"把我调到州里边工作，离开贡山和独龙江，我就相当于没有根了。天天坐办公室，我能做什么？"高德荣说。

任命当天，高德荣就把办公室钥匙退了回去，毅然返回贡山县。

2010年，为了让独龙族群众早日实现脱贫梦想，高德荣主动要求回到独龙江乡，担任独龙江乡整乡推进独龙族整族帮扶工作领导小组副组长，扛起了带领独龙族群众脱贫攻坚的重担。

在多方帮扶下，独龙江乡启动了安居工程。

"龙元村的安居工程，老县长经常来。每一个点、每一个细节，他都会亲自检查，只要稍微不对，立马就要求工程队整改或者重做。在村民搬进新房前，老县长还对新房的用电、用水、用火及卫生等方面逐一交代，希望村民们能尽快适应新环境，保护好新居。"龙元村组织委员龙建华回忆说。

住房问题解决了，但独龙江半年大雪封山的状况，依然无解。如何破题？高德荣开始盘算着在山腰上打一个隧道。于是，他翻山越岭，四处考察，条件艰苦时，甚至借住牛棚，夜宿江边。上天不负苦心人，隧道计划终于变成现实。

2014年，独龙江隧道建成之际，独龙族人民收到了习近平总书记的贺信，乡亲们沸腾了。当年4月，独龙江隧道建成通车，结束了半年大雪封山的历史，3个小时可到县城。

2014年5月，高德荣退休。本该享受天伦之乐的他，仍然作为独龙江乡整乡推进独龙族整族帮扶工作领导小组副组长，夜以继日地往来于农户间，奔走在施工现场。

2015年1月20日，高德荣作为贡山县干部群众代表，在昆明受到习近

高德荣徒步考察产业推进情况（资料图）

平总书记亲切接见，备受鼓舞。习近平总书记对高德荣说："您是时代楷模，不仅是独龙族带头人，也是全国的一面旗帜。有你们带动，独龙江乡今后一定会发展得更好。"

2018年，独龙族实现整族脱贫，1 000多户群众全部住进了新房，所有自然村都通了硬化路。种草果、采蜂蜜，养独龙牛、独龙鸡，乡亲们收入增加了，孩子们享受着14年免费教育，群众看病有了保障……

当地群众委托乡党委给习近平总书记写信，汇报独龙族实现整族脱贫的喜讯。2019年4月10日，习近平再次给乡亲们回了信。

在信里，习近平说："新中国成立后，独龙族告别了刀耕火种的原始生活。进入新时代，独龙族摆脱了长期存在的贫困状况。这生动说明，有党的坚强领导，有广大人民群众的团结奋斗，人民追求幸福生活的梦想一定能够实现。"

摆脱贫困，过上美好生活，这是独龙族同胞一直以来的期盼。如今，这个愿望变成了现实。

"没有共产党就没有我们独龙族今天的一切。高黎贡山高，没有党的恩情高；独龙江水长，没有党的恩情长。"高德荣说。

■ 变迁

她，是最后一批接受文面的亲历者；

她，是传统文化与现代文明的融合者；

她，是脱贫攻坚成果的受益者；

她叫李文仕，今年75岁，是独龙江乡迪政当村人。

初见李文仕时，她正在古色古香的扶贫车间里编织独龙毯。随着她灵巧的手指上下翻飞，倾泻而下的纱线片刻间被揉成了一道彩虹。

见有人来访，李文仕停下手中的活儿，示意我们坐下，用独龙语饶有兴致地聊起了家常："地里有活我就种庄稼，没活了我就来这里织独龙毯，或到乡里赶集卖独龙毯；晚上和几个好姐妹到村里的广场上跳舞；有时碰上游客，我就陪他们聊天……除种地和织独龙毯外，每年还能从政府领到几千元的补贴。"

"这样的幸福生活，在以前我做梦都不敢想！"李文仕说。

六七十年前，独龙族还处于原始社会阶段。刀耕火种、结绳记事、刻木传信……这些本应发生在几千年前的行为，在那个年代仍旧是独龙族人的生活方式。

没有路，也没有桥，族人们想要与外界交往，需要攀天梯、过藤桥、爬溜索，跨过无数急流险滩，翻越无数高山峡谷。对山外人而言，进山更是难上加难。

李文仕就出生在这样物资极度匮乏、生存条件恶劣的环境中。因为在新年出生，父母给她取名"色松"。

"修剪头发用砍刀铡""有能力的独龙族人才有茅草屋住，没有能力的只能住在山洞里""树叶蔽体，吃不饱、穿不暖，雪地里光着脚找吃的"……这便是李文仕对独龙族生活的儿时记忆。

12岁那年，由于村里没有小学，她到邻村的龙元小学读书，并由老师取了现在的名字。然而，因为缺少劳力，第二年家人就不让她读了，本想好好读书的李文仕因此哭了好几天。

也就是这一年，李文仕接受了独龙族特有的仪式——文面。

新中国成立初期，文面已被禁止了。不过，囿于自己的母亲是一位文面师，李文仕不得不顺从母亲的意思，成为独龙族最后一个接受文面的女子。

为何要文面？有学者指出，这种仪式始于唐代，目的是防范女性被掳掠为奴。这些解读从历史记载推测而来，真实情况早已不得而知。

"文面仪式是母亲主持的，她先用削尖的竹签扎我的脸，疼痛难忍。扎出图案后，再将锅灰汁敷在上边。文面后脸肿得很大，过了三四天才慢慢消下去。"李文仕表情凝重。

中断学业后，在实践中，李文仕慢慢掌握了种植、织布、采药等技能，有时还会帮父亲到社里干活挣工分。再后来，她做过乡村医生，曾两次步行到当时的怒江州府所在地，代表独龙族妇女参加会议。

28岁时，李文仕与李文正恋爱成家。夫妻俩生了3个女儿，过上了日出而作，日落而息的恬静生活。在夫妻俩的见证下，独龙江乡悄然发生着变化。

巨变始于2010年。

那一年，云南省委、省政府启动独龙江乡"整乡推进、整族帮扶"项

目。随着安居温饱、基础设施、产业发展等6项工程的实施，李文仕一家搬进了崭新的安居房。下山后，李文仕执意把以前的木板房留着。她说要让子孙后代了解以前的生活，记住共产党的恩情。

最让她感到荣光的是，2015年，她在昆明见到了习近平总书记。"当时激动得都说不出话来，只好用独龙语向习近平总书记唱起了感恩歌，以此表达对党的感恩之情。"李文仕说。

2018年，她见证了独龙族整族脱贫的历史时刻；

2019年，她见证了独龙江乡开通5G试验基站；

2020年，她见证了独龙族迈入全面小康；

……

目前，李文仕的3个女儿均已成家立业，她和老伴随三女儿李玉花一起生活。在宽敞明亮的安居房里，冰箱、彩电、电磁炉等家电一应俱全，墙上挂着各种各样的生活照。

记者在扶贫车间采访文面女

"再也不用担心谁会饿死了！"李文仕笑着说，"现在家家有房住、有电器，合上电闸，就能做饭，每家每户还有不少收入。比如我女儿吧，她是生态护林员，每年能领1万多元工资。闲暇时，她开着小汽车跑跑运输，也挺赚钱的。像我们老年人还能享受农村最低生活保障补助，吃穿不愁！"

说着说着，李文仕的手机响了。她从口袋里掏出智能手机，轻按一下，接通了别人的电话。挂断电话后，李文仕对我们说，平时她了解村里的大事小情，主要就是通过微信。如果想念在外地读书的孙子，就用微信与孙子视频通话，很方便。

谈到文面女的身份时，李文仕说："以前因为文面，总觉得害羞、自卑。但现在国家很关心文面女，说是一种文化，每年还专门给我们发生活费；乡里还给文面女建了健康档案，定期为我们开展医疗义诊服务。公路通了以后，经常有外面的人来看望我们，我也慢慢地不怎么害羞了。"

采访的最后，李文仕感慨地说："现在时代变好了，我也老了，但我舍不得离开这个世界。"

临别之际，我们都依依不舍。李文仕已年逾古稀，我们下次重访故地，可能已是另一番景象。

如今，像李文仕一样生活在独龙江畔的最后一批文面女，大多在75岁以上。她们是历史变迁的"活化石"，岁月留在她们脸上的不只是独特的面纹，还有独龙族人民翻天覆地的印迹。

■ 求学

反贫困，教育是通往彼岸的渡船。越穷的人，上学的愿望越迫切。读书，是一代代独龙族人融入血液的信仰，也是出路和希望。

李金明是独龙江乡走出的第一个大学生。

1967年，李金明出生在迪政当村。在他儿时的记忆里，生产队粮食不够吃，他们三天两头就需要去山上挖野菜。

上小学时，李金明每天放学后，都要抱着哥哥家的娃娃，去江边寻找猪食或者柴火。即便如此忙碌，他对上学仍乐而不疲。

彼时，独龙江乡虽与外界有了联系，但因大雪封山的缘故，新教材总是引不进来，铅笔、粉笔等教学器材也很稀缺。进乡教书的老师要先学习独龙语，才能与他们沟通。

小学毕业后，李金明考到贡山一中读初中。由于离家远，再加上大雪封山，一年只能回家一次。回家的山路不仅崎岖，还可能在森林里遭遇野兽侵袭。每次从贡山回家，他都约几个同乡的同学一起，带着盐巴、茶叶、干粮、独龙毯、塑料布等物资。少年们白天赶路、夜宿野外，走上六七天才能到家。

在贡山读书，条件异常艰苦。学校宿舍是竹篾房，冬天四处灌风，只能靠烧柴火取暖，生活费大多来自勤工俭学。

"爸爸靠背东西、跑运输，每年只能挣10元钱左右。我每个月交够150斤柴火，能换3元钱伙食补贴。当时读书全是靠国家扶持，家里一分一厘都负担不起。"李金明说。

从深山来到县城，李金明看一切都是新鲜的。他尤其喜欢电影这个新奇事物，但囊中羞涩，即使当时1角5分一场的电影，也看不起。偶尔能蹭到一场免费电影，李金明便有说不尽的开心。

生活是苦了点，但李金明在学习上却丝毫没放松。"出来不容易，那时我心里是下定决心，要冲出独龙江！"

功夫不负有心人。1982年，李金明被学校选中，作为独龙族学生代表，前往北京参加全国少数民族夏令营。

"当时我连一身像样的衣服都没有，老师们为我缝制了一件民族服饰。就这样，我去了北京，真的很高兴。"李金明说。

到北京后，李金明见到了其他55个民族的学生代表，参观了天安门、故宫、天坛，眼界瞬间开阔了。李金明暗自下定决心："我一定要考上大学！"

中考时，李金明毅然在志愿上写下"中央民族大学附中"几个字。那一年，他觉得自己考得还不错，但在家里等了两个月，仍未收到通知书。李金明以为名落孙山，很失落。

事情的转机发生在当年10月。一天上午，云南省教育厅招生办突然接到中央民族大学附中的电话，对方很纳闷："我们明明录取了一名怒江的学生，可开学都一个多月了，为啥没见人报到？"

电话很快打到贡山，几经周折，正在家中的李金明才收到了迟来的喜讯。他背上干粮即刻出发，7天后才到达贡山。拿上学校资助的120元钱，李金明终于踏上了京城求学之旅。

而那张录取通知书，直到次年10月才到了李金明手里，此时他已经在北京上学快一年了。

为什么这么慢？原来，当时由于大雪封山，通知书无法送进独龙江乡，第二年5月，通知书才送到家里。父母担心李金明没有通知书在学校不方便，又把通知书寄回了北京。

在北京求学期间，李金明没回过一次家。他担心一旦回去了，可能再也出不来。

后来，李金明如愿考上了大学。1990年7月，他从云南民族学院（现为云南民族大学）民族语言文学系毕业之后，被分配到云南省社会科学院民族文学研究所工作。

现在，李金明已是云南省社会科学院民族文学研究所副所长，长期从事民族文化、民族民间文学研究，重点研究独龙族，出版著作13部，在公开刊物上发表学术论文70多篇。

回望求学路，李金明虔诚地说道："没有共产党的关怀和政策，我不可能从独龙江走出来，成为一名大学生。"

与李金明相比，"90后"独龙族姑娘李英的求学路可谓平坦。

李英在贡山县城读书时，独龙江公路已建成，进出大山相对容易。到甘肃兰州读大学时，尽管她回家的路是班里最远的，但她却一点也不觉得苦，因为此时独龙江乡的基础设施条件已经比以前好了很多，走在路上看到的都是希望。

2020年，从西北民族大学硕士研究生毕业后，李英果敢地选择回到独龙江乡，在迪政当小学做一名老师。

"读书改变命运，是最体面的逆袭方式。"李英说，近年来，为不让任何一个少数民族孩子掉队，贡山县开出丰厚的"大礼包"，高薪引进优秀紧缺人才，一批批优秀教师纷纷扎根独龙江。

实践表明，只有好老师才能教出好学生。如今，独龙族已经走出了3名博士研究生、2名硕士研究生、29名本科生。独龙江乡适龄儿童入学率100%，义务教育阶段辍学率为0。

独龙江乡是教育扶贫的缩影。2016年以来，怒江州突出"控辍保学"，大力推进义务教育均衡发展。健全各级教育奖励补助机制、建立从学前2年到高中阶段全过程广覆盖的学生资助体系、落实各学段建档立卡贫困户学

李英所在的迪政当小学的孩子们（资料图）

生的资助政策，在整个怒江州，受益学生已近10万人，有效阻断了贫困代
际传递。

■ 医者

"凡为医者，遇有请召，不择高下远近必赴。"面对看病难的现实，乡
村医生邓前堆冲锋在前，无问东西，只为苍生。

邓前堆到底是个怎样的人？

从贡山县南下，我们沿着怒江州美丽公路一路行驶。在旋涡迭现的怒
江江面上，偶尔可见一条条溜索。这些锈迹斑斑的溜索，是过去怒江人民
过江时的主要交通工具。

在福贡县石月亮乡，拉马底村被怒江一分为二，分为西岸和东岸。连
接两岸的两条距江面30米高、全长100多米的溜索，见证着邓前堆38年如
一日的从医初心。

1964年，邓前堆出生于拉马底村的东岸。彼时，往来两岸只能靠溜索，加上医疗基础薄弱，看病很不方便。

1983年，初中毕业的邓前堆跟哥哥去缅甸做生意，途中突然染上了痢疾。回到村里，邓前堆在诊所躺了4天。从这次长途跋涉求医的经历里，邓前堆体会到了什么叫看病难。

当时给邓前堆看病的乡村医生友向叶问邓前堆："生病痛苦吗？你想不想当医生？"

邓前堆觉得自己从未学过医，也没啥基础，不敢奢望。

友医生见他不嫌乡村医生工资低，既上过初中，又有心从医，便仍向村干部汇报了此事。

经乡卫生院批准，邓前堆拜友医生为师，正式成了一名乡村医生。

"这是一辈子的事，不能半途而废！"时任拉马底村党支部书记、乡卫生院院长说的这句话，后来成了邓前堆的座右铭。

当上乡村医生后，邓前堆遇到第一个大障碍就是过溜索。

早期溜索，竹篾滕缠，由3根擀面杖粗的溜绳拧成一股，固定在峡谷两岸的大树或岩石上，倘若没有大树与岩石，则就地打桩拴索，利用山崖的

邓前堆过溜索（资料图）

高低落差溜到对岸。因滑溜索而坠江伤亡，在当地并不鲜见。

第二年，邓前堆克服困难，学会了滑溜索过江。有一次，因速度过快，他的右腿撞在固定溜索的岩石上，一个多星期不能走路。伤势痊愈后，邓前堆非但没有害怕滑溜索，反而继续坚持到对岸出诊。

就这样，邓前堆的生活形成了一种常态：每天在拉马底村卫生室坐诊，一听说哪户人家有头疼脑热，就立即背上药箱、带上溜梆出发，穿梭在怒江两岸和崇山峻岭之间，每月至少在怒江上空滑10次溜索。

一个深夜，害扎村民小组一户房屋突然起火。邓前堆闻讯立马背上药箱，摸黑通过溜索，赶到现场。看到开扒俄老伯头皮被烧伤的情况后，邓前堆立马为老人清创上药，并在一旁的树枝上吊上输液瓶。伤情缓解后，鉴于老人独居的现状，邓前堆又上门治疗了一个星期，才将老人的烧伤完全治愈。在这一年里，邓前堆每月10日，都会定期过江为老伯做复查。

作为一名乡村医生，邓前堆收入微薄，刚开始一个月的工资只有28元。但对于父老乡亲，他却一点都不吝啬。行医期间，他间或遇到欠费的人。邓前堆说："乡亲们大都淳朴善良，只要手里宽裕，是不会欠我的，所以我从不开口去向他们'讨债'。"

邓前堆上有年迈父母，下有一双儿女。在儿子范志新的印象里，父亲每天忙忙碌碌，非常辛苦，但家境依然拮据。"记得自己上初中时，同学们一周的生活费有30元钱，而我只有5元钱。所以那时候，我心里有点埋怨父亲。"范志新说。

面对儿子的不解，邓前堆努力压住喉间酸涩。他相信，等儿子长大后，一定能理解自己为乡亲们的辛勤付出。

一直到2011年，邓前堆依然不顾生命危险，靠一套滑轮，一根绳子，滑过百米溜索，来往于拉马底村东西两岸，为百姓送医送药。28年里，他累计出诊5 000多次，步行约60万公里，诊治患者13万余人次，未出现一起医疗事故和医患纠纷。

村民们都说："这个人好。晚上我们生病，三四点钟，他会到这里给我们输药。这个人太好了。"

德耀中华。中央一位领导人曾作出批示："邓医生的事迹十分感人。"他同时要求，有关部门尽快帮助邓前堆实现"村子里修一条能通车的桥"的朴实心愿。

2011年3月，怒江州启动怒江、独龙江、澜沧江的《溜索改桥建设规划》，分两批将"三江"上的42对溜索改造成36座各类公路跨江桥梁。拉马底村的2条溜索旁，也建起了"幸福桥"和"连心桥"，邓前堆再也不用过溜索给群众看病了。

邓前堆"溜索医生"的事迹传遍了大江南北，"全国卫生系统职工职业道德标兵""全国敬业奉献模范""最美奋斗者"等光荣称号纷至沓来。

面对突如其来的荣誉，邓前堆显得十分平静。他说："我只是做了乡村医生应该做的工作。在怒江、在全国，别的乡村医生也和我一样踏实做事，做得更好的医生还有很多。"

交谈中，邓前堆多次提及心中的那份执著："乡亲们对我好，国家对我好，这辈子除了当医生，我什么也不想当了。"

近朱者赤。在邓前堆的影响下，儿子范志新毅然选择去怒江州卫校读书学习，毕业后自愿回村当起了乡村医生。

去年，邓前堆买了一辆小汽车。他说："现在，我真正做到了'随叫随到'。过去靠溜索过江，从诊所到病人家里至少4个小时，而现在开车只需半个小时。"

如今，邓前堆依然奔波在怒江两岸，他的工资待遇比以前强多了。但最让他感到欣慰的是，村卫生室的队伍不断壮大，不仅有自己儿子的加盟，还有一位大学刚毕业的女医生。

邓前堆只是一个代表。党的十八大之后，怒江州坚持把健康扶贫作为基本防线，推行以防为主、医保结合的健康扶贫模式，完善了州县乡村四级医疗设施，不断加强医疗机构能力建设；村村建起标准化卫生室，提高村医待遇，配备了638名村医，确保群众病有所医。

■ 兴业

发展产业是实现脱贫的根本之策；因地制宜培育产业，则是推动脱贫攻坚的根本出路。草果产业就是一个样本。

在怒江的山野间，有一种红色的"小精灵"，它们团簇在林下或溪边，如不仔细观察，很难发现它们的踪迹。

这种"小精灵"名叫草果，是一种姜科豆蔻属植物的果实。虽然不能直接食用，但它既可以被用作调味香料，又可以提取芳香油，是许多中成药的必备材料。

"怒江州山高树多，很难有平整的土地，再加上近些年退耕还林的政策，草果这种管护成本比较低的林下经济作物，在当地很受农民欢迎。"福贡县扶贫办副主任李鹏飞说。

如何让草果产业惠及农民？李鹏飞给出了铿锵回答：必须大力培育新型经营主体，否则发展富民乡村产业则如镜中之花。

普四忠今年26岁，是石月亮乡咱利村一名返乡创业大学生。

第一次接触草果时，普四忠刚上大一。"头一眼看到一株株草果苗的时候，我还在好奇，那些红彤彤的草果到底是长在根部还是挂在枝上。"普四忠说。

当时，村里为了推广草果种植，分发了很多草果苗。但有很多农户不愿意种，因为大家不确定效果好不好。普四忠的父母抱着将信将疑的态度，领了一些草果苗回去，种了五六亩。

怒江雨水比较多，草长得快。上大学期间，普四忠放假回家，总会帮父母去草果地里除草。

3年后，普四忠从云南农业大学毕业，选择回到村里。那一年，村里的草果纷纷挂果，不少村民卖出了好价钱，最高的一户一年卖了上百万元。"我还是挺幸运的，刚毕业就用家里卖草果的钱，还了助学贷款。"普四忠笑着说。

为支持大学生返乡创业，村里借钱支持普四忠收购草果。收好之后，他直接将草果统一运输到怒江大峡谷农副产品加工交易中心。该中心有一条云南能投集团投资的全自动草果加工生产线，每天能够加工35吨草果，对草果"应收尽收、保底收购"。普四忠收购的草果，经过交易中心专业人员定级后，确认收购价格，就可以坐等收账。

2019年11月，普四忠参加了在福贡县鹿马登乡干布村举办的"草果节"。"现场是人山人海，太热闹啦！好多村民都开着三轮、摩托车、拖拉机，去那里卖草果。简直太刺激了！"普四忠说，那一天，咱利村卖出了3吨左右的草果。

现在，普四忠家的草果种植面积已经增至10多亩，虽然有的还没有到挂果期，但他每天的生活既忙碌充实又开心快乐。对于回乡的收入，他很满意："首先是草果，草果占大头，自家种的每年能赚个五六万元，收购转卖能赚一两万元；同时，我还在村里的好几个公司兼任了职务，每月能有

3 500元的收入。我家还种了一些亚朵茶，每年能有三四万元的收入。"

空闲时间，普四忠还通过参加云南农业大学的网络课堂，学习了更多关于草果的知识。他说："今后就打算留在家乡发展，创新营销方式，服务更多村民卖草果，带动他们增收致富。"

草果收获现场图（杨时平　摄）

普四忠是众多新型经营主体之一。近年来，怒江州优化产业发展布局，强化农业基础设施建设，做大做强草果产业，做精做优特色经作产业，大力发展特色养殖产业，着力培育新型经营主体，聚力打造绿色农业品牌，积极探索生态发展模式，全州农业农村发展全面向好。

作为怒江州最有特色的扶贫产业，怒江草果无公害、无污染、品质好的特点，获得了广大消费者的一致认可。全州已建设110万亩全国草果核心主产区，规模化种植还带动了草果精加工业的发展，不断延伸产业链条，草果正气茶、草果植物精油、草果香皂等产品进入寻常百姓家，为稳脱贫打下坚实支撑。

■ 下山

人终其一生，都在世上不断找寻着自己与外界的相似性。生活就这样，涟漪般一圈圈从最熟悉的核心往外扩展。杨茂花也不例外。

年近不惑的杨茂花，是兰坪县易地扶贫搬迁安置点永昌社区的居民。走进永昌社区，楼房整齐划一，道路干净整洁，最吸睛的是，每栋楼都标上了不同的动物图案。对照图案，刚进城、分不清楼栋编号的群众轻轻松松就能找到自家的楼房。

杨茂花和丈夫、母亲以及两个孩子居住在带有鲸鱼标志的楼房里。2020年春节，杨茂花一家从石登乡仁甸河村搬迁过来，按扶贫政策分到了一套100平方米的新房。新房户型是4室1厅1厨1卫，搬进来之前，政府不仅将房间装修好，还统一配备了1个衣柜、1条沙发、8条凳子、1张床、1张桌子。

进入杨茂花的新家，墙体洁白、地面一尘不染，卧室里各种生活用品摆放整齐，阳台上八九个花盆里种着青菜、香葱等绿植，"家"的感觉扑面而来。

"这种生活，在以前是从来没指望过的。"杨茂花说。

搬迁前，杨茂花家住在一座被"雪藏"的村落：山路陡峭，旁边是悬崖，交通十分不便，距县城有4个小时车程；杨茂花一家5口借以栖身的老木屋四处漏风、破旧不堪。

那时候，全家的收支都靠丈夫刘明芳外出务工，老人经常生病，孩子上学还要到乡里租房，一年下来不光攒不了几个钱，有时还需借钱度日。杨茂花一家被认定为建档立卡贫困户。

2017年，兰坪县易地扶贫搬迁工作队知悉情况后，劝说杨茂花搬下山。她想，家里又有老又有小，在老家还能种点粮食、蔬菜，解决温饱问题，到城里各方面都要花钱，还是不搬好一点。但丈夫刘明芳有不同意见。他说："以咱目前的条件，盖房子根本盖不起。搬下去孩子上学也方便，虽然我们没有好大的希望，但一定不能让孩子重复我们的老路！"

再三劝说后，杨茂花同意搬迁。

2019年7月，永昌社区竣工，搬迁正式开始了。搬迁过程中，政府部门组织了多次接送服务，帮助杨茂花一家将各种生活用品、电器、家具等搬到新家。

入住不久，杨茂花认识了楼栋长李秀文。为帮助杨茂花熟悉新生活，李秀文多次上门教她使用电磁炉，开关水闸、电闸，成了名副其实的"生活管家"。

"在搬迁群众陆续入住后，以各个搬迁村委会为基础，社区里组成了临时党工委，从'村委会+村小组'转变为'社区+楼栋网络'的管理模式，建了微信群，为群众提供'一站式'服务。"永昌社区临时党工委书记沙月光说。

现在，杨茂花一家已经逐渐习惯下山的生活。杨茂花成了社区里的"上班族"，每月有相对稳定的收入。两个孩子在小区门口就可以上学，不仅享受14年义务教育，还享受"两免一补"的优惠政策。

看到妻子有班上、孩子有学上，丈夫刘明芳悬着的心终于放下。他远赴海外，到格鲁吉亚搞隧道工程，一个月能有1万元左右的收入，比之前打工赚得更多了，日子越来越有奔头。

如今，怒江州让10万多名像杨茂花一样的贫困群众搬出大山，告别了"竹篱为墙、柴扉为门、茅草为顶、千脚落地、上楼下圈、透风漏雨"的生活环境。人们迁入新社区，真正实现"挪穷窝"与"换穷业"并举、安居与乐业并重、搬迁与脱贫同步。

■ 跨越

前往泸水市片马镇的那天，起了大雾。蜿蜒的盘山公路两边，茂密的森林依稀可见。经过层层哨卡，我们向着这个边境小镇不断进发。抵达片马时，一场小雨淅淅沥沥下个不停。

片马镇，怒江州最为著名的一个边境小镇。这里森林覆盖率95.4%，过去，景颇族、傈僳族、白族等8个少数民族在此聚居，以狩猎、捕鱼为生，过着田园式的生活。

1991年8月10日，片马镇经云南省人民政府批准开放为国家二类（省级）口岸。一时间，片马镇的交通、通讯、能源等各项基础设施发展迅速，逐渐成为怒江州人流、物流、信息流最为活跃的集散地，流动人口高峰时有6万多人。

然而在利益的引诱下，部分群众开始偷砍盗伐、走私贩卖木材，严重破坏了片马镇的生态环境。尽管政府不断加大对走私贩卖木材等违法行为的处置力度，但屡禁不止。

进入21世纪后，由于中缅双方对于生态资源的重视和保护，片马镇木材经营加工运输业逐渐凋敝，慢慢失去了往日繁华。

转折源于脱贫攻坚。睿智的片马人，因应时势，恪守绿色发展理念，走出一条特色乡村振兴之路。

六普今年44岁，是片马村村民。直到爷爷辈，家人都是以打猎为生。到他这一代，国家成立了保护区，他成了首批生态护林员。

14年来，六普的月薪已从300元涨到2 800元。他说："以前我们祖辈是因为没肉吃，才去山上打猎，现在国家政策好了，生活富裕了，再也不用去打猎了。"

多年来，怒江州先后设置了生态护林员、巡边员、护河员、城乡环境保洁员、地质灾害监测员"五大员"扶贫公益岗位，帮助建档立卡贫困户吃上"生态饭"。

无独有偶。在片马镇端奖小区，范晓丽和丈夫约兰也享受到扶贫政策的"红利"，搬进楼房过上了幸福生活。

范晓丽和约兰都是片马镇的傈僳族居民，2013年，两人恋爱结婚。小两口结婚那天，婚房地板是用红色的贴纸铺出来的，四面透风的木墙则用彩色的塑料布围起来。一张床、一个衣柜、一个梳妆台就是全部家当，条件很是清苦。

婚后，丈夫约兰为了养活一家子，经常到缅甸开车跑生意，运输木材、矿石等。虽然每月能有3 000多元的收入，但当地路况十分险峻，稍有不慎，人车就会掉进悬崖。可以说，每次丈夫出门，范晓丽都是提心吊胆。

一天晚上，怀有身孕的范晓丽，突然感觉身体不适，大晚上的却怎么也打不通约兰的电话，心乱如麻。

"好像是老天爷给他消息了，那天晚上他竟然回来了。"范晓丽说，第二天，大女儿便呱呱坠地。

到小儿子满月时，范晓丽一家6口人搬进了新家。她感慨道："第一次看到新房的时候，开心极了，太大了！"

爱美是女人的天性。搬进新家后，范晓丽又将墙壁粉刷成了蓝色，配上了沙发、电视等家具，特别温馨。

安居后如何乐业？在小区提供的厨师培训课上，范晓丽不仅学会了许多家常菜的做法，还在小区免费摊位上卖起了自制炸串，生意特别火，曾创下过1 200元的单日营收纪录。公公也在村里当起了保洁员，空余时间还在镇上跑三轮摩托车拉客，一次也有15～20元的收入。家里的老房子变成了生产用房，婆婆经常回去，照顾猪和鸡以及2亩重楼、10多亩核桃。

受新冠肺炎疫情影响，约兰没有外出打工。经过小区免费提供的钢筋工、民族服饰制作等技能培训后，约兰暂时在家做些零活儿。"等小儿子满1岁，就让他出去打工，不过不要再去缅甸开车了。"范晓丽说，"只要亲人平安，就是最大的幸福。"

六普、范晓丽的故事，只是片马发展的缩影。

如今，勇敢的片马人放下弓弩，用心守护这里的一草一木：随处可见鳞次栉比的特色民居，宽敞干净的道路通到村民家门口，草果、重楼等绿色产业蓬勃发展，在壮大边贸经济的同时，还让群众得以就近就地就业，实现持续增收。

片马镇党委书记张艺缤说："下一步，我们将依托区位优势、旅游优势，将片马打造成为中缅边境线上一个乡村振兴样板。"

返程路上，天已晴了。不知怎的，我们脑海里总是浮现出片马人那一张张幸福的笑脸……

▌ 后记

贫困是世界性难题，减贫是人类共同使命。

怒江州是中国民族族别最多、较少人口的民族最聚集、"直过民族"最集中的沿边靠藏地区，拥有独一无二的高山峡谷自然景观和世界级自然资源，但因多重因素掣肘，始终未能摆脱贫困。党的十八大以来，习近平总书记"一次接见""两次回信""多次指示批示"，如冲锋号角鼓舞着怒江州的脱贫攻坚斗志，推动形成了人类减贫事业的"怒江实践"。

从我们走村入户结果看，"怒江实践"取得重大成就：怒江州基础设施实现了前所未有的飞跃，人民生活水平发生了前所未有的变化，公共服务和社会保障水平实现了前所未有的提升，各族群众得到了前所未有的幸福感、获得感，听党话、感党恩、跟党走的信念更加坚定。

怒江州的减贫经验既是中国的，也是世界的。怒江州的减贫实践，蕴含着普遍规律，不仅印证了中国特色社会主义制度的优越性、精准扶贫方略的正确性，同时回应了习近平总书记的深切牵挂，也回应世界性发展难题和普遍性发展困境，为全球减贫事业提供了"独特启示"。

奔跑的怒江，梦想一直相伴。瞻望未来，我们相信，在全面推进乡村振兴的征程中，怒江州在中国共产党的坚强领导下，必将奏响更加华丽的乐章。

"你流淌在森林里，

你流淌在桃花里，

你流淌在梯田里，

你流淌在歌声里，

你流淌在我的心里，

你是这样的悠远，

你是这样的美丽，

你是这样的自然，

你是这样的神奇，

怒江，怒江，怒江大峡谷！"

▼ 深入践行"绿水青山就是金山银山"的发展理念，怒江州坚持生态优先，三江两岸处
处展现着人与自然和谐共处的大美景象 [（丙中洛石门关）怒江州旅游局 供图]

秦巴山区篇：
风起秦巴

文 买　天　吕珂昕

　　秦岭和合南北，泽被天下，是我国的中央水塔，是中华民族的祖脉和中华文化的重要象征，素有"中华龙脉"之称。作为长江、黄河两大水系重要水源地，秦岭更是南水北调中线工程的水源地。

　　大巴山脉绵延川（四川）、陕（陕西）、鄂（湖北）等省交界，神农架、武当山等为国人耳熟能详。这里孕育了很多古老的珍稀动植物，是我国生物多样性保护的关键区。

　　从上空俯瞰，秦岭和大巴山像两条张开的手臂，用力将这片南北方拼接的土地托起；发源于此的汉江、嘉陵江、渭河等大江大河，更是为险峰如林的秦巴大地带来灵动与活力。

　　山水相拥，在带来壮丽景致的同时，也将这里的人和事与外界隔绝开来。千百年来，祖祖辈辈生活在这里的秦巴百姓，躬耕险陡，行走方寸，俯仰生息，艰难求存。

　　在全国14个集中连片贫困地区中，秦巴山区因贫困程度深、贫困人口多、贫困发生率高、脱贫任务重，曾被称为全国除"三区三州"之外的"贫中之贫""困中之困"，成为中国治理贫困进程中一块难啃的"硬骨头"。

　　在老百姓看来，这贫与困的滋味，在那些年月里，就像冬天大山里湿冷的风一样，寒彻刺骨。

　　但，冬天来了，春天还会远吗？

　　2013年，习近平总书记提出精准扶贫。恰似一夜春风来，秦巴山区各贫困县迎来追赶的机遇，在脱贫道路上奋楫笃行、矢志不渝。

久困于贫，冀以小康。

基础设施改善、产业发展致富、易地搬迁安居、医疗救助保障、村容村貌提升……祖祖辈辈居住在秦巴深山里的人们建设大山、治理大山、保护大山，摆脱了长久以来的贫穷桎梏，迎来了心之向往的小康生活。

天地已焕然一新。

让我们走进秦巴深处的人家，和他们一同感受——

风起秦巴！

在四川省广元市朝天区，乡村休闲康养小镇景色宜人（买天 摄）

修的人多了，也就有了路

蜀道难，难于上青天。

很多去过四川广元的人，在踏访山中历代仁人志士归隐处的同时，都会走一走剑门关古道的崎岖陡峭，细细体会古人的行路艰难。

然而，对于距离剑门关不到100公里的广元市朝天区老百姓来说，"蜀道"的艰难就是他们曾经生活的真实写照。

"以前村里都是黄泥巴路，一遇下雨天，泥浆能没过大半截小腿。要是嘉陵江涨水，整个村子就与世隔绝了！"朝天区羊木镇新山村村委会主任王思祥身材瘦高，穿着一身休闲运动服，跟我们见面的时候，手里还拎着一个公文包。

见状，我们打趣问他："您看着可不像是一个村干部，更像一个从事建筑行业的生意人。"

他哈哈一笑，"2013年以前，我还真就是在外面搞道路工程的！"

已过不惑之年的王思祥是土生土长的新山村人。10多年前外出打工，一直从事道路工程建设，辗转四川凉山州、内蒙古等地修桥筑路，村里人提起来会夸一句，"他霸道得很"，意思是说他很能干。

修着别人家乡的路，他心里一直惦记的却是自己从小长大的村子。

新山村位于羊木镇的东北角，是当地最偏远的一个村庄。"相隔两座山，说话听得见，走路要半天，脚下是深渊。"

即使是现在，从朝天区区中心开车出发，要穿过嘉陵江河段，也要一路迂回曲折，辗转1个小时才能到。车技不过硬的司机，不是迷了路，就是抛了锚，过山车一样的体验，让坐车的人手心里总是攥着一把汗。

对修路更有感情的是王思祥已经快80岁的老父亲王文弟。

王文弟曾当过新山村26年的村支书，村里的老路就是他带着乡亲们手刨肩扛修出来的。

"那时候修路真难，只能用铁锹、锄头挖，靠背篓背，大家都穷，也没有现在的好政策，就靠村里的人出劳出力，一点一点把土地铲平压实，才有了一人宽的一条出村路。"王文弟说。

几十年过去，当初费尽一代人力气修好的路，经过日久天长的风吹雨打，变成了村民口中的"毛狗路"，再也承载不起村子向前一步向外发展的愿望。

"村里人想卖头猪，都没人愿意上来收，要四五个大汉抬10多公里到镇上才能卖。"王文弟说。

几年前，一位村民因病急需救治，但路太窄，救护车上不来。大家用滑竿抬了10多公里，送上救护车时，人已经去世了。老父亲向王思祥说起这件事的时候，王思祥暗暗下定决心，"一定要修路！不修路，别说村里脱贫致富，就连最基本的生存都成了要命的大问题，老人看病、娃娃上学再不能耽搁了！"

2014年正月初三，王思祥在村民大会上提出修路，在场村民无一人反对，并当场敲定了修路方案。每家每人出资1 000元，集资40万元，王思祥个人出资20万元。

有人出人，有力出力，有车的出车……正月初九，挖掘机、铲车、拖拉机就开进了村里。

平整坚硬的水泥路，在大巴山山脉的青翠山林中，蜿蜒如线，又光洁如翅。先是从山脚下伸到了每个村里，再从村里通向了分散在不同山腰上的村民聚集处……

除了村民集资的40多万元，王思祥个人前后一共掏了60万元。

当年年底，正当王思祥琢磨着怎么才能把剩下的7公里村路继续修下去时，精准扶贫政策带来了政府出资的基础建设项目，终于"打通最后一公里"，困扰新山村多年的出行难题被彻底解决了。

2017年，新山村的所有贫困户脱贫摘帽，村民们无论在哪个半山腰居住，路都直接通到了家门口。

就在同一年，从西安到成都的西成高铁全线通车，这条被外国记者称为"人间奇迹"的高铁，全线桥隧占比93%，穿越秦岭的隧道群全长134公里，其中超过10公里的特长隧道就有7座。过境之处，从低点到最高点的海拔超千米，高铁从低到高"爬坡"的时候，车头和车尾相差有3层楼高。

坐着高铁穿越险峻的群山来到与四川东北部接壤的陕南，首先看到的是富庶的汉中平原，从汉中再搭乘大巴车继续往东南走，两个小时后就进入了秦岭南麓腹地。

陕西安康市宁陕县筒车湾镇海棠园村的老支书陈明奎，总是喜欢站在村委会后面的院坝里，背着手、眯着眼、迎着光看半山上川流不息的高速公路。

修路，也曾是海堂园村一辈又一辈人的执念。

"村里不通路，村民上下山一趟至少需要一整天。家里来了客人，去买点儿酒，要到晚上才能喝上。"提起从前的村路，陈明奎不禁摇头。

海棠园村里有个村史博物馆，光记录从过去到现在关于这条路的变化，就用了整整4块展板。黑白照片里，当地的老百姓或是用背篓背着100多斤粮食，或是几个人挑着扁担架着1头猪，经过无数次的歇脚换气，上山下坎儿，弯弯拐拐地走完七八里的"毛狗路"后，才能到镇上卖掉。

陕西人的倔，陕西人的犟，在修路这件事上体现得淋漓尽致。

一把镐头、一把铁锹，男人不在家，女人一样可以上。

20世纪70年代，海棠园人开始自发组织修路，分段认领、家家承包，如愚公移山般向山外推进，筒油路土路、朱海公路土路、小园公路土路……

陕西省安康市宁陕县城关镇八亩村，村舍依山傍水，美不胜收（买天　摄）

"要想富，先修路，说得简单，做起来千难万难。"做了村支书的陈明奎，太明白乡亲们需要什么了。他带着大家修路，也奔走在镇上、县里申报项目。经过多方协调和筹措，2014年，一条贯穿全村，总长10.8公里，路宽5.5米，投入资金近1 100万元的通村公路终于实现贯通。

路通了，犹如一夜春风来，乡亲们脱贫致富奔小康的热情和干劲更足了。

如今的海棠园村，宽敞的通村公路在山梁间蜿蜒起伏，将青山绿水环绕的小山村与繁华的都市连接起来，吸引着投资者来这里置业创业；

灰瓦、白墙、红窗格楞，入村的一排排民宿商铺，为慕名前来的游客提供着吃、穿、住、用、玩一条龙的服务；

生态有机稻米、海棠园土蜂蜜、地道秦岭中药材，随着农村电商的红火，业已成为山外消费者抢手的网红尖货……

置身海棠园村，再也找不到贫困和落后的影子，我们仿佛置身于一处静谧的世外桃源。

■ 有了产业，就能有富足的生活

通了路，山还是那座山，人还是那些人，但是日子已经不是从前的日子了。

秦巴山区不仅涵养着中央水源，还孕育着多姿多彩的生态环境。特殊的生物多样性，决定了这里的农业产业发展必须在生态保护的大前提下进行。

地处秦岭深处的陕西汉中市留坝县，曾是国家级贫困县。因其得天独厚的地理位置，这里既是南水北调水源保护地，也是大秦岭生态保护限制开发区。

在2011年被列入国家扶贫开发工作重点县时，留坝县本级财政收入仅仅0.2亿元，农民人均纯收入只有4 700元。2014年，县里开展贫困户识别工作，建档立卡贫困人口占到了全县总人数的1/3。

群众如何才能脱贫？答案是发展产业，发展绿色可持续的产业。

自脱贫攻坚以来，留坝县按照长中短相结合的思路，全力发展"四养一林一旅游"主导产业，推行"政府+龙头企业+扶贫社+农户（贫困户）"的订单农业模式。

数据是最有说服力的——

全县共建成各类产业基地170个，培育生产大户253户，新发展代料食用菌2 473万筒，养殖土猪1.33万头、土鸡15.23万只、中华蜂3.8万群，新种植中药材5 300亩，建设板栗、栓皮栎等特色经济林5.44万亩。

100%的贫困户和86.2%的一般农户全部被"镶嵌"在"四养一林"产业链上；以全域旅游示范县创建为抓手，推动"全民参与、全产业链融合、全地域打造"的全域旅游快速发展，70%以上的贫困群众直接或间接参与到旅游产业链中，实现脱贫增收。

2019年5月，留坝县正式退出贫困县序列。

43岁的杨洪家住留坝县武关驿镇河口村，是村里出了名的贫困户。因父亲早年罹患脑梗而瘫痪在床，杨洪和姐姐初中没毕业就辍学打工。

姐姐出嫁后，杨洪一个人照顾家里，外出打工几个月，就必须返回老家，一边照顾父亲，一边还要帮着身患高血压的母亲种地。

在外打工七八年，杨洪挣到的钱除了给父母看病，仅够翻新一下家里的草泥房，连像样的家具都没钱买几件。

"挣了钱马上就花了出去，那时候觉得这种生活是没有希望了，赚钱也没有动力。"看不到未来的杨洪，变得十分消极。眼看着村里的乡亲们一个个都通过发展产业致富了，可他依旧提不起心气儿。

2014年，杨洪一家被识别为贫困户。通过搬迁扶贫，全家住进了近200平方米的房子。扶贫干部还为他做担保，申请了10万块钱的小额贷款，由他开展中药材种植。

"以前就算有想要发展产业的心思，但一想到没有本钱，就马上打消了那一丁点儿的念头。多亏党的政策好，感觉人生一下子就换了个活法，我对生活也重新燃起了希望。"从此，那个总是愁眉不展、提不起精神的杨洪"不见了"。

重拾致富信心的杨洪，对中草药种植产生了浓厚的兴趣，不仅经常跑县里参加培训，向下乡指导的技术人员认真请教，还自掏腰包去西安、成都等地观摩学习。

"中药材种植有讲究，种好了才能有收获。我有了这个机会，就想着一定要把这个事情搞起来。"

功夫不负有心人。10多亩的中药材不仅种得好，还卖得好，杨洪成功脱了贫，还清了贷款。在到处学习种植技术的同时，偶然的机会，他还研究上了树状月季，经常去全国各地交流取经，逐渐成了圈子里的种植能手。他培育的4亩多树状月季，一出货就被抢购一空。

如今的杨洪，快乐而充实，脸上常挂着笑容。

"以前没想到会有这样的好政策，自己能过上这样的好日子。"杨洪看到县里正在大力推动全域旅游，很多村民已经把自己的房子装修成民宿，"下一步，我也要把房子装修起来，布置起来，干民宿！"

跟杨洪一样，曾经的赵发文似乎也一直在等待着一个"翻身"的机会。

赵发文一家是四川广元市朝天区羊木镇新山村的贫困户，贫困原因是家庭成员发生意外事故致贫。

朝天区距离陕西留坝县200多公里，因为两地地处川陕交界处，地理风貌、饮食习惯和说话口音就多了一些共同之处。

初中辍学后就到处打零工，彼时赵发文并无家庭负担，却也没赚到什么钱。

家庭联产承包责任制实施之后，赵发文回到老家种地，在父母的张罗下结婚生子。没有房子、没有票子，父母妻儿都挤在一起，日子过得紧巴巴。

在当时，中国农村里有千千万万像赵发文一样的青年农民，过着同样清苦的日子。

"那时候，村里有点钱的人都发展产业，我也想做，想养猪。"结婚之后，赵发文跟妻子的姐夫借了点钱，养了两头猪。

然而，等猪刚养好卖了钱，姐夫就追着把钱要走了。"他怕我把这钱再投进去养猪，回头赔了，没钱还他。"说起多年前的尴尬事，赵发文笑着直摇头。

家里人不支持，再加上没有本钱和技术，赵发文最后还是放弃了养猪，带上新婚的妻子辗转全国各地去打工。浙江的毛纺厂、深圳的皮鞋厂，呆的时间最长的是新疆，夫妻俩在大西北种了10年的哈密瓜。用这10年赚来的钱养大了两个孩子，还翻建了老家的宅院。

也许还是那份执念，亦或许是那份坚持。2015年，赵发文带着积蓄毅然决然地踏上了返乡路，"我还是要养猪。"面对妻子的阻拦，他甚至放话说，"这辈子如果不搞养殖，我死了都不会闭眼。"

但生活有时会给怀揣梦想并为之努力的人更多考验和磨难。

回到老家后，还没等到赵发文施展拳脚，父亲病倒了，儿子又出了车祸……大笔的医药费让整个家庭陷入了绝境，"辛辛苦苦攒下的钱全都花光了，还欠下了20多万元的外债。"

日子似乎又回到了原点。然而，曙光也在不经意间撕开了黑暗的口子。

根据赵发文家里当时的情况，他们家被识别为贫困户。一老一少享受的医疗救助政策，减轻了赵发文肩上的负担。最重要的是，扶贫政策为他提供了小额贷款，让他能够去发展产业，凭借自己的能力摆脱困境。

"有了资金，还差一手技术。镇上、县里都有针对我们养殖户的培训，还有到户指导的技术员，手把手教我养猪。"苦尽甘来的赵发文终于赶上了好时候，新山村的路、电、水、网等基础设施越来越完善，而自己的养猪产业也搞得风生水起。

2016年，赵发文脱了贫；2019年，家里的债务都还清了……曾经提心吊胆的苦日子一去不复返了。

现在的赵发文是羊木镇远近闻名的养猪大户。如今，他的养殖场已经扩建到800平方米。赶上这几年行情好，自2020年年初以来，圈里的育肥猪和猪仔大大小小的已经卖了250头，还有存栏能繁母猪20多头，小猪80多头。

在陕西省安康市宁陕县的扶贫车间里，村民们正在加工皮鞋（买天　摄）

"没有精准脱贫的好政策，就没有我们家今天的好日子。"跟我们告别的时候，这个个头不高、被村里人称为"犟拐拐"的川北人，脊背挺得笔直。跟我们告完别，就抬腿骑上摩托车一溜烟地消失在了山路的尽头。

在这条山路的终点，有他温暖的家和光明的未来。

■ 房子房子，老百姓的一辈子

安得广厦千万间，大庇天下寒士俱欢颜。安居，从古至今，一直牵动着中国老百姓的心绪。

对村里的人来说，房子也是他们一辈子的奋斗目标。

在四川广元市朝天区沙河镇罗圈岩村村民杨家雨看来，"居有其屋"这个目标实现得太快，快得让自己不敢相信，"感觉过上了神仙般的日子。"

罗圈岩村是沙河镇上一个高山贫困村，平均海拔1 100米，全村3个组69户232人分散住在不同的山腰上，"只闻其声不见其人"。

当地人常用"山高摔死鸡，水急不养鱼，有马不能骑，有病不能医"来形容山大沟深土薄的生存环境。

2017年年底，为了解决"一方水土养不起一方人"的现实困境，朝天区在该村落实易地搬迁扶贫政策，村里40户126人住上了新房子，挪出了山窝窝，过上了好日子。

来到罗圈岩村易地扶贫搬迁点，首先映入眼帘的是3排整齐的青瓦白墙安置房，房前屋后还专门圈了一块"微型田园"——2平方米大小的菜园子。

正值傍晚时分，务工回来的村民们三三两两地在家门口休憩聊天，有的回家洗了把脸，就跑到小菜园里继续忙活、拾掇。

杨家雨站在自己家朱红色的大门前等着我们。一张黑红色的脸庞，笑容有些羞涩却很真诚。

进到家里，发现女主人早已把屋里打扫得干干净净。几张油光锃亮的藤椅，围着一个硕大的红色围炉，围炉上还放着一笸招待客人的扯苨子花生。

杨家雨热情地带我们参观新房子。新房分为上下两层楼，总共100多平方米。客厅、厨房在一楼，卧室都在二楼。一层转完了上二楼，同样也有一个小客厅，厅里靠墙的一面是一张米色长沙发，坐北朝南的是3个卧室。

小客厅外面还连着一个洒满落日余晖的露台，露台上晾晒着今年收获的花椒、菌子……

从露台向外望去，远方的群山、温暖的夕阳、晚归的鸟群、袅袅的炊烟，这一幕乡村的美景和闲适让人心情愉悦。

"城里人看到我们现在的生活都羡慕得不得了！从没想到会过这样的日子，哪个想到能有这样的光景？现在很多出去打工的人都回来了，都住在附近。"杨家雨看着我们惊讶的表情，着实有一些自豪，"以前住得都是草和泥搭成的简易房，外面下大雨，屋里下小雨，每年一到天气好的时候，最棘手、最紧迫的事情就是翻修房子。"

杨贵平就是杨家雨口中返乡的"年轻人"。

"80后"的杨贵平如今已在村里安居乐业。"小时候都是自家盖的土坯房，木板搭成人字形，上面抹上泥巴，更何谈什么客厅、卧室了，能住下就不错了。"现如今，他家里有2个客厅、2个卫生间、6间卧室，一共200多平方米，"一家八口人都足够住了。"

像罗圈岩村这样的集中搬迁安置点，在朝天区有13个。如今，得益于国家的精准扶贫政策，朝天区贫困群众都已经实现了"安居"。

群山掩映间到处可见2层、3层小楼，或白墙灰瓦，或红墙黛瓦，其中有集中安置住房，有危房改建新房，还有农民的自建房。家家户户门前往往还留有庭院，装点着花、草、果蔬，与绿水青山构成了一幅惬意的田园风光写意画。

如何实现村民安居？

"面对'山高石头多，出门就爬坡''一方水土养不起一方人'的难题，朝天区创新推行'菜单式'搬迁模式，精心制定了安置、建管、增收3个菜单，供贫困群众自主选择。"朝天区区委书记蔡邦银如数家珍。

分散自建。政府支持居住条件较差、产业难发展、自愿分散自建的贫困户搬迁到产业园区、旅游景区、交通便利的地方自主建房，人均补助2万元。

规模集中。引导生产条件差、无规模产业的农户搬迁到基础条件较好的村或乡镇集中安置，根据情况人均分别补助2.5万元和3万元。

城镇购房。鼓励条件恶劣、交通不便、在外务工、不愿回农村生活的贫困户到朝天城区或中心集镇购买商品房安置，根据情况人均分别补助5万元和4万元。

政府兜底。对2人及以下无宅基地、无建房能力的特困户，由乡（镇）、村委会建设廉租房或购买安全闲置房，供其免费居住。房屋产权归乡（镇）或村委会所有。

"当然，老百姓也可以根据自己子女、亲戚、经济、就业等情况自主选择。现在，我们已高质量完成2 625户9 086人搬迁任务，实现了'搬得出、稳得住、逐步能致富'的总体目标。"蔡邦银说。

2017年，朝天区转斗镇蒿地村村民王雯筠一家盼着住上"安全住房"的愿望终于实现了。通过危房改造，消除了安全隐患，完善了房屋功能配套，如改厨、改厕、硬化院坝等，她家的居住环境变得更加安全和舒心。

有了梦寐以求的新家后，王雯筠一家更是加快了自己奔小康的步子。

"养200只土鸡，预计全年收入2万多元；收核桃200多斤，收入2 000多元；收扯篼子花生200多斤，收入2 000多元……"算起收入账，王雯筠笑了，脸上的皱纹仿佛秋菊抽开了花瓣。

2017年以来，随着朝天区安居扶贫工程的大力实施，农村危房改造"1+3"模式，即"一个标准，消除危房安全隐患，统一规划，统一建筑风格风貌，提升人居环境；三大机制，多元统筹机制保障危房改造补助资金，

四川省广元市朝天区蒲家乡罗圈岩村大气整洁的易地搬迁集中安置点（钟卫东　摄）

阳光运行机制确保补助资金足额兑现到户，联动监管机制确保危房改造质量安全"模式的全面推行，帮助包括王雯筠在内的7 107户农户既"安居"又"乐业"。

今年已54岁的杨家雨，还记得从前过得那些苦日子。

"实在太穷了，每年种的稻谷还不够吃，总是欠债。"作为家里最小的孩子，杨家雨小时候经常没鞋子穿，一件旧棉袄从春天穿到冬天。

从来没有真正上过学，断断续续地识了字，年龄稍微大一点就出去打工。辗转去过北京、天津、新疆、陕西等地，搬砖、挖矿……好不容易赚了点钱，在家里盖了泥瓦房才结了婚。跟杨家雨年龄相当的同村人，大多都是这样的人生轨迹。

杨家雨刚结婚没多久，父亲在一次房屋翻修中摔了一跤，因为没有得到及时治疗，没过多久就去世了，临终前还惦记着自己家那漏雨的屋顶。

"母亲是去年去世的，总算是住上了新房子。"杨家雨说。

搬到集中安置点后，杨家雨和其他村民一起流转了村里的10多亩土地，成立了罗圈岩蔬菜种植专业合作社，带领大伙儿一起种菜。"我们现在种了莲花白、白菜、萝卜这些菜。蔬菜的销路不用愁，定点单位定期来收购，我们只要保证把菜种好就行！"

杨贵平决定不出去打工了。

他在家里养了500多只鸡、20多头母猪，平时还爱参与村集体事务，准备争取入党。"家里现在条件这么好，谁还出去打工？"

搬入新居，旧屋要不要拆掉？

罗圈岩村支书何思勇告诉我们，原来拆迁的时候，是想把旧房拆掉。但在村民大会上，大伙儿决定还是把旧的保留下来，作为集体经济拿出来做农旅融合。

现在路通到家门口了，水电都供应上了，山上的生活就便利多了。成都、西安、重庆的大公司也过来考察投资，建起了康养公司，还要打造民宿，目前已经有一两个样板房出来了。

在离开罗圈岩村的路上，我们经过了一片色彩艳丽的体育场地。那里有篮球场、足球场、滑道，还有一整套的健身设施。何思勇介绍说，这片体育场是集体产业，村民们平时在这里锻炼，在2019年开始对外营业，按小时收费，"作为集体收入的一部分，年底还可以给村民们分红。"

■ 村里的老百姓敢看病、能看病了

"没啥别没钱，有啥别有病。"再通俗不过的一句话，却道出了很多农村家庭的心酸过往。

老百姓因病致贫情况有多严重？在陕西安康市宁陕县，曾经的建档立卡贫困户中，因病致贫的达709户2 006人，占比近10%；而在册贫困人口中，因病致贫66户155人，占比达25.21%。

村里的"赤脚医生"一度是老百姓看病的唯一依靠。而在大山里的"赤脚医生"，更是当地群众眼里的"救命稻草"。

"那时候条件是相当恼火，方圆几十里都没得医生、没得药铺。"宁陕县筒车湾镇海棠园村65岁的老村医焦荣庭没有上过医学院，却已经在村里做了40多年的"赤脚医生"。

焦荣庭20多岁的时候，看到村民们就医艰难，就拜了当时村里的老村医当"学徒"，在他的药铺里煎药、抓药，边干边学……一天天朝着村医的方向努力着。虽没有基础，但他聪慧好学，很快就能独自看诊。老村医教会了他就离开了村子，回到镇上去了。

从此，焦荣庭自己租了间房子，既坐诊又开药，独立撑起了一摊儿。

村民们住得分散，有时候焦荣庭被请去看病，翻山越岭爬坡下沟，来回就要一天。

有一次，村里的一个孕妇在家里要分娩了，家人急得托人找焦荣庭上门出诊。

隆冬腊月，已经下了一夜的大雪，雪最深的地方能没过膝盖。焦荣庭深一脚浅一脚地走了五六个小时，到孕妇家里时，裤子全湿透了，腿脚也冻麻了。

"好在赶得及时，最后总算是母子都平安。那个时候，真能体会到村民看病有多不容易，医生在村里是有多重要。"焦荣庭深有感触。

20世纪七八十年代，土地改革，分田入户。村里人虽然分到了田地，但口袋里依然没有多少钱。

"老百姓连盐都吃不起，更别说看病了。小病拖成大病，大病拖成重症，这是当时农村群众看病就医的普遍情况。"焦荣庭回忆，从前，胆道蛔虫病和急性肠胃炎这两种病在当地农村最常见，主要是因为村里老百姓的生活条件不卫生，喝水饮食不干净，"发起病来，人疼得在地上直打滚。"

有一次焦荣庭去村里给村民看病，发现一个七八岁的小男孩骨瘦如柴。他判断，孩子体内应该是有蛔虫。他送了几副中药给带孩子的老人，叮嘱他们一定给小孩喝了。果不其然，打出了蛔虫后，小孩子的身体状况才一天天好起来。

孩子的爷爷、奶奶对焦荣庭感恩不尽，因为没钱付药费，就等到每一年家里的核桃树结了核桃后，隔三岔五地给这个村里唯一的大夫送过去。

进入21世纪，我国开始探索在农村建立以大病统筹为主的新型农村合作医疗制度。

2003年，中央作出深化医药卫生体制改革的重要战略部署，开始在全国部分县（市）试点新型农村合作医疗制度。2010年，该项医疗保障制度逐步实现了全国农村居民的基本覆盖。这项普惠政策在保障农民获得基本卫生服务、缓解农民因病致贫和因病返贫方面发挥了重要作用。

在宁陕县，脱贫攻坚开展之后，更多的优惠政策如春风般吹散了老百姓看病难的阴霾。

宁陕县紧扣"两不愁三保障"这一目标，首先将健康扶贫作为脱贫攻坚的"牛鼻子"，坚持一手抓精准施治减存量，一手抓疾病预防控增量，不断加大保障投入，优化政策供给，精准实施"三优化"工程，较好地解决了贫困群众有钱看病、有人看病、有地方看病、有制度保障看病和少生病的问题。

"90后"郭银芳一家，曾是村上非常令人羡慕的家庭。

早在2003年，郭银芳一家六口人就在祖父母的带领下，把家从半山腰上搬下来，在邻近公路的地方建造了宽敞明亮的水泥房。

当时，祖父母身体硬朗，在家里种着天麻、猪苓等中药材，还养着鸡；父母则在西安打工，干的是技术活，不太累，工资还挺高；哥哥已经工作，而郭银芳则考上了大学。

然而，天有不测风云。先是哥哥骑摩托车不小心出了车祸，两次手术才把腿骨接好；母亲又在照料哥哥的过程中病倒，一查发现已经是乳腺癌晚期。

哥哥的医药费已经掏空了这个曾经富裕的小康之家，母亲的治疗该怎么办？

得知这一情况后，2017年，村里将郭银芳一家定为贫困户。这意味着郭银芳的妈妈可以享受90%的住院医疗报销，也意味着这个家庭能够从村集体得到更多的分红。

除此之外，村里还给留在家里照料母亲的父亲和已经大学毕业的郭银芳就近安排了公益岗位。自此，郭银芳在汤平镇的学校当上了一名实习教师，每个月可以拿2 000多元钱的工资。

"当时家里能借的钱全都借了，多亏了扶贫资金和大病医疗救助的钱，我母亲才能得到及时的治疗。"郭银芳说。

宁陕县对健康扶贫的探索和创新从来没有停止。2019年4月，该县首次建立"4231"防范因病返贫工作机制，建立起县域外大病就医"先诊疗后付费"制度，意在解决贫困群众县域外就医资金短缺的难题。

什么是"先诊疗后付费"？

宁陕县副县长贺海宁告诉我们，宁陕县通过政府贴息，协调安康市农发行宁陕支行争取了800万元应急保证金，通过县域外住院患者申请，经评估按照一定比例将预交押金直接打入就诊医院，患者出院报销后偿还应急保证金，全过程"闭环运行"。

同时，县里还与多家省级、市级医疗机构签订合作协议，开通了绿色通道，方便当地群众转诊就医。对于因重疾出院后需要长期治疗、负债较大、返贫风险较高的家庭，第一时间启动危重病特困群体社会救助机制，由县脱贫办、慈善协会、红十字会、县妇联等机构发起，通过水滴筹、中国社会扶贫网等众筹平台，以慈善事业和社会募捐等形式，实施人道主义救助，进一步减轻患者家庭负担。

"先诊疗后付费"制度确立后不久，家住宁陕县太山庙镇太山村的65岁低保户潭宗秀，在住院期间出现了并发症，生命垂危。家人一方面发愁治疗费用，一方面又担心后续治疗效果不佳，一度打算放弃救治。

宁陕县医保局在得知这一情况后，立即启动"县域外大病就医应急保障金"机制，不仅解决了潭宗秀看病医药费问题，而且通过后续治疗挽回了她的生命。

一时间，救命的好政策让患病群众看到了切实的希望。

宁陕县已有20个患大病贫困家庭享受了县域外大病就医应急保障金的

实惠，已支付应急保障金35.3万元，减免住院押金100万元，为3个贫困家庭募集危重病住院医疗费44万元。

"这一机制的运行有效扭转了贫困家庭因病返贫的风险，而且我们提前周转给贫困户的应急保障金迄今都如数收回，没有发生一例欠账风险，这也让我们对今后持续性地把这项工作坚持做下去有了更强的信心。"贺海宁说。

■ 人富了，村美了，心齐了

房前屋后三季有花，公路沿线四季常绿；乡间村道曲径通幽，农家小院干净舒适；篱笆菜园新鲜纯净，漫山核桃青翠可爱；河边孩童嬉笑打闹，翩翩飞鸟展翅长空……

开车驶进陕西汉中市留坝县马道镇沙坝村，静谧悠然的乡村美景如同画卷一样徐徐展开，令人心旷神怡。

秦巴山区生态保护区的定位给当地发展带来了挑战，但也孕育着更振奋人心的发展机遇。

从挖沙、采矿等攫取资源式的破坏性野蛮生长，到"绿水青山就是金山银山"的绿色可持续发展理念的深入人心，这里的人和山水，都经历了一场脱胎换骨的蜕变。

改变需要领路人，需要强有力的组织力量。在留坝县，走进村子里跟老百姓攀谈，他们总能提到一个名字——扶贫社。

"成立扶贫社后，只用了两个月，我们村集体就积累了10万元……"

"成立扶贫社后，我们只管种好香菇、养好蜜蜂，销路根本不用愁……"

"成立扶贫社后，村里卫生环境有人管了，水管坏了有人修了，电线老化了有人替换了……"

这个村民口中的"扶贫社"到底是个啥？经过打听，其全称是"村级扶贫互助合作社"。

2016年8月始，留坝县着眼于农村基层党组织在脱贫攻坚中的基础性作用，创造性地开展了"村级扶贫互助合作社"村级组织制度性创新，搭建起以村党支部为核心、全体村民共同参与的新型农村基层组织管理平台。

这个制度性创新，赋予了村党支部整合、调动各种涉及农村发展的基础性资源的权力，明确了集体经济组织的市场主体地位，村党支部依托扶贫社组织群众发展生产，保障群众增加收入、村集体增加积累，解决了小农户对接大市场的难题。同时，村党支部作为乡村治理责任主体，通过这个平台有效落实了服务群众、管理村级事务的责任。

贫困村沙坝村是留坝县扶贫社的首批试点村。

按照扶贫社的架构，村支书担任扶贫社理事长，村主任担任副理事长，驻村第一书记担任监事长。县、镇以上涉农项目资金由扶贫社承接，工作内容分为生产经营和公益服务两大类。生产经营类包括建筑工程、种养业技术指导、市场开拓、旅游开发和电子商务运营等；公益服务类包括自来水管理、环境卫生保洁、红白喜事服务和扶贫互助资金协会管理等，两者共同构成一个新型农村生产、服务综合体。

"生产经营类服务队负责挣钱，由村上能手领办，负责组织村民开展专业生产。如我们的香菇生产队、养蜂生产队、建筑生产队等，要保证贫困户、普通村民在生产队劳动，按工收益，保证有活儿干。"沙坝村支书、扶贫社理事长余海兵告诉我们，"扶贫社建立激励机制，领办人收入与效益挂钩。"

为了支持扶贫社，留坝还建立起精准扶贫和乡村振兴"项目代建制"。例如，将30万元以下、工程技术简单的村组道路、农田水利、环境整治等建设类项目，以委托代建的方式交由扶贫社组织实施，"短平快"增加村集体和贫困户收入。

有了好政策，还要有资金办事。

为解决扶贫社启动资金难题，留坝县贴息为每个扶贫社提供30万元贷款，为每个扶贫社的扶贫互助基金协会提供资本金30万元，向贫困户发放小额互助资金，既鼓励贫困户，也欢迎能人大户入股参加协会，根据股金份额参与分红。

依托扶贫社，沙坝村瞄准市场，首先从香菇入手。香菇生产队领办人负责组织村民种好香菇，政府扶持引进龙头企业解决产前、产中、产后服务。

2016年年底，沙坝村扶贫社成立当年就实现了盈利，入股村民破天荒领到了分红。

再后来，扶贫社引进企业办起菌袋加工厂，为本村及周边种植户提供香菇菌袋。加工厂年产菌袋100万袋，扶贫社每袋提留0.3元，仅此一项村集体一年就收入30万元。

如今，除了食用菌，沙坝村还同时发展养鸡、养猪、养蜂等产业，2019年人均增收4 000元。

"平时打工能赚钱，年底分红还能分钱。村民脱贫有盼头，对村支部就有了信任。"余海兵很是感慨，一招妙棋，满盘皆活，贫困户不再被动"等靠要"，而是响应党支部号召积极参加扶贫社，"村党支部成了他们的主心骨。"

数字是最有发言权的。

到2019年年底，留坝县全县75个村扶贫社有产业基地170个、产业生产队146个、公益服务队225个；村集体积累账面余额从不足1 500万元猛增到8 875万元，"空壳村"全部消除，贫困户户均分红2 000余元。

村民富起来，对生活环境的要求就越来越高；日子红火了，对"美"的需求就越来越多。

依托扶贫社，留坝县各镇、村积极推进乡村治理，村民人居环境大变样。

我们走过沙坝村、龙潭坝村、中西沟村、河口村，所到之处，看不见垃圾和污水，看见的都是小河淌水清澈见底，山林葱茏植被完整，前庭后

在陕西省汉中市留坝县，当地农村在保护山林资源的同时，大力发展食用菌产业，增加农民收入（买天 摄）

院花草繁盛，厨房厕所清洁卫生……

"村里搞人居环境治理时，有村民家光拉出去的垃圾杂物就装满了20多车。"河口村第一书记王仕青回想当初的情景时，有些尴尬地笑了。

刚驻村的时候，王仕青看到河堤、路旁到处都是生活垃圾，基础设施维护情况更是"有人建、有人用、无人管"，村里开会没人来，村干部说话没人听……"有了扶贫社，有人管事、有章理事，最重要的是有钱办事了，农村人居环境改善就有了底气和抓手。"

"农村问题说到底还是要靠农民自己来解决，要明确谁才是乡村治理的主体。"留坝县委书记许秋雯说。

过去村集体没有一分钱积累，村委会作为乡村治理的组织和实施者，自己都是"贫困户"，更是无力面对群众诉求。而扶贫社从制度层面创新村级组织的管理运营模式，集体经济不再空壳，说话有底气、干事有平台、管理有手段，"扶贫社实质就是村党支部领导下的农村集体合作社，是党在村一级各项工作的承载主体。"

如今，在留坝县，村村都建起了"德美屋"，环境治理标准化、制度化，由村民代表组成评委会，将"勤、孝、善、诚、俭、礼"放在评比项目中，纳入扶贫社的日常工作。

"得分低的村民都不好意思签字。"王仕青说，村民可以通过"善行义举"积分，并可以用积分在扶贫社的"德美屋"里兑换扶贫社出资购来的"米、面、酱、醋、茶"等生活必需品。

根据项目代建制度，以前由私人包工承揽的项目也都交由扶贫社实施，明确规定村干部不能领办扶贫社营利性生产服务队。这一做法"有效破解了基层防范微腐败的难题"。

好山好水好空气，山外的度假客慕名而来。留坝县正全力推进的全域旅游，进一步增强了村民的环境保护意识和乡村治理力度。

"村里环境不好，人家游客就不来你这儿。"楼房沟村精品民宿的"管家"，该村的一位村民告诉我们，村民搬迁后，剩下的旧屋交给扶贫社流转开发，赚了钱给大伙儿分红，"当然，我们搬迁不走人，大伙儿都在民宿链上上班，有的做管家，有的做厨师，有的负责采购……"

日日有活儿干，月月领工资，生活有奔头——成了致富路上村民们的真实写照。

"老百姓吃上旅游饭，就体会到了环境治理的重要性。"留坝县紫柏街道办干部赵虎成说，现在村民们都动了起来，互相监督、互相促进，乡村清洁卫生的难题迎刃而解。

谈话间，已近傍晚。

夕阳西下，余晖金黄；田园清幽，炊烟袅袅。

离别时分，和煦的晚风勾起回忆，让人感念万物美好。

我们沿着山路向深绿走去，抬头望天，纯净深邃的是那么让人心无杂念；一条飞瀑从高处顺势而下，溅起的水珠落在皮肤上，丝丝清凉赶走一身疲惫。

停下脚步，举目远眺——

几处修旧如旧或翻建一新的民宿小院，或在半山腰，或在溪流边，或在山间小路旁，丛林掩映中的白墙、黛瓦、红柱，煞是好看。它们清幽宁静、古朴典雅，既有传统秦岭民居的地方特色，又有现代美学设计下的时尚与别致，成为这方山水间最美的人工点缀。

红、绿、白交相呼应，山、水、屋天然合一，此情此景勾勒出一幅大山深处令人过目不忘的中国写意山水画。

▍后记

这一路，越过秦巴，跨过江河，邂逅村庄，遇见他们。

一路走一路看，乡村风物美不胜收，村民笑脸历历在目；一路问一路听，脱贫攻坚步步为营，日子苦尽甘来。

此行可待成追忆。

秦巴山的历史是悠久的。当我们踏上这片土地，起伏的山峦、古老的驿站、奔腾的江水、茂密的森林，无时无刻地向人们讲述着曾经的金戈铁马，曾经的不屈不挠，曾经的荡气回肠。

秦巴山的故事是精彩的。无数雄关险隘见证沧海桑田，历代仁人志士阅尽世态浮沉，这都昭示着这片土地的不平凡。是的，当年轮走到现代，父辈们曾在巴掌大的平地里耕作，更靠着肩扛背驮修出一条条谋生路、致富路；如今，他们的子孙为保护生态环境而艰难转型，谋求着人与自然的共同发展。

秦巴山也是脆弱易碎的。生态环境保护和水源地涵养，需要持续不断的人、财、物的大投入；遇上极端天气和重大疫情，农产品出山难，农民进城难……这里依然是一片需要持续关注和保护的土地。

但秦巴山的人民是勤劳智慧而勇敢的。他们不等不靠，他们认真筹谋，他们借助国家政策的东风，用自己的智慧和双手矢志脱贫攻坚和乡村振兴，正不断创造着更加美好、更加富裕的幸福生活。

步步常由逆境行，极知造物欲其成。

你看，风起秦巴——

这风吹过秦巴的山水和村庄，每一棵树都在倔犟生长，每一条河都在激情奔涌，每一个人都在放声歌唱。

在陕西省汉中市留坝县，越来越多的村子依靠山水资源，将传统院落设计改造成民宿，大力发展乡村游产业（买天　摄）